Finanzmarktstatistik

Friedrich Schmid · Mark Trede

Finanzmarkt-
statistik

Mit 46 Abbildungen und 35 Tabellen

 Springer

Univ.-Professor Dr. Friedrich Schmid
Universität zu Köln
Seminar für Wirtschafts- und Sozialstatistik
Albertus Magnus-Platz
50923 Köln
schmid@wiso.uni-koeln.de

Univ.-Professor Dr. Mark Trede
Universität Münster
Institut für Ökonometrie und Wirtschaftsstatistik
Am Stadtgraben 9
48143 Münster
mark.trede@uni-muenster.de

ISBN-10   3-540-27723-4 Springer Berlin Heidelberg New York
ISBN-13   978-3-540-27723-1 Springer Berlin Heidelberg New York

Bibliografische Information Der Deutschen Bibliothek
Die Deutsche Bibliothek verzeichnet diese Publikation in der Deutschen Nationalbibliogra-
fie; detaillierte bibliografische Daten sind im Internet über <http://dnb.ddb.de> abrufbar.

Springer ist ein Unternehmen von Springer Science+Business Media

springer.de

© Springer-Verlag Berlin Heidelberg 2006
Printed in Germany

Umschlaggestaltung: Design & Production, Heidelberg

SPIN 11526032   43/3153-5 4 3 2 1 0 – Gedruckt auf säurefreiem Papier

Vorwort

Dieses Buch gibt eine Einführung in grundlegende Techniken und Verfahren der Analyse von Finanzmarktdaten, wie z.B. Renditen von Aktien und Wechselkursen. Es beruht auf Vorlesungen, die die Verfasser mehrfach an der Universität zu Köln und der Westfälischen Wilhelms-Universität Münster gehalten haben. Es richtet sich an Studierende der Wirtschaftswissenschaften, insbesondere der Betriebswirtschaftslehre, im Hauptstudium.

An Mathematik- und Statistikkenntnissen wird nur das vorausgesetzt, was im Grundstudium der Wirtschaftswissenschaften gelehrt wird. Darüber hinausgehende Begriffe werden im Buch entwickelt. Alle vorgestellten Verfahren und Techniken werden durch empirische Beispiele ausführlich illustriert. Damit die Beispiele auch eigenständig nachbereitet werden können, stellen wir zusätzliches Material im Internet bereit, und zwar unter der Adresse:

www.wiwi.uni-muenster.de/statistik/finanzmarktstatistikbuch

Bei der Erstellung des druckfähigen Manuskriptes sowie beim Korrekturlesen haben uns viele Mitarbeiter und Hilfskräfte tatkräftig unterstützt. Genannt seien R. Schmidt, M. Stegh, V. Weisser und S. Gaisser in Köln sowie A. Behr und I. Slavchev in Münster. Ihnen sei an dieser Stelle herzlich gedankt.

Köln, Münster,   *Friedrich Schmid*
Juli 2005   *Mark Trede*

Inhaltsverzeichnis

1
Kurse und Renditen

Dieses Buch hat die Beschreibung und Analyse von Finanzmarktdaten, also von Kursen und vor allem Renditen von Wertpapieren, zum Inhalt. Dieses Kapitel behandelt die wichtigsten Grundbegriffe. Abschnitt 1.1 beschäftigt sich mit Kursen und deren Bestimmung. Abschnitt 1.2 behandelt Renditedefinitionen und diskutiert deren Eigenschaften. Abschnitt 1.3 stellt einige Verfahren der Kursbereinigung vor, mit denen technisch bedingte Kursänderungen aus dem Kurs herausgerechnet werden können. Kurse mehrerer Wertpapiere werden oft zu einem Index zusammengefasst; der deutsche Aktienindex DAX ist ein wichtiges Beispiel. Wir gehen in Abschnitt 1.4 auf Indizes ein. Schließlich geben wir in Abschnitt 1.5 einen kurzen Überblick über die sogenannten „stilisierten Fakten" (engl. „stylized facts") von Renditen, also eher qualitative Eigenschaften, wie sie für Renditen typisch sind. Die folgenden Kapitel dieses Buches beschäftigen sich dann großteils mit der weiteren Beschreibung und Erklärung dieser stilisierten Fakten.

1.1 Kurse

Unter einem Kurs versteht man den auf einem Finanzmarkt gebildeten Preis eines Wertpapiers. Wir beschränken uns zumeist auf die Börsenkurse von Aktien, also die Preise, die an einer Börse festgelegt werden. Kurse gibt es aber natürlich auch für Wertpapiere, die nicht an einer Börse im engeren Sinne gehandelt werden.

Bei der Auswahl der Kurse stellt sich eine Vielzahl von Problemen. Wenn es mehrere Börsenplätze gibt, sind die Kurse zu einem bestimmten Zeitpunkt möglicherweise nicht überall gleich (d.h. es gibt Arbitragemöglichkeiten). Man muss sich dann überlegen, welchen Kurs man für seine Analyse auswählt. Da weltweit eine Tendenz zu immer stärker konzentrierten Börsen und immer dichter vernetzten Wertpapiermärkten zu beobachten ist, verliert dieses Problem jedoch langsam an Bedeutung.

Aktienkurse werden nicht für alle Aktien auf die gleiche Art gebildet. Bei wenig gehandelten Aktien wird beispielsweise nur zu einem bestimmten Zeitpunkt der Kurs festgestellt (Kassakurs). Im elektronischen Handelssystem Xetra werden wenig gehandelte Werte nur auf einer Auktion pro Börsentag gehandelt. Hingegen werden die „großen" Aktien während der Börsenöffnungszeit fortlaufend gehandelt; in Xetra beispielsweise von 9.00 Uhr bis 17.30 Uhr. Will man mit Tagesdaten arbeiten, so muss man sich entscheiden, welche Art von Kurs in diesem Fall als Tageskurs gelten soll: Der Kurs der Eröffnungsauktion, ein variabel gebildeter Kurs zu einer bestimmten Uhrzeit oder der Kurs der Schlussauktion. Besondere Ereignisse führen manchmal dazu, dass der Handel mit einer Aktie zeitweise ausgesetzt wird, so dass für diesen Zeitraum keine Kurse gebildet werden können. Auch hier muss man sich überlegen, wie solche Tage behandelt werden sollen. Handelsaussetzungen finden natürlich regelmäßig an jedem Wochenende und an manchen Feiertagen statt. Üblicherweise wird die Kursveränderung von einem Freitag zum darauffolgenden Montag genauso behandelt wie die Veränderung von einem Dienstag zu einem Mittwoch. Ähnliche Fragen ergeben sich, wenn man anstelle von Tageskursen andere Kurse nutzen will.

Wenn eine Aktie von einem Betreuer oder Marketmaker gehandelt wird, gibt es eine Geld-Brief-Spanne (bid-ask-spread). Auch hier muss man sich darüber klar werden, ob man sich für den Geld- oder den Brief-Kurs oder den Mittelwert aus den beiden Kursen entscheidet.

An dieser kurzen Auswahl von Problemen wird bereits deutlich, dass die technischen Gegebenheiten und die Organisationsform eines Marktes (das Marktmodell) eine wichtige Rolle spielen. Das hat dazu geführt, dass die technische Organisation der Aktienmärkte in der letzten Zeit stärker in den Blickpunkt der Forschung gerückt ist. Wir werden solche Probleme jedoch nicht ausführlich behandeln, sondern im Folgenden nur einen kurzen Überblick über das Marktmodell von Xetra geben.[1] Einen Überblick über die Organisation der wichtigsten internationalen Börsenmärkte (insbesondere New York Stock Exchange, Nasdaq, International Stock Exchange London und Tokyo Stock Exchange) findet man in Houthakker und Williamson (1996, Kap. 5).

Das elektronische Handelssystem Xetra hat den weitaus größten Anteil am Aktienhandel in Deutschland. Xetra kennt zwei Arten von Wertpapieren: fortlaufend gehandelte Papiere und nur in Auktionen gehandelte Papiere. Im fortlaufenden Handel gibt es zu Beginn eines jeden Börsentags eine Eröffnungsauktion und zum Tagesende eine Schlussauktion. Der fortlaufende Handel kann in bestimmten Situationen zusätzlich durch eine oder mehrere weitere Auktionen unterbrochen werden.

Der Xetra-Handel erfolgt anonym: für einen Händler ist es zwar möglich, die günstigsten Geld- und Briefkurse zu sehen, aber er weiß nicht, von wem diese Orders gegeben wurden. Wenn sich Angebots- und Nachfragekurve durch

---

[1] Eine ausführliche und aktuelle Darstellung findet man auf der Internet-Seite der Deutschen Börse Group.

neu ankommende Orders schneiden, wird im fortlaufenden Handel sofort eine Transaktion (oder mehrere Transaktionen) ausgelöst, und zwar solange, bis keine Transaktionen mehr möglich sind.

In diesem Buch werden alle Verfahren durch reale Beispiele illustriert. Die Kurse wurden der Datenbank Datastream der Firma Thomson entnommen. Diese Datenbank enthält sehr viele Kurse aus den wichtigsten internationalen Börsen. Sie werden tagesaktuell bereitgestellt und sind an vielen Universitäten zugänglich.

Ein schwerwiegendes praktisches Problem sind Kursveränderungen, die nicht im Markt selbst begründet sind, sondern technische Ursachen haben; dazu gehören insbesondere Dividendenzahlungen. Zur Lösung dieses Problems brauchen wir jedoch eine genauere Vorstellung davon, was unter Rendite zu verstehen ist. Im folgenden Abschnitt werden zwei Renditedefinitionen eingeführt. Mit diesem Wissen ausgerüstet kehren wir dann in Abschnitt 1.3 wieder zurück zum Problem der technisch bedingten Kursveränderungen.

1.2 Renditedefinitionen

Wir gehen nun davon aus, dass die Kurse gegeben sind. Außerdem nehmen wir an, dass technisch bedingte Kursveränderungen nicht auftreten. Für die Kurse K_t für $t = 0, 1, \ldots, T$ soll die (einperiodige) Rendite die Veränderungsrate der Kurse von $t-1$ auf t zum Ausdruck bringen. Es liegt deshalb nahe die Rendite R_t für $t = 1, 2, \ldots, T$ als

$$R_t = \frac{K_t - K_{t-1}}{K_{t-1}} = \frac{K_t}{K_{t-1}} - 1 \tag{1.1}$$

zu definieren. Soll die Rendite über mehrere Perioden gebildet werden, etwa von t_1 bis t_2, so ist

$$R_{t_1, t_2} = \frac{K_{t_2}}{K_{t_1}} - 1$$

$$= \prod_{t=t_1+1}^{t_2} \left(\frac{K_t}{K_{t-1}} \right) - 1$$

$$= \prod_{t=t_1+1}^{t_2} (R_t + 1) - 1.$$

Also ist

$$1 + R_{t_1, t_2} = \prod_{t=t_1+1}^{t_2} (1 + R_t).$$

Die Rendite für den Zeitraum t_1 bis t_2 darf also nicht einfach als Summe der Einzelrenditen berechnet werden.

Die Rendite R_t wird oft als diskrete Rendite bezeichnet. Aus der Definition (1.1) folgt offensichtlich $-1 \leq R_t < \infty$. Die schlechteste Rendite ist also -100% (totaler Verlust). Die Renditedefinition (1.1) besitzt den Vorteil, dass die Rendite eines Portfolios die gewichtete Summe der Renditen der im Portfolio enthaltenen Wertpapiere ist. Die Gewichte sind dabei die Anteile des gesamten Portfoliowertes, die in $t-1$ in die jeweiligen Aktien investiert wurden. Dies kann man so sehen:

Sei $K_{i,t}$ der Kurs der Aktie i im Zeitpunkt t, $i = 1, \ldots, n$. Sei $R_{i,t}$ die Rendite der Aktie i von $t-1$ nach t, und sei n_i die Anzahl der Aktien i im Portfolio zum Zeitpunkt $t-1$. Das Portfolio hat im Zeitpunkt $t-1$ einen Wert von

$$\sum_{i=1}^{n} n_i K_{i,t-1}. \tag{1.2}$$

Die wertmäßigen Anteile der einzelnen Aktien am Portfolio im Zeitpunkt $t-1$ sind also

$$a_i = \frac{n_i K_{i,t-1}}{\sum_{j=1}^{n} n_j K_{j,t-1}}. \tag{1.3}$$

Offensichtlich ist die Summe der Gewichte 1. Nennen wir nun die Rendite des Portfolios R_t (also nur mit dem Zeitindex), dann ist R_t gemäß (1.1) gegeben durch

$$
\begin{aligned}
R_t &= \frac{\sum_{i=1}^{n} n_i K_{i,t}}{\sum_{j=1}^{n} n_j K_{j,t-1}} - 1 \\
&= \frac{\sum_{i=1}^{n} \frac{K_{i,t}}{K_{i,t-1}} n_i K_{i,t-1}}{\sum_{j=1}^{n} n_j K_{j,t-1}} - 1 \\
&= \frac{\sum_{i=1}^{n} (1 + R_{i,t}) \, a_i \sum_{j=1}^{n} n_j K_{j,t-1}}{\sum_{j=1}^{n} n_j K_{j,t-1}} - 1 \\
&= \sum_{i=1}^{n} (1 + R_{i,t}) \, a_i - 1 \\
&= \sum_{i=1}^{n} a_i R_{i,t}.
\end{aligned}
\tag{1.4}
$$

Während der Definition von R_t die Vorstellung einer „diskreten Verzinsung" zugrundeliegt, ist es bei der folgenden Definition die Vorstellung einer „stetigen Verzinsung". Sei für $t = 1, \ldots, T$

$$
\begin{aligned}
r_t &= \ln\left(\frac{K_t}{K_{t-1}}\right) \\
&= \ln K_t - \ln K_{t-1}.
\end{aligned}
\tag{1.5}
$$

r_t heißt stetige Rendite.

Zwischen den beiden Definitionen (1.1) und (1.5) gelten die Beziehungen

$$r_t = \ln(R_t + 1), \qquad (1.6)$$
$$R_t = e^{r_t} - 1. \qquad (1.7)$$

Der Zusammenhang zwischen R_t und r_t ergibt sich durch eine Taylor-Approximation erster Ordnung. Allgemein lautet die Taylor-Approximation erster Ordnung einer Funktion $f(x)$ an der Stelle x_0

$$f(x) = f(x_0) + f'(x_0)(x - x_0) + o(x - x_0).$$

wobei $o(x - x_0)$ der Approximationsfehler ist, für den

$$\lim_{x \to x_0} \frac{o(x - x_0)}{x - x_0} = 0 \qquad (1.8)$$

gilt. Setzt man jetzt als Funktion $f(x) = \ln(x)$ sowie $x = K_t/K_{t-1}$ und bildet die Taylor-Approximation an der Stelle $x_0 = 1$, so gilt

$$\ln\left(\frac{K_t}{K_{t-1}}\right) = \frac{K_t}{K_{t-1}} - 1 + o\left(\frac{K_t}{K_{t-1}} - 1\right)$$
$$r_t = R_t + o\left(\frac{K_t}{K_{t-1}} - 1\right).$$

Der Unterschied zwischen den beiden Definitionen ist bei kleinen Renditen also vernachlässigbar. Wenn man mit Tagesdaten arbeitet, ist es also nahezu gleichgültig, welche Renditedefinition herangezogen wird. Da die Kurse von Tag zu Tag meist nur relativ wenig schwanken, ist die Differenz sehr klein, siehe aber Bamberg und Dorfleitner (2001). Bei längeren Zeiträumen können sich dagegen durchaus größere Abweichungen ergeben, wie das folgende Beispiel zeigt.

Beispiel 1.1. Tabelle 1.1 zeigt die Jahresanfangsstände des DAX-Index von 2000 bis 2004 sowie die Jahresrenditen gemäß den beiden Definitionen.

| Jahr | Kurs | Rendite ($\times 100\%$) | |
		Def. (1.1)	Def. (1.5)
2000	6750.76	-	-
2001	6289.82	−6.83	−7.07
2002	5167.88	−17.84	−19.65
2003	3105.04	−39.92	−50.94
2004	4018.5	29.42	25.79

Tabelle 1.1. Jahresanfangswerte und Jahresrenditen des DAX-Index

Die Abweichungen zwischen den beiden Renditedefinitionen sind sehr klein, wenn die Renditen betragsmäßig klein sind. Bei großen Kursveränderungen sind die Renditen gemäß Definition (1.5) deutlich kleiner als die Renditen gemäß Definition (1.1).

Berechnet man die stetige Rendite (1.5) über mehrere Perioden von t_1 bis t_2, so gilt

$$
\begin{aligned}
r_{t_1,t_2} &= \ln\left(\frac{K_{t_2}}{K_{t_1}}\right) \\
&= \ln\left(\prod_{t=t_1+1}^{t_2} \frac{K_t}{K_{t-1}}\right) \\
&= \sum_{t=t_1+1}^{t_2} \ln\left(\frac{K_t}{K_{t-1}}\right) \\
&= \sum_{t=t_1+1}^{t_2} r_t.
\end{aligned}
$$

Im Gegensatz zu der diskreten Rendite R_t kann man bei der stetigen Rendite r_t die einperiodigen Renditen einfach addieren, um die mehrperiode Rendite zu erhalten. Diese Additivitätseigenschaft ist bei vielen statistischen Anwendungen von Vorteil. Daher wird in der Literatur überwiegend die Renditedefinition (1.5) verwendet, wenn der Zeitreihenaspekt der Untersuchung überwiegt.

Der Nachteil der stetigen Rendite r_t besteht aber darin, dass sich die Rendite eines Portfolios nicht in der einfachen Form (1.4) ergibt. Es gilt nämlich jetzt wegen (1.6), (1.7), (1.4) und $\sum_i a_i = 1$

$$
\begin{aligned}
r_t &= \ln(R_t + 1) \\
&= \ln\left(\left(\sum_{i=1}^{n} a_i R_{i,t}\right) + 1\right) \\
&= \ln\left(\sum_{i=1}^{n} a_i\,(R_{i,t} + 1)\right) \\
&= \ln\left(\sum_{i=1}^{n} a_i e^{r_{i,t}}\right)
\end{aligned}
$$

bzw.

$$
e^{r_t} = \sum_{i=1}^{n} a_i e^{r_{i,t}}.
$$

Häufig wird in Analogie zu (1.4) die folgende Approximation r_t^* für die Portfoliorendite verwendet

$$
r_t^* = \sum_{i=1}^{n} a_i r_{i,t}.
$$

Sind alle Renditen gering, so ist der Unterschied zwischen r_t und r_t^* gering, wie das folgende Beispiel zeigt.

	R_t	r_t
Wertebereich	$-1 \leq R_t \leq \infty$	$-\infty < r_t < \infty$
Rendite in $[t_1, t_2]$	$\displaystyle\prod_{t=t_1+1}^{t_2} (R_t + 1) - 1$	$\displaystyle\sum_{t=t_1+1}^{t_2} r_t$
Durchschnittsrendite in $[t_1, t_2]$	$\displaystyle{}^{(t_2-t_1)}\!\sqrt{\prod_{t=t_1+1}^{t_2} (R_t + 1)} - 1$	$\displaystyle\frac{1}{t_2-t_1} \sum_{t=t_1+1}^{t_2} r_t$
Symmetrie in $[t_1, t_2]$	keine enstpr. Formel	$r_{t_1,t_2} = -r_{t_2,t_1}$
Portfoliorendite	$\displaystyle R_t = \sum_{i=1}^{n} a_i R_i$	$\displaystyle r_t = \ln\left(\sum_{i=1}^{n} a_i e^{r_{i,t}}\right)$

Tabelle 1.2. Eigenschaften der Renditen

Beispiel 1.2. Für $n = 4$ Wertpapiere sind die Anteile in einem Portfolio $a_1 = 0.1$, $a_2 = 0.3$, $a_3 = 0.2$ und $a_4 = 0.4$. Die Renditen am Tag t sind $r_{1,t} = 0.04$, $r_{2,t} = 0.07$, $r_{3,t} = 0.05$ und $r_{4,t} = 0.08$. Es ergibt sich dann (auf vier Stellen gerundet)

$$r_t = 0.0671 \,,$$
$$r_t^* = 0.0670 \,.$$

Wenn in einer statistischen Untersuchung die Portfoliobildung eine wichtigere Rolle als der Zeitreihenaspekt spielt, wird in der Literatur meist die Renditedefinition (1.1) verwendet. Tabelle 1.2 fasst die Eigenschaften von R_t und r_t zusammen.

Renditen und Kurse haben den gleichen Informationsgehalt. Dass man aus dem Kursverlauf den Renditeverlauf errechnen kann, ist offensichtlich: nichts anderes kommt ja in den beiden Definitionen (1.1) und (1.5) zum Ausdruck. Die Umkehrung gilt jedoch auch: Kennt man die Renditen $R_1, \ldots, R_T$ oder $r_1, \ldots, r_T$ (und den Startkurs K_0), so kann man den Kursverlauf $K_1, \ldots, K_T$ rekonstruieren. Bei Verwendung diskreter Renditen gilt für $t = 1, \ldots, T$

$$K_t = K_0 \prod_{i=1}^{t} (1 + R_i)$$

und bei stetigen Renditen

$$K_t = K_0 \exp \left(\sum_{i=1}^{t} r_i \right).$$

Die hier vorgestellten beiden Renditedefinitionen vernachlässigen einige ökonomische Aspekte, die in der Praxis von Bedeutung sein können. Insbesondere werden Transaktionskosten und Steuern ignoriert. Eine mögliche Veränderung des allgemeinen Preisniveaus (Inflation) wird ebenfalls ignoriert.

1.3 Kursbereinigung

Neben den regulären Kursveränderungen, die durch die Renditen gemäß (1.1) und (1.5) gemessen werden sollen, gibt es technisch bedingte Kursveränderungen wie z. B. Dividendenzahlungen, Kapitalveränderungen, Aktiensplits, etc., die die Renditen gemäß (1.1) und (1.5) in unerwünschter Weise beeinflussen. In diesem Abschnitt untersuchen wir, wie derartige Ereignisse durch eine Kursbereinigung berücksichtigt werden können.

Die Grundidee der Kursbereinigung besteht darin, die Kurse derart zu verändern, dass die Renditeberechnung gemäß (1.1) oder (1.5) die im ökonomischen Sinne relevante Rendite ergibt. Grundsätzlich gibt es zwei Möglichkeiten die Kurse um die technischen Kursveränderungen zu bereinigen: bei der progressiven Bereinigung werden die Kurse nach dem Ereignis (z.B. Dividendenzahlung oder Aktiensplit) modifiziert; bei der retrograden Bereinigung werden hingegen die Kurse vor dem Ereignis angepasst. Letzteres Verfahren hat den Vorteil, dass die aktuellen Kurse den tatsächlichen Börsenkursen entsprechen.

Sowohl die progressive als auch die retrograde Bereinigung erfolgen durch Multiplikation der Kurse nach bzw. vor dem Ereignis mit einem Bereinigungsfaktor BF. Die Bereinigungsfaktoren hängen von der Art des technischen Ereignisses (siehe Tabelle 1.3) ab. Wenn es mehr als ein technisches Ereignis gegeben hat, müssen die Bereinigungsfaktoren (entsprechend der zeitlichen Reihenfolge) miteinander multipliziert werden. Der gesamte Bereinigungsfaktor für den Kurs eines bestimmten Zeitpunkts t in der Vergangenheit ergibt sich somit als Produkt aller Bereinigungsfaktoren, die nach (oder an) dem Zeitpunkt t liegen.

Anhand einer Dividendenzahlung soll nun gezeigt werden, wie die retrograde Bereinigung Kurse verringert, die vor der Dividendenzahlung lagen. Die zweite Spalte der Tabelle 1.4 gibt den ex-Dividende-Kurs einer Aktie wieder. Am Tag 3 wurde eine Dividende in Höhe von 3 gezahlt (Spalte 3).[2] Diese Zahlung muss bei der Berechnung der ökonomisch relevanten, tatsächlichen Rendite natürlich berücksichtigt werden. Ignoriert man die Dividendenzahlung, dann ergibt sich als rohe Rendite (Spalte 4) am Tag 3 ein Wert von -1.96%, obwohl der Kursverlust in Höhe von 2 durch die Dividendenzahlung in Höhe von 3 mehr als aufgewogen wurde. In Spalte 5 sieht man die

---

[2] Die Versteuerung dieser Zahlung wird im Folgenden ignoriert.

Ereignis	Bereinigungsfaktor BF	
Dividenden-zahlungen	$BF = \frac{K^{EX}}{K^{EX}+D}$	$K^{EX} =$ Kurs der Aktie nach Dividendenabschlag $D =$ Dividende
Kapitalerhöhungen – durch Ausgabe neuer Aktien	$BF = \frac{K^{EX}}{K^{EX}+B}$	$K^{EX} =$ Kurs der Aktie ex Bezugsrecht $B =$ börsennotierter Wert des Bezugsrechts
– aus Gesell-schaftsmitteln	$BF = \frac{K^{EX}}{K^{EX}+\frac{n}{a}K^{EX}}$	$\frac{a}{n} =$ Bezugsverhältnis von alten zu neuen Aktien
Kapitalherab-setzungen	$BF = \frac{a}{n}$	
Notizwechsel	$BF = \frac{N_n}{N_a}$	$N_a, N_n =$ alter bzw. neuer Nennbetrag
Aktiensplits	$BF = \frac{N_n}{N_a}$	

Tabelle 1.3. Kursbereinigungsfaktoren wichtiger Ereignisse

ökonomisch korrekt errechnete tatsächliche Rendite. Sie wird entweder berechnet, indem man die Dividendenzahlung explizit in die Renditeberechnung aufnimmt, oder indem man die Kurse vor der Zahlung um den Bereinigungsfaktor $BF = 100/(100 + 3)$ verringert (also um die Dividendenzahlung bereinigt). Spalte 7 zeigt die bereinigten Kurse; da es sich um eine retrograde Bereinigung handelt, sind nur die Kurse vor der Dividendenzahlung verändert. Die aus den bereinigten Kursen berechnete Rendite (Spalte 8) entspricht nun der tatsächlichen Rendite.

Tag (1)	Kurs ex Div. (2)	Div. (3)	Rohe Rendite (4)	Tatsächl. Rendite (5)	BF (6)	Ber. Kurs (7)	Ber. Rendite (8)
1	100	-	-	-	-	97.087	-
2	102	-	+2.00%	+2.00%	-	99.029	+2.00%
3	100	3.00	-1.96%	+0.98%	$\frac{100}{100+3}$	100.000	+0.98%
4	103	-	+3.00%	+3.00%	-	103.000	+3.00%

Tabelle 1.4. Kursbereinigung bei einer Dividendenzahlung

1.4 Indizes

Die Entwicklung des Aktienmarktes umfasst die Kursbewegungen aller Aktien. Für eine knappe, prägnante Darstellung „des Marktes" ist es natürlich nicht sinnvoll, alle Kursbewegungen zu berichten, genauso wie es sinnlos wäre, alle Preisveränderungen von Konsumgütern aufzulisten, wenn man sich für „die Verbraucherpreisentwicklung" interessiert. In den Medien werden die Kursveränderungen daher in Form von Aktienindizes berichtet. Sie sollen die gesamte Marktsituation in einer einzigen Zahl zusammenfassen.

Aktienindizes sind noch aus einem weiteren Grund für Finanzmärkte von Bedeutung: sie dienen häufig als Substitut für das Marktportfolio, in dem alle Aktien enthalten sind; wir gehen in Kapitel 7 näher darauf ein. In diesem Abschnitt erklären wir, welche Arten von Aktienindizes es gibt und welche Eigenschaften sie haben.

Aktienindizes sind Preisindizes, wobei die Preise bei Aktien ihre Kurse sind. Preisindizes haben in der empirischen wirtschaftswissenschaftlichen Literatur eine sehr lange Historie. Sie reichen zurück bis zu den Arbeiten von Laspeyres (1871) und Paasche (1874). Die Aufgabe von Preisindizes und damit auch von Aktienindizes besteht darin, die Preisveränderungen mehrerer Güter oder Wertpapiere sinnvoll zu einer einzigen Zahl zusammenzufassen. Da sich nicht immer alle Preise in gleicher Weise verändern, gibt es eine Vielzahl von Möglichkeiten die Preisveränderungen zu aggregieren. Eine einfache und gut zu interpretierende Art der Aggregation ist die Berechnung eines gewichteten arithmetischen Mittels, die auch den Laspeyresschen Indizes zu Grunde liegt. Praktisch alle wichtigen Aktienindizes gehören zu dieser Klasse.

Der Laspeyressche Preis- bzw. Kursindex mit Basiszeitpunkt 0 und zur Berichtszeit 1 ist

$$L_{1,0} = \frac{\sum_{i=1}^n n_i K_{i,1}}{\sum_{i=1}^n n_i K_{i,0}}. \tag{1.9}$$

Im Nenner von (1.9) steht gerade der Wert (1.2) des Portfolio in $t = 0$. Im Zähler steht der Wert des Portfolios in $t = 1$, wobei sich die Portfoliozusammenstellung gegenüber $t = 0$ nicht verändert hat. Ein Vergleich von (1.9) mit (1.4) zeigt, dass $L_{1,0} = R_1 + 1$ ist. Folglich gilt wegen (1.4) auch

$$L_{1,0} = R_1 + 1$$
$$= \sum_{i=1}^n a_i \left(R_{i,1} + 1 \right),$$

wobei a_i der wertmäßige Anteil der Aktie i am Portfolio im Zeitpunkt 0 ist, siehe (1.3). Der Kursindex entspricht also zum Einen dem Verhältnis der Portfoliowerte in $t = 1$ zu $t = 0$. Zum Anderen lässt sich der Kursindex auch schreiben als die mit $a_1, \ldots, a_n$ gewichtete Summe der Kursverhältnisse aller Einzelaktien.

Die beiden entscheidenden Fragen bei der Konstruktion von Aktienindizes sind: Wie wird das Portfolio zusammengestellt? Soll sich die Portfoliozusammenstellung im Laufe der Zeit ändern? Beide Fragen werden im Folgenden behandelt.

Die Portfoliozusammenstellung der meisten Aktienindizes hängt von der Marktkapitalisierung der Unternehmen ab. Je größer der Wert aller Aktien des

Unternehmens i, desto größer ist das Gewicht a_i im Index. Beim DAX-Index wird nicht die gesamte Kapitalisierung eines Unternehmens berücksichtigt, sondern nur der frei verfügbare Teil der Aktien (free float). Aktienpakete in den Händen von Großaktionären werden bei der Gewichtsbestimmung ausgespart. Um nicht einzelnen Aktien ein übergroßes Gewicht zu geben, sehen manche Indizes Obergrenzen für das Gewicht vor (Kappung); im DAX wird das Gewicht auf maximal 0.15 gedeckelt.[3]

Ein wichtiger Index, dessen Gewichte nicht durch die Marktkapitalisierung bestimmt sind, ist der Dow Jones Industrial Average. Er wurde in seiner ursprünglichen Form schlicht als gleichgewichtete Summe der Kurse von 30 Industrie-Unternehmen berechnet (jeder Kurs wurde mit 1/30 gewichtet, daher auch der Namensbestandteil „Average"). Inzwischen sind die 30 Gewichte nicht mehr identisch, da rein technische Effekte wie etwa Aktiensplits herausgerechnet wurden. Die Gewichte sind jedoch weiterhin abgekoppelt von der Marktkapitalisierung.

Die meisten Indizes enthalten nicht alle an einer Börse gehandelten Aktien, sondern nur die bedeutendsten. Alle übrigen Aktien gehen also quasi mit einem Nullgewicht in die Berechnung ein. In den DAX-Index gehen beispielsweise nur die 30 nach Kapitalisierung und Börsenumsatz größten Aktien ein – in den MDAX die 50 nächstgrößeren Aktien. Es gibt jedoch auch Aktienindizes, in die die Kurse aller an einer bestimmten Börse gehandelten Aktien eingehen. Dazu gehört insbesondere der New York Stock Exchange Composite Index, der aus den (mit der Marktkapitalisierung) gewichteten Kursen aller rund 2800 an der New York Stock Exchange gehandelten Aktien errechnet wird. Auch der NASDAQ Composite Index enthält die Kurse aller rund 3200 an der NASDAQ gehandelten Aktien.

Im Laufe der Zeit nehmen manche Unternehmen an Bedeutung zu, während andere weniger wichtig werden oder sogar aufhören zu existieren (im Dow Jones Industrial Average ist nur noch ein einziges Unternehmen enthalten, dass von 1896 an im Index vertreten war, und zwar General Electric). Die Portfoliozusammenstellung der Aktienindizes muss auf derartige Veränderungen reagieren, um weiterhin aussagekräftige Zahlen liefern zu können. Die Gewichtungen werden daher bei allen Aktienindizes zumindest von Zeit zu Zeit angepasst.

Beim DAX-Index wird jedes Quartal die Gruppe der im Index enthaltenen Aktien neu bestimmt. Früher erfolgte das im Ermessen des Arbeitskreises Aktienindizes unter Berücksichtigung bestimmter Regeln, seit August 2004 erfolgt die Aufnahme neuer Aktien und die Herausnahme alter Aktien rein regelbasiert (das Regelwerk findet man im „Leitfaden zu den Aktienindizes der Deutschen Börse"). Neben der Aktienauswahl werden alle Gewichte neu

---

[3] Eine sehr detaillierte Darstellung aller Aspekte des DAX sowie der übrigen Indizes der Deutschen Börse findet man im „Leitfaden zu den Aktienindizes der Deutschen Börse", der auf den Internet-Seiten der Deutschen Börse über die Suchfunktion auffindbar ist.

bestimmt, wenn sich die Marktkapitalisierung oder der Anteil der frei verfügbaren Aktien im Laufe des Quartals geändert hat. Die Gewichtsumstellung
würde einen rein technisch bedingten Sprung im Indexwert verursachen, der
nicht erwünscht ist. Um ihn zu vermeiden, wird daher ein Verkettungsfaktor
berechnet, der den technisch bedingten Sprung herausrechnet.

Die gebräuchlichen internationalen Indizes unterscheiden sich in der Art
und Weise wie mit Dividendenzahlungen, sonstigen Bonuszahlungen und
Kapitalveränderungen verfahren wird. Kursindizes vernachlässigen derartige Zahlungen, während Performance-Indizes sie berücksichtigen. Bei einem
Performance-Index wird so getan, als ob die Dividendenzahlungen den Gewichten entsprechend in sämtliche Index-Aktien reinvestiert werden. Die meisten Indizes der Deutschen Börse (so auch der DAX) sind sowohl als Kurs- als
auch als Performance-Index verfügbar, viele international verwendete Indizes
sind Kursindizes.

*Beispiel 1.3. Wir betrachten die Tagesrendite (in %) des DAX-Indexes vom 3.
Januar 1995 bis zum 30. Dezember 2004. Feiertage wurden bei der Berechnung
ausgeschaltet. Die Anzahl der Beobachtungen beträgt $T = 2526$. Abbildung 1.1
zeigt im oberen Teil den Kursverlauf und im unteren Teil die gemäß (1.5)
errechneten Tagesrenditen.*

1.5 Stilisierte Fakten von Renditen

Unter den „stilisierten Fakten" von Renditen (engl. „stylized facts") versteht
man statistische Eigenschaften von Renditen, die – unabhängig von speziellen
Umständen und Ereignissen – immer wieder zu beobachten sind. Zwar treten
sie nicht naturgesetzlich auf, doch sind sie meist so deutlich ausgeprägt, dass
man sie erkennen und identifizieren kann, wenn auch nicht in jedem einzelnen
Fall in gleicher Weise.

Im Folgenden wollen wir zur Einführung einen kurzen und summarischen
Überblick über die stilisierten Fakten geben. In den weiteren Kapiteln dieses
Buches werden diese dann genauer untersucht. Außerdem werden Modelle
vorgestellt, die zur Beschreibung beitragen können.

Betrachten wir zunächst die empirische Verteilung von Renditen und vernachlässigen ihre zeitliche Struktur. Vergleicht man ein Histogramm von Tagesrenditen mit der Dichtefunktion einer Normalverteilung mit gleichem Mittelwert und gleicher Standardabweichung, so ist zu sehen, dass die empirische
Verteilung nicht völlig symmetrisch ist. Die Asymmetrie ist aber nur schwach
ausgeprägt. Hierbei treten stark negative Renditen meist häufiger auf als stark
positive. Weiter fällt auf, dass die Flanken der empirischen Verteilung stärker
besetzt sind als bei einer Normalverteilung, d.h. stark positive und stark negative Renditen treten häufiger auf als bei einer Normalverteilung. Schließlich
ist das Histogramm spitziger als die Dichte der Normalverteilung. Sehr kleine Renditen treten häufiger auf als bei einer Normalverteilung. Man spricht

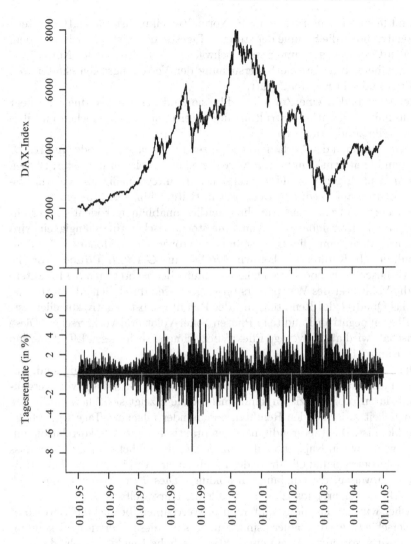

Abbildung 1.1. Börsentägliche Kurse und Tagesrenditen (in %) des DAX-Indexes für die Zeit vom 3. Januar 1995 bis zum 30. Dezember 2004

hierbei von schweren Flanken (heavy tails oder fat tails) und Spitzigkeit (peakedness).

Die eben gemachten Feststellungen beziehen sich auf Tagesrenditen sowie auf Hochfrequenzdaten. Betrachtet man längere zeitliche Abstände und geht zu Wochen- und Monatsrenditen über, so stellt man häufig fest, dass die Anpassung an eine Normalverteilung immer besser wird. Eine einfache Erklärung für den Effekt der Annäherung an die Normalverteilung ist, dass z.B. die stetige Monatsrendite die Summe der stetigen Tagesrenditen ist, die sich nach dem zentralen Grenzwertsatz unter recht schwachen Annahmen einer Normalverteilung nähert. Eine genaue Untersuchung der Verteilungseigenschaften von Renditen findet in Kapitel 2 statt.

Renditen bilden eine Zeitreihe, d.h. sie sind zeitlich geordnet. Es liegt deshalb nahe, die zeitliche Struktur dieser Zeitreihe zu untersuchen und ihre Bestandteile zu identifizieren.

Betrachtet man den Verlauf von Tagesrenditen von Aktien oder Indizes, so sieht man bereits mit dem bloßen Auge sogenannte Volatilitätscluster: Phasen hoher und niedriger Volatilität wechseln sich unregelmäßig ab. Volatilitätscluster deuten auf „bedingte Heteroskedastizität" hin. Die Existenz von Volatilitätsclustern ist mit der Annahme zeitlich unabhängiger identisch verteilter Renditen unvereinbar. Die Annahme stochastischer Unabhängigkeit wird plausibler, wenn man die Zeitabstände vergrößert (z.B. Monats- oder Jahresrenditen). In Kapitel 6 stellen wir $ARCH$- und $GARCH$-Prozesse vor, die diese Eigenschaften modellieren können. Häufig beobachtet man bei Renditen, dass die Volatilität des Wertpapiers (etwa gemessen durch den Absolutbetrag oder das Quadrat der Renditen) mit der Rendite selbst negativ korreliert ist, d. h. Phasen negativer Rendite in Phasen hoher Volatilität vorherrschen. Diese Eigenschaft wird als „Leverage Effekt" bezeichnet. Auch diesen Effekt werden wir in Kapitel 6 modellieren.

Dass Tagesrenditen über die Zeit hinweg stochastisch abhängig sind, impliziert nicht, dass man zukünftige Renditen auf der Grundlage von Vergangenheitsdaten prognostizieren kann. Insbesondere zeigt sich, dass die lineare Abhängigkeit zwischen den Renditen aufeinander folgender Tage vernachlässigbar klein ist. Die Tagesrenditen weisen praktisch keine Autokorrelation auf. Darauf gehen wir in Kapitel 5 näher ein. Umso erstaunlicher mag es sein, dass die Absolutbeträge und Quadrate der Renditen eine vergleichsweise hohe Korrelation aufweisen, die nur langsam abklingt. Dies lässt vermuten, dass sich Volatilität besser prognostizieren lässt als die Kurse selbst.

Bisher wurden nur die Renditen eines Wertpapiers betrachtet. Betrachtet man verschiedene Wertpapiere simultan, so sind diese überwiegend kontemporär positiv korreliert. Wenn eine Aktie eine hohe Rendite erzielt, dann erzielen tendenziell auch die übrigen Aktien in dem gleichen Zeitraum eine hohe Rendite. Die Korrelation ist natürlich nicht für alle Wertpapiere gleich hoch. Zwei Bankaktien sind im Allgemeinen stärker miteinander korreliert als eine Bankaktie mit einer Chemieaktie. Die Berücksichtigung dieser Korrelationen ist die Aufgabe des Portfoliomanagements. In Kapitel 7 vertiefen wir diesen Punkt im Rahmen des Capital Asset Pricing Models (CAPM).

Zu berücksichtigen ist, dass es sich bei der kontemporären Korrelation um solche globaler Art handelt, die sich auf sämtliche Renditen (d.h. stark negative, stark positive und kleine) bezieht. Von Interesse ist auch zu untersuchen, ob die kontemporäre Korrelation zeitlich stabil ist oder ob z.B. die kontemporäre Korrelation in Phasen hoher Volatilität größer oder kleiner ist als in

Phasen niedriger Volatilität, sowie die Frage, ob in Aufschwungsphasen (Bull Market) die kontemporäre Korrelation anders ist als in Abschwungsphasen (Bear Market).

1.6 Literaturhinweise

In vielen einschlägigen Lehrbüchern und Monographien zur Statistik von Finanzmarktdaten werden die in diesem Abschnitt angesprochenen Themen ebenfalls behandelt. Siehe hierzu Franses und Dijk (2000), Mills (1999), Campbell, Lo und MacKinlay (1997), Franke, Härdle und Hafner (2004), Alexander (2001), Zivot und Wang (2003), Tsay (2002) und Gourieroux und Jasiak (2001). Hinweise auf Literatur über Kurse, XETRA, Datastream, die Wertpapierbörse in Frankfurt, Indizes werden u.a. in Gourieroux und Jasiak (2001) sowie Houthakker und Williamson (1996) behandelt. Eine ausführliche Beschreibung des DAX und anderer Indizes der Deutschen Börse findet man im „Leitfaden zu den Aktienindizes der Deutschen Börse". Sauer (1991) und Barth (1996) geben eine ausführliche Darstellung der Kursbereinigung. Die stilisierten Fakten von Renditen werden ausführlich behandelt in Cont (2000) und Rydberg (2000).

Univariate Renditeverteilungen

Im Mittelpunkt dieses Kapitels steht die univariate Verteilung der Renditen eines Wertpapiers. Wir erinnern zunächst an einige Grundbegriffe aus der Wahrscheinlichkeitsrechnung wie z.B. Zufallsvariable, Verteilungsfunktion und Dichtefunktion. Wir beschreiben Verfahren, mit denen die Renditeverteillung aus beobachteten Renditen geschätzt und graphisch dargestellt werden kann. Anschließend werden eine Reihe von Verteilungsparametern definiert, durch die Renditeverteilungen charakterisiert werden können. Schließlich stellen wir – ausgehend vom verbreiteten Modell der Normalverteilung – einige parametrische Verteilungsmodelle vor, die – mehr oder weniger – geeignet sind, einen großen Datensatz von Renditen zu repräsentieren.

2.1 Zufallsvariable und ihre Verteilung

Eine beobachtete Rendite – sei sie diskret oder stetig definiert – wird in diesem Kapitel als Wert oder Realisierung einer Zufallsvariablen aufgefasst. Die Zufallsvariablen notieren wir als X, es kann sich dabei sowohl um R_t handeln als auch um r_t. Je nachdem, ob die beobachteten Renditen $x_1, \ldots, x_T$ als Realisation einer Stichprobe $X_1, \ldots, X_T$ oder als Pfad eines stochastischen Prozesses interpretiert werden, sind verschiedene statistische Instrumente anzuwenden. In diesem Kapitel gehen wir davon aus, dass die beobachteten Renditen die Realisation einer Stichprobe sind (auch konkrete Stichprobe genannt). Erst in Kapitel 4 wird der Begriff des stochastischen Prozesses genau definiert; dann werden wir die beobachteten Renditen als Realisation eines stochastischen Prozesses interpretieren.

Grundlegend für den Umgang mit Zufallsvariablen ist die Verteilungsfunktion. Für eine Zufallsvariable X ist die Verteilungsfunktion definiert als

$$F(x) = P(X \leq x) \tag{2.1}$$

für $x \in \mathbb{R}$. Mittels der Verteilungsfunktion lassen sich alle Wahrscheinlichkeiten ausdrücken, so z.B. Intervallwahrscheinlichkeiten

$$P(X > x) = 1 - F(x),$$
$$P(a < X \leq b) = F(b) - F(a).$$

Wenn mehrere Zufallsvariablen betrachtet werden, ist es üblich, die Verteilungsfunktionen durch Subindizes zu unterscheiden, also etwa F_X für die Verteilungsfunktion von X und F_Y für die Verteilungsfunktion von Y.

Durch Invertieren der Verteilungsfunktion F erhält man die p-Quantile x_p der Verteilung von X (für $0 < p < 1$). Da nicht jede Verteilungsfunktion im Sinne der Analysis invertierbar ist, benötigen wir eine allgemeine Definition der Inversen, und zwar

$$F^{-1}(p) = \inf \{x \mid F(x) \geq p\}. \tag{2.2}$$

Die Funktion $p \longmapsto x_p = F^{-1}(p)$ heißt auch Quantilfunktion von X.

In der elementaren Wahrscheinlichkeitsrechnung wird zwischen diskreten und stetigen Zufallsvariablen unterschieden. Für uns sind besonders die stetigen Zufallsvariablen von Bedeutung. Eine Zufallsvariable X heißt stetig, falls für die Verteilungsfunktion F gilt

$$F(x) = \int_{-\infty}^{x} f(t)\, dt, \quad x \in \mathbb{R}. \tag{2.3}$$

Hierbei ist f die Dichtefunktion der Verteilung von X, welche

$$f(x) \geq 0,$$
$$\int_{-\infty}^{+\infty} f(t)\, dt = 1$$

erfüllt. Die Dichtefunktion ist selbst keine Wahrscheinlichkeit, aber es gilt

$$P(x \leq X \leq x + h) \approx f(x) \cdot h$$

für kleines $h > 0$.

Vorsicht: Die Unterscheidung zwischen stetigen und diskreten Zufallsvariablen hat nichts zu tun mit der Unterscheidung zwischen stetigen und diskreten Renditen. Auch diskrete Renditen wird man im Allgemeinen als stetige Zufallsvariablen betrachten, obwohl (sowohl stetige als auch diskrete) Renditen streng genommen nicht stetig verteilt sind, weil Börsenkurse nicht beliebig fein unterteilt sind (siehe Krämer und Runde (1997) zu möglichen Konsequenzen für die statistische Analyse). Dennoch ist die Approximation von Renditeverteilungen durch stetige Verteilungen sinnvoll und allgemein üblich.

Leider kennen wir die Verteilungsfunktion, Quantilfunktion und Dichtefunktion einer Renditeverteilung in der Realität nicht. Wir müssen versuchen, durch Beobachtungen etwas über die Verteilung zu lernen. Dazu benötigen wir eine Stichprobe $X_1, \ldots, X_T$, also die Renditen verschiedener Börsentage. Wir interpretieren jedes einzelne Stichprobenelement als Ziehung aus der Zufallsvariablen X. Die Zeitreihenstruktur der Daten ignorieren wir zunächst, sie wird erst ab Kapitel 4 berücksichtigt. In der Statistik unterscheidet man strikt zwischen der Stichprobe $X_1, \ldots, X_T$, die aus Zufallsvariablen besteht, und ihrer Realisation $x_1, \ldots, x_T$, die aus reellen Zahlen besteht. Funktionen der Stichprobe sind Zufallsvariablen; Funktionen der Realisation sind reelle Zahlen. Im Bereich der Schätzung von Maßzahlen oder anderen Größen unterscheiden Statistiker Schätzer (nämlich Funktionen von $X_1, \ldots, X_T$) und Schätzwerte (die zugehörige Realisation). Eine ausführlichere Darstellung findet man beispielsweise in Mosler und Schmid (2004).

Wir werden in den folgenden Abschnitten nur mit den Realisationen $x_1, \ldots, x_T$ arbeiten, um die Notation möglichst einfach zu halten. Eine Unterscheidung zwischen Schätzern und Schätzwerten unterbleibt daher; wir erklären ausschließlich Schätzwerte. Erst in Abschnitt 2.2.4 werden wir auch die Zufallsvariablen $X_1, \ldots, X_T$ wieder betrachten.

Verteilungsfunktion, Quantilfunktion und Dichtefunktion lassen sich nun aus den Renditen $x_1, \ldots, x_T$ schätzen. Die Verteilungsfunktion schätzt man durch die aus der deskriptiven Statistik bekannte empirische Verteilungsfunktion

$$F_T(x) = \frac{\text{Anzahl } x_t \leq x}{T}, \quad x \in \mathbb{R}. \tag{2.4}$$

Beispiel 2.1. Wir betrachten die Tagesrendite (in %) des DAX-Indexes vom 3. Januar 1995 bis zum 30. Dezember 2004. Abbildung 2.1 zeigt die empirische Verteilungsfunktion der Renditen.

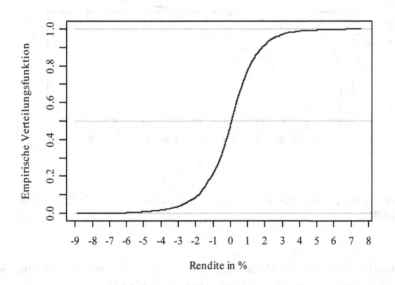

Abbildung 2.1. Empirische Verteilungsfunktion der Tagesrendite des DAX-Index

Die Schätzung der Quantile x_p bzw. der Quantilfunktion $F^{-1}(p)$ erfolgt durch

$$\tilde{x}_p = F_T^{-1}(p) = \inf\{x\,|\,F_T(x) \geq p\}$$

für $0 < p < 1$. Man erhält $\tilde{x}_p = F_T^{-1}(p)$ auch als

$$\tilde{x}_p = \begin{cases} x_{(Tp)}, & \text{falls } Tp \text{ ganzzahlig ist,} \\ x_{([Tp]+1)}, & \text{sonst.} \end{cases}$$

Hierbei ist $x_{(1)} \leq x_{(2)} \leq \ldots \leq x_{(T)}$, d.h. die Renditen werden aufsteigend geordnet. Das Quantil $\tilde{x}_p$ erhält man dann, indem man denjenigen x-Wert nimmt, der an der Stelle Tp (bzw. der nächstgrößeren ganzzahligen Stelle $[Tp] + 1$) steht.

Beispiel 2.2. Wir betrachten wieder die Tagesrenditen des DAX-Indexes vom 3. Januar 1995 bis zum 30. Dezember 2004. Abbildung 2.2 zeigt die zugehörige Quantilfunktion.

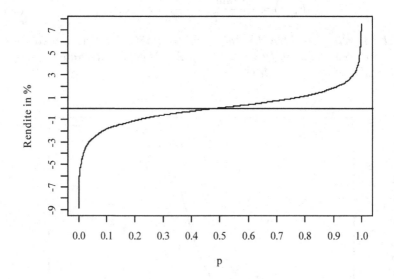

Abbildung 2.2. Empirische Quantilfunktion der Renditen des DAX (3.1.1995 bis 30.12.2004)

Quantile (und weitere Maßzahlen) lassen sich in einem Boxplot zusammenstellen. Eine sehr einfache Version eines Boxplots ist:

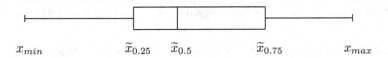

Der Vorteil dieser Darstellung liegt darin, dass man auf einem Blick erkennen kann, wo die Daten liegen: Die Box umfasst die mittleren 50% der empirischen Verteilung und gibt die Lage des Medians an. Die Spannweite der empirischen Verteilung ist durch $x_{\min}$ (kleinster Wert) und $x_{\max}$ (größter Wert) bestimmt. In statistischen Programmpaketen sind unterschiedliche Versionen des Box-Plots implementiert.

Beispiel 2.3. Wir betrachten wieder die Tagesrenditen des DAX-Indexes vom 3.1.1995 bis zum 30.12.2004 sowie die Tagesrenditen der Deutschen Bank und Volkswagen. Abbildung 2.3 zeigt die zugehörigen Boxplots. Man erkennt

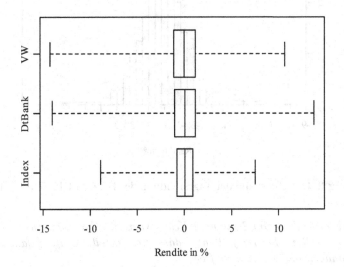

Abbildung 2.3. Boxplots der Tagesrenditen des DAX, der Deutschen Bank und von Volkswagen (3.1.1995 bis 30.12.2004)

an der Abbildung, dass der Index die geringste Spannweite aufweist. Auch der mittlere 50%-Bereich ist für den Index etwas geringer als für die Einzelaktien. Daran wird sichtbar, wie durch Diversifikation das Risiko verringert werden kann; wir kommen in Kapitel 7 ausführlich auf dieses Thema zurück.

Die Dichtefunktion lässt sich durch das aus der deskriptiven Statistik bekannte Histogramm schätzen und grafisch darstellen. Hierzu muss jedoch Lage und Breite sowie die Anzahl der Klassen bestimmt werden. Bei Renditen liegt es nahe, die Klassen symmetrisch um 0 mit gleicher Klassenbreite h zu legen. Für die Wahl von h gibt es viele Faustregeln (siehe z.B. Heiler und Michels 1994).

Beispiel 2.4. Wir betrachten wieder die Rendite (in %) des DAX-Indexes vom 3. Januar 1995 bis zum 30. Dezember 2004. Abbildung 2.4 zeigt das Histogramm; die Klassengrenzen liegen bei −9%, −8%, −7%, −6%, −5%, −4%, −3.4% (0.4%) 3.4%, 4%, 5%, 6%, 7%, 8%. Alle Beobachtungen liegen innerhalb dieser Klassen. Das Histogramm zeigt deutlich, dass die große Mehrzahl

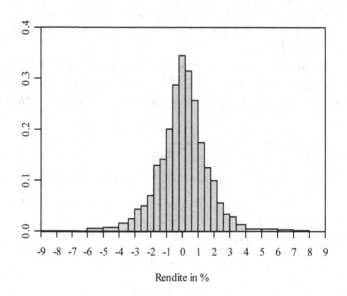

Rendite in %

Abbildung 2.4. Histogramm der Tagesrenditen des DAX (3.1.1995 bis 30.12.2004)

der Renditen nahe beim Nullpunkt liegt. Ausreißer kommen zwar vor, sind aber relativ selten. Ferner fällt auf, dass die Verteilung nicht ganz symmetrisch, sondern leicht linksschief ist.

Die willkürliche Wahl der Klassengrenzen ist ein Nachteil der Histogramme. Eine viel verwendete Alternative der Dichteschätzung und grafischen Darstellung von Renditen ist die Kerndichteschätzung, die in gewissem Sinne eine geglättete Version des Histogramms darstellt. Der Wert des Kerndichteschätzers an der Stelle x ist durch

$$\hat{f}(x) = \frac{1}{T} \sum_{t=1}^{T} \frac{1}{h} K \left(\frac{x - x_t}{h} \right) \tag{2.5}$$

gegeben. Hierbei bezeichnet $K(\cdot)$ den Kern und h die Bandweite. Ein Kern ist nichts anderes als eine Gewichtungsfunktion. Meist wählt man eine Wahrscheinlichkeitsdichte als Kern, so dass

$$K(u) \geq 0, \quad u \in \mathbb{R}$$

und

$$\int_{-\infty}^{\infty} K(u)\, du = 1.$$

Beispiele für gängige Kerne sind:

- Gaußscher Kern

$$K(u) = \varphi(u) = \frac{1}{\sqrt{2\pi}} e^{-\frac{u^2}{2}}, \quad u \in \mathbb{R},$$

- Dreiecks-Kern

$$K(u) = \begin{cases} 1 - |u| & |u| \leq 1 \\ 0 & |u| > 1 \end{cases},$$

- Gleichverteilungs-Kern

$$K(u) = \begin{cases} \frac{1}{2} & |u| \leq 1 \\ 0 & |u| > 1 \end{cases},$$

- Epanechnikov-Kern

$$K(u) = \begin{cases} \frac{3}{4}\left(1 - u^2\right) & |u| \leq 1 \\ 0 & |u| > 1 \end{cases}.$$

Durch den Kern wird die Masse $1/T$, die jede einzelne Beobachtung x_i hat, in die Umgebung der Beobachtung „verschmiert" – je größer die Bandweite, desto weiter. Abbildung 2.5 illustriert das Vorgehen. Die fünf Werte $x_1, \ldots, x_5$ werden mit Hilfe eines Gaußschen Kerns mit Bandweite $h = 1/2$ verschmiert. Durch Addition der fünf Hügelchen erhält man die Kerndichteschätzung. Offensichtlich werden auch die Bereiche links des kleinsten Werts und rechts des größten Werts mit einer positiven Dichte versehen. Die Gestalt der Kerndichteschätzung wird weniger von der Wahl des Kerns als von der Wahl der Bandweite h bestimmt. Je größer h ist, desto stärker ist der Glättungseffekt. Zur Wahl von h gibt es verschiedene Optimierungsansätze sowie diverse Faustregeln (Silverman 1986). Häufig ist es empfehlenswert, die Kerndichteschätzung mit verschiedenen Werten von h zu wiederholen, um den Effekt der Wahl von h mit dem Auge zu kontrollieren.

Beispiel 2.5. Abbildung 2.6 stellt den Einfluss der Bandweite auf die Kerndichteschätzung dar. In beiden Grafiken wird die geschätzte Dichte der Tagesrendite des DAX dargestellt. Für die Schätzung wurde ein Gauß-Kern verwendet. Die Bandweite beträgt $h = 0.36$ in der oberen Grafik und $h = 0.05$ in

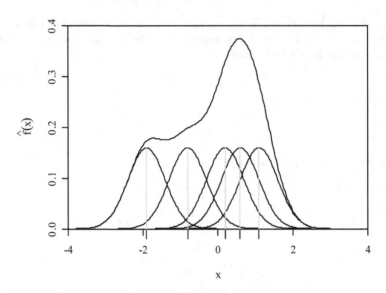

Abbildung 2.5. Illustration zur Kerndichteschätzung

der unteren Grafik. Eine zu kleine Bandweite führt dazu, dass die Dichteschätzung erratische Schwankungen aufweist. Die Aussage der Kerndichteschätzung ist im Wesentlichen dieselbe wie die des Histogramms. Man erkennt deutlich, dass betragsmäßig kleine Renditen am häufigsten vorkommen. Auch die leichte Asymmetrie der Verteilung ist zu erkennen.

2.2 Maße zur Charakterisierung von Renditeverteilungen

Die Verteilung einer Zufallsvariablen X lässt sich durch geeignete Maßzahlen, sogenannte Verteilungsparameter, in bezug auf Lage, Streuung und Form charakterisieren. Die Informationen, die in der Verteilungsfunktion zum Ausdruck kommen, werden dann durch wenige Maßzahlen komprimiert zusammengefasst.

Diese Maßzahlen beruhen entweder auf Momenten oder Quantilen der Verteilung. Die Momente einer stetigen Zufallsvariablen X mit Dichte f sind für $k \in \mathbb{N}$ definiert als

$$E\left(X^k\right) = \int_{-\infty}^{+\infty} x^k f(x)\, dx, \qquad (2.6)$$

bzw.

$$E\left((X - E(X))^k\right) = \int_{-\infty}^{+\infty} (x - E(X))^k f(x)\, dx. \qquad (2.7)$$

$E\left(X^k\right)$ ist das k-te Moment (oder k-te gewöhnliche Moment oder k-te Moment um 0) und $E((X - E(X))^k)$ ist das k-te zentrale Moment. Die Ein-

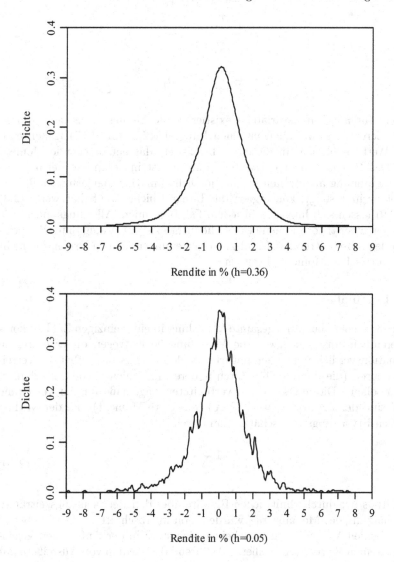

Abbildung 2.6. Kerndichteschätzung der Rendite des DAX (3.1.1995 bis 30.12.2004)

schränkung auf ganzzahlige Momente (also $k \in \mathbb{N}$) kann aufgehoben werden. Quantile wurden schon in Abschnitt 2.1 eingeführt.

Bei (2.6) und (2.7) handelt es sich um theoretische Größen, für die man aus einer konkreten Stichprobe $x_1, \ldots, x_T$ Schätzwerte berechnen kann. Die Schätzwerte sind

$$m'_k = \frac{1}{T} \sum_{t=1}^{T} x_t^k, \tag{2.8}$$

$$m_k = \frac{1}{T} \sum_{t=1}^{T} (x_t - m'_1)^k. \tag{2.9}$$

Nicht für alle Zufallsvariablen existieren alle Momente. Es kann durchaus passieren, dass die uneigentlichen Integrale (2.6) und (2.7) keinen endlichen Wert annehmen. In diesem Fall existiert das entsprechende Moment nicht. Das Problem nicht existenter Momente ist insbesondere bei höheren Momenten häufig anzutreffen; wenn die Dichtefunktion „langsamer fällt" als die Potenz in x steigt, konvergiert das Integral nicht. Die Schätzwerte (2.8) und (2.9) lassen sich hingegen in jedem Fall berechnen. Allerdings macht die Schätzung einer theoretischen Größe, die nicht existiert, wenig Sinn. Wir werden in den Abschnitten 2.3.4 und 2.3.5 Verteilungen kennen lernen, die nicht alle theoretischen Momente besitzen.

2.2.1 Lagemaße

Lagemaße dienen dazu, die gesamte Verteilung in einer einzigen Zahl zu komprimieren, die uns sagt, „wo" die Verteilung liegt. Wegen dieser extremen Informationsverdichtung gehen natürlich viele Informationen über die Verteilung verloren (die dann später durch andere Maßzahlen wieder eingefangen werden sollen). Die am weitesten verbreiteten Lagemaße für die Verteilung von X sind der Erwartungswert $E(X)$ (das erste Moment) und der Median $x_{0.5}$. Den Erwartungswert schätzt man durch

$$\bar{x} = \frac{1}{T} \sum_{t=1}^{T} x_t, \tag{2.10}$$

also mittels der durchschnittlichen Rendite über den Beobachtungszeitraum. Die Schätzung des Medians $x_{0.5}$ wurde schon in Abschnitt 2.1 beschrieben.

Die beiden Maßzahlen unterscheiden sich stark in der Anfälligkeit gegenüber extremen Werten (Ausreißern). Während der Median von Ausreißern gar nicht beeinflußt wird, hängt das arithmetische Mittel stark von Ausreißern ab. Dies ist zu berücksichtigen, falls mit Ausreißern (zum Beispiel in Form von Messfehlern) gerechnet werden muss.

Je nach Frequenz der Daten gibt $\bar{x}$ an, wie hoch die durchschnittliche Tages-, Wochen-, Monats-, Quartals- oder Jahresrendite war. Für das Verständnis und die Vergleichbarkeit der Durchschnittsrenditen ist es hilfreich, die Angaben zu annualisieren, also auf ein Jahr hochzurechnen. Da die Anzahl der Börsentage in einem Jahr meist nur wenig um die 250 schwankt, ist es üblich, die durchschnittliche Tagesrendite für die Annualisierung mit 250 zu multiplizieren.

Beispiel 2.6. Wir betrachten die Tagesrenditen der 30 DAX-Aktien und des DAX-Index für den Zeitraum 3.1.1995 bis 30.12.2004. Die Rendite wurde nur für Tage berechnet, an denen die Aktien im DAX enthalten waren. Die Anzahl der Beobachtungen ist daher nicht für alle Aktien gleich. Die unterschiedlichen Zeiträume müssen bei der Bewertung der Ergebnisse berücksichtigt werden. Tabelle 2.1 gibt die Stichprobenumfänge T, die Durchschnittsrenditen $\bar{x}$ und die Mediane $\tilde{x}$ (in Prozent) an. Die letzten beiden Spalten zeigen die zugehörigen annualisierten Werte ($\bar{x}_{ann}$ und $\tilde{x}_{ann}$).

	T	$\bar{x}$	$\tilde{x}$	$\bar{x}_{ann}$	$\tilde{x}_{ann}$
DAX-Index	2526	0.0284	0.0747	7.09	18.68
Adidas	2195	0.0323	0.0000	8.09	0.00
Allianz	2526	−0.0027	0.0000	−0.68	0.00
Altana	2253	0.0577	0.0000	14.42	0.00
BASF	2526	0.0473	0.0442	11.82	11.04
HypoVereinsbank	2526	−0.0017	0.0000	−0.43	0.00
BMW	2526	0.0399	0.0265	9.98	6.63
Bayer	2526	0.0123	0.0000	3.07	0.00
Commerzbank	2526	−0.0033	0.0000	−0.83	0.00
Continental	2526	0.0564	0.0000	14.09	0.00
DaimlerChrysler	1567	−0.0411	−0.0775	−10.28	−19.39
Deutsche Bank	2526	0.0242	0.0308	6.05	7.70
Deutsche Börse	992	0.0281	0.0202	7.03	5.06
Deutsche Post	1044	−0.0208	0.0000	−5.20	0.00
Deutsche Telekom	2051	−0.0001	−0.0247	−0.04	−6.17
Eon	2526	0.0354	0.0349	8.85	8.73
Fresenius	2083	−0.0012	−0.0631	−0.30	−15.78
Henkel	2526	0.0314	0.0000	7.84	0.00
Infineon	1219	−0.1784	−0.2245	−44.61	−56.12
Linde	2526	0.0044	0.0000	1.11	0.00
Lufthansa	2526	0.0045	0.0000	1.13	0.00
MAN	2526	0.0112	−0.0503	2.79	−12.57
Metro	2126	0.0178	0.0000	4.46	0.00
Münchener Rück	2260	0.0074	0.0000	1.84	0.00
RWE	2526	0.0242	0.0000	6.04	0.00
SAP	2029	0.0656	0.0393	16.39	9.82
Schering	2526	0.0462	0.0000	11.56	0.00
Siemens	2526	0.0415	0.0448	10.37	11.19
Thyssen	2526	0.0032	0.0000	0.81	0.00
TUI	2526	−0.0098	−0.0602	−2.45	−15.06
Volkswagen	2526	0.0184	0.0000	4.60	0.00

Tabelle 2.1. Stichprobenumfänge (T), Durchschnittsrenditen ($\bar{x}$) und Mediane ($\tilde{x}$) der Tagesrenditen sowie die annualisierten Werte (in %)

2.2.2 Streuungsmaße, Risikomaße

Lagemaße geben komprimiert an, „wo" sich die Verteilung befindet. Eine wichtige Information, die dabei verloren geht, ist: Wie stark streut die Verteilung um das Lagemaß herum? Kommen große Kursausschläge eher selten oder eher oft vor? Die Streuung einer Anlage ist für einen rationalen Anleger eine ebenso wichtige Kennzahl wie die erwartete Rendite.

Am weitesten verbreitet als Streuungsmaße sind die Varianz (das zweite zentrale Moment)

$$Var(X) = E\left((X - E(X))^2\right) \qquad (2.11)$$

$$= E(X^2) - (E(X))^2 \qquad (2.12)$$

und die Standardabweichung $\sqrt{Var(X)}$. Aus den empirischen Renditen schätzt man die Varianz mittels

$$s^2 = \frac{1}{T-1} \sum_{t=1}^{T} (x_t - \bar{x})^2 \qquad (2.13)$$

und die Standardabweichung durch

$$s = \sqrt{\frac{1}{T-1} \sum_{t=1}^{T} (x_t - \bar{x})^2}. \qquad (2.14)$$

Ein weiteres Streuungsmaß ist die mittlere absolute Abweichung vom Median $E\left(|X - x_{0,5}|\right)$. Man schätzt sie mittels

$$d = \frac{1}{T} \sum_{t=1}^{T} |x_t - \tilde{x}_{0.5}|.$$

Der Quartilabstand ist durch $x_{0,75} - x_{0,25}$ definiert. Man schätzt ihn durch

$$Q = \tilde{x}_{0.75} - \tilde{x}_{0.25}.$$

Die Varianz und die Standardabweichung sind sehr anfällig in Bezug auf Ausreißer; weniger anfällig ist die mittlere absolute Abweichung. Der Quartilabstand wird von Ausreißern nicht beeinflusst.

Der Wert von Q lässt sich leicht interpretieren, er gibt die Spanne an, in der sich die mittleren 50% der Renditen befinden. Schwieriger sind s^2 und s zu interpretieren. Durch die Ungleichung von Tschebyscheff kann man jedoch den Anteil der Renditen nach unten abschätzen, der in einem offenen Intervall der Form

$$]\bar{x} - \lambda s, \bar{x} + \lambda s[$$

liegt. Für $\lambda = 2$ liegen mindestens $\frac{3}{4} \cdot 100\%$ der Daten, für $\lambda = 3$ liegen mindestens $\frac{8}{9} \cdot 100\%$ der Daten im Intervall. Leider sind diese Abschätzungen im

Allgemeinen sehr ungenau. Tatsächlich liegen in den angegebenen Intervallen meist deutlich mehr Daten.

Ähnlich wie die Durchschnittsrenditen wird das Streuungsmaß s oft in annualisierter Form angegeben. Für die Annualisierung wird davon ausgegangen, dass die unterjährigen Renditen unkorreliert sind und sich ihre Verteilung im Zeitablauf nicht ändert. Dann ist die Varianz der Jahresrendite die Summe der Varianzen der Tagesrenditen (bzw. Wochen- oder Monatsrenditen), also $s_{ann}^2 = 250 \cdot s^2$. Für die annualisierte Standardabweichung gilt demnach

$$s_{ann} = \sqrt{250}s.$$

Da die Renditen in Prozent gemessen werden, hat s_{ann} ebenfalls die Einheit Prozent.

Beispiel 2.7. Wir betrachten wieder die Tagesrenditen der 30 DAX-Aktien sowie des DAX-Indexes vom 3.1.1995 bis zum 30.12.2004. Tabelle 2.2 listet die Werte der Streuungsmaße auf. Im Wesentlichen gehen die Aussagen der Maße in dieselbe Richtung: wenn eine Aktie von einem Maß als besonders stark streuend eingestuft wird, dann ordnen auch die anderen Maße diese Aktie so ein. Die Rangordnung ist allerdings nicht immer exakt die gleiche. Auffällig ist die relativ niedrige Streuung des DAX, was durch die Diversifikation zu erklären ist.

Die Kennzahlen s^2, s und d beruhen auf allen Abweichungen $x_t - \bar{x}$ bzw. $x_t - \tilde{x}_{0.5}$, jedoch haben negative Abweichungen meist gravierendere Konsequenzen für den Anleger als positive Abweichungen. Deshalb werden Risikomaße definiert, welche nur die negativen Abweichungen betrachten. Dazu gehören die Semivarianz

$$Var_- (X) = E\left((X - E(X))^2 \cdot 1(X \leq E(X))\right)$$

und die mittlere absolute Semiabweichung $E(|X - x_{0.5}| \cdot 1(X \leq E(X)))$, wobei $1(A)$ eine Indikatorfunktion ist, die den Wert 1 annimmt, wenn A wahr ist, und sonst den Wert 0. Die Semivarianz und die mittlere absolute Semiabweichung schätzt man mittels

$$s_-^2 = \frac{1}{T} \sum_{t|x_t \leq \bar{x}} (x_t - \bar{x})^2 \quad \text{und} \quad s_- = \sqrt{s_-^2} \qquad (2.15)$$

und

$$d_- = \frac{1}{T} \sum_{t|x_t \leq \tilde{x}_{0.5}} |x_t - \tilde{x}_{0.5}|. \qquad (2.16)$$

Die Summen in (2.15) und (2.16) laufen dabei über alle Werte x_t, die die Eigenschaft $x_t \leq \bar{x}$ bzw. $x_t \leq \tilde{x}_{0.5}$ besitzen. Der Quotient s_-^2/s^2 gibt den Anteil der Varianz an, der auf negative Abweichungen entfällt.

	s^2	s	d	Q	s_{ann}
DAX-Index	2.600	1.613	0.841	1.696	25.50
Adidas	5.218	2.284	1.217	2.420	36.12
Allianz	5.840	2.417	1.191	2.380	38.21
Altana	5.789	2.406	1.114	2.232	38.04
BASF	3.559	1.887	1.047	2.094	29.83
HypoVereinsbank	7.112	2.667	1.240	2.476	42.17
BMW	5.197	2.280	1.161	2.319	36.04
Bayer	4.810	2.193	1.051	2.103	34.68
Commerzbank	5.002	2.237	1.009	2.021	35.36
Continental	4.508	2.123	1.155	2.315	33.57
DaimlerChrysler	5.128	2.265	1.303	2.611	35.81
Deutsche Bank	4.983	2.232	1.112	2.218	35.29
Deutsche Börse	3.367	1.835	0.945	1.879	29.01
Deutsche Post	4.318	2.078	1.107	2.198	32.85
Deutsche Telekom	8.318	2.884	1.491	2.997	45.60
Eon	3.483	1.866	0.949	1.909	29.51
Fresenius	5.958	2.441	1.211	2.458	38.60
Henkel	3.606	1.899	0.942	1.898	30.02
Infineon	15.614	3.951	2.327	4.657	62.48
Linde	3.711	1.926	0.956	1.917	30.46
Lufthansa	5.583	2.363	1.250	2.504	37.36
MAN	5.244	2.290	1.198	2.395	36.21
Metro	5.579	2.362	1.313	2.623	37.35
Münchener Rück	6.805	2.609	1.331	2.634	41.24
RWE	3.615	1.901	0.985	1.968	30.06
SAP	11.743	3.427	1.736	3.459	54.18
Schering	3.510	1.874	0.989	1.971	29.62
Siemens	5.685	2.384	1.141	2.287	37.70
Thyssen	4.762	2.182	1.143	2.283	34.50
TUI	5.317	2.306	1.111	2.200	36.46
Volkswagen	5.062	2.250	1.150	2.290	35.57

Tabelle 2.2. Streuungsmaße der Tagesrenditen

Ein weiteres wichtiges Risikomaß ist der Value at Risk zum Niveau p, in Zeichen: $VaR(p)$, wobei p klein ist, also z.B. $p = 0.01$. Der Value at Risk ist das p-Quantil der Renditeverteilung, d. h.

$$VaR(p) = x_p,$$

er gibt also die Rendite an, die in einem vorgegebenen Zeitraum mit einer Wahrscheinlichkeit von $p \cdot 100\%$ unterschritten wird.[1] Es wird durch

---

[1] Gelegentlich wird der VaR auch mit umgekehrtem Vorzeichen definiert. Dann zeigt ein positives Vorzeichen den Verlust an. Außerdem wird manchmal der Abstand des p-Quantils zum Erwartungswert μ (und nicht zum Nullpunkt) als $VaR(p)$ bezeichnet.

das empirische Quantil $\tilde{x}_p$ geschätzt. Ein damit zusammenhängendes Risikomaß wird als „Expected Shortfall" bezeichnet und ist durch $ESF(p) = E(X|X \leq VaR(p))$ definiert. Offensichtlich ist $ESF(p)$ der bedingte Erwartungswert der Renditen unter der Bedingung, dass die Renditen kleiner oder gleich dem $VaR(p)$ sind. Es gilt immer $ESF(p) \leq VaR(p)$. Der $ESF(p)$ wird durch

$$\widehat{ESF}(p) = \frac{1}{pT} \sum_{t|x_t \leq VaR(p)} x_t$$

geschätzt. Es ist also der Mittelwert aller Renditen für die gilt: $x_t \leq \tilde{x}_p$.

Beispiel 2.8. Wir betrachten wieder die Tagesrenditen der 30 DAX-Aktien sowie des DAX-Indexes vom 3.1.1995 bis zum 30.12.2004. Tabelle 2.3 listet die Werte der Risikomaße auf.

2.2.3 Schiefe und Kurtosis

Neben Lage und Streuung lässt sich auch die Form der Verteilung durch Verteilungsparameter charaktarisieren. Um nicht zu viele ähnlich ausschauende Formeln schreiben zu müssen, geben wir im Folgenden für die entsprechenden Größen der Zufallsvariable X gleich die Schätzwerte aus den Renditen $x_1, \ldots, x_T$ an.

Empirische Renditeverteilungen sind im Allgemeinen nicht exakt symmetrisch, sondern weisen eine gewisse Schiefe auf. Sie wird meist durch

$$\hat{\gamma}_1 = \frac{1}{T} \sum_{t=1}^{T} \left(\frac{x_t - \bar{x}}{s} \right)^3$$

gemessen. Ein auf Quantilen basierendes Schiefemaß ist

$$\tilde{\gamma}_1 = \frac{(\tilde{x}_{0.75} - \tilde{x}_{0.5}) - (\tilde{x}_{0.5} - \tilde{x}_{0.25})}{\tilde{x}_{0.75} - \tilde{x}_{0.25}}$$
$$= \frac{(\tilde{x}_{0.75} - \tilde{x}_{0.5}) - (\tilde{x}_{0.5} - \tilde{x}_{0.25})}{(\tilde{x}_{0.75} - \tilde{x}_{0.5}) + (\tilde{x}_{0.5} - \tilde{x}_{0.25})}.$$

Es hängt nur von den drei Quantilen $\tilde{x}_{0.25}$, $\tilde{x}_{0.5}$ und $\tilde{x}_{0.75}$ ab. Statt $\tilde{x}_{0.25}$ und $\tilde{x}_{0.75}$ kann man allgemeiner $\tilde{x}_\alpha$ und $\tilde{x}_{1-\alpha}$ für $0 < \alpha < 0.5$ wählen. Als Verallgemeinerung von $\tilde{\gamma}_1$ kann man

$$\overset{\approx}{\gamma}_1 = \frac{d_+ - d_-}{d_+ + d_-}$$

mit

$$d_+ = \frac{1}{T} \sum_{t|x_t \geq \tilde{x}_{0.5}} |x_t - \tilde{x}_{0.5}|,$$

$$d_- = \frac{1}{T} \sum_{t|x_t \leq \tilde{x}_{0.5}} |x_t - \tilde{x}_{0.5}|$$

	s_-^2	d_-	$VaR(0.01)$	$ESF(0.01)$
DAX-Index	1.354	0.605	-4.552	-5.738
Adidas	2.597	0.809	-6.130	-8.046
Allianz	2.927	0.845	-7.248	-9.328
Altana	2.836	0.788	-6.459	-9.063
BASF	1.715	0.690	-4.802	-5.937
HypoVereinsbank	3.541	0.920	-7.256	-9.616
BMW	2.578	0.810	-5.867	-7.762
Bayer	2.314	0.736	-5.751	-8.232
Commerzbank	2.441	0.762	-6.117	-8.521
Continental	2.199	0.748	-5.262	-7.062
DaimlerChrysler	2.512	0.831	-6.302	-7.504
Deutsche Bank	2.500	0.792	-6.366	-8.200
Deutsche Börse	1.699	0.656	-5.226	-6.479
Deutsche Post	2.160	0.775	-5.621	-7.323
Deutsche Telekom	4.036	1.033	-7.077	-9.324
Eon	1.702	0.668	-4.683	-6.193
Fresenius	2.806	0.831	-6.409	-8.198
Henkel	1.803	0.661	-5.336	-6.783
Infineon	7.671	1.471	-10.145	-13.079
Linde	1.821	0.687	-4.796	-6.441
Lufthansa	2.724	0.847	-5.886	-8.217
MAN	2.525	0.805	-5.821	-7.743
Metro	2.703	0.858	-6.006	-7.782
Münchener Rück	3.378	0.915	-7.140	-9.577
RWE	1.743	0.668	-5.012	-6.397
SAP	5.587	1.205	-8.823	-11.849
Schering	1.757	0.653	-4.969	-6.740
Siemens	2.830	0.843	-6.523	-8.312
Thyssen	2.394	0.784	-5.719	-7.692
TUI	2.563	0.776	-6.162	-8.520
Volkswagen	2.547	0.797	-6.552	-8.081

Tabelle 2.3. Risikomaße der Tagesrenditen

auffassen. Falls die empirische Verteilung exakt symmetrisch ist, so sind beide Maßzahlen gleich 0. Das Umgekehrte gilt aber nicht. Während für $\hat{\gamma}_1$ gilt, dass $-\infty < \hat{\gamma}_1 < +\infty$ ist, sind $\tilde{\gamma}_1$ und $\tilde{\tilde{\gamma}}_1$ normiert,

$$-1 \leq \tilde{\gamma}_1 \leq 1,$$
$$-1 \leq \tilde{\tilde{\gamma}}_1 \leq 1.$$

Interpretieren lässt sich sowohl bei $\hat{\gamma}_1$ als auch bei $\tilde{\gamma}_1$ und $\tilde{\tilde{\gamma}}_1$ das Vorzeichen: $\hat{\gamma}_1 > 0$ indiziert Rechtsschiefe (Linkssteilheit), und $\hat{\gamma}_1 < 0$ indiziert Linksschiefe (Rechtssteilheit). Analoges gilt für $\tilde{\gamma}_1$ und $\tilde{\tilde{\gamma}}_1$.

$\hat{\gamma}_1$ ist sehr sensitiv in Bezug auf Ausreißer, da große Abweichungen $x_t - \bar{x}$ zur dritten Potenz genommen werden. Weniger sensitiv ist $\widetilde{\widetilde{\gamma}}_1$ und $\tilde{\gamma}_1$ wird von Ausreißern nicht beeinflusst.

Eine weitere Maßzahl zur Charakterisierung der Form einer Verteilung ist die Kurtosis (oder Wölbung) der Verteilung,

$$\hat{\gamma}_2 = \frac{1}{T} \sum_{t=1}^{T} \left(\frac{x_t - \bar{x}}{s} \right)^4 .$$

Man kann mittels der Ungleichung von Jensen zeigen, dass $\hat{\gamma}_2 \geq 1$ ist.

Der empirische Wert von $\hat{\gamma}_2$ der Renditeverteilung wird meist mit dem entsprechenden Wert einer normalverteilten Zufallsvariablen X verglichen; normalverteilte Zufallsvariablen haben eine Kurtosis von 3. Die übliche Interpretation des Wertes von $\hat{\gamma}_2$ ist wie folgt: $\hat{\gamma}_2 > 3$ deutet an, dass die empirische Verteilung spitziger ist und stärker besetzte Flanken hat als eine Normalverteilung. Die empirische Verteilung wird dann als leptokurtisch bezeichnet. Im Fall $\hat{\gamma}_2 < 3$ ist die empirische Verteilung in der Mitte flacher und hat schwächer besetzte Flanken als eine Normalverteilung. Die empirische Verteilung wird dann als platykurtisch bezeichnet.

Häufig wird die Größe $\hat{\gamma}_2 - 3$ als Excess bezeichnet. Die Maßzahl $\hat{\gamma}_2$ ist als Formparameter nicht unproblematisch, denn es ist nicht ganz klar, welche Verteilungseigenschaft γ_2 tatsächlich misst. Unerwünscht ist ebenfalls, dass nach der obigen Interpretation Spitzigkeit und Flankenstärke nur simultan gemessen werden können. Für eine getrennte Erfassung dieser beiden Phänomene können die Maße

$$\tilde{\gamma}_{2,Peak} = \frac{\tilde{x}_{0.875} - \tilde{x}_{0.125}}{\tilde{x}_{0.75} - \tilde{x}_{0.25}}$$

und

$$\tilde{\gamma}_{2,Tail} = \frac{\tilde{x}_{0.975} - \tilde{x}_{0.025}}{\tilde{x}_{0.875} - \tilde{x}_{0.125}}$$

dienen, die auf einen Vorschlag von Hogg (1974) zurückgehen, der eine allgemeine Klasse von Maßen der Form

$$\frac{\tilde{x}_{1-p} - \tilde{x}_p}{\tilde{x}_{1-q} - \tilde{x}_q}$$

vorschlug. Die Wahl von p und q ist hierbei aber nicht unproblematisch. Für eine Normalverteilung gilt

$$\tilde{\gamma}_{2,Tail} \approx 1.70 \approx \tilde{\gamma}_{2,Peak} .$$

Werte von $\tilde{\gamma}_{2,Tail}$ bzw. $\tilde{\gamma}_{2,Peak}$, die größer als 1.70 sind, deuten an, dass die Flanken stärker besetzt sind bzw. die Verteilung spitziger ist als eine Normalverteilung.

$\hat{\gamma}_2$ reagiert extrem sensitiv auf Ausreißer, da die Abweichungen $x_t - \bar{x}$ zur vierten Potenz erhoben werden. Demgegenüber sind die Hoggschen Maße robust gegenüber Ausreißern, wenn deren Anteil unten und oben kleiner als p ist.

Beispiel 2.9. Wir betrachten die Tagesrenditen der 30 DAX-Aktien und des DAX-Indexes vom 3.1.1995 bis zum 30.12.2004. Tabelle 2.4 zeigt die Schiefe, die Kurtosis und die übrigen Maßzahlen zur Form der Verteilung. Es fällt auf,

	$\hat{\gamma}_1$	$\tilde{\gamma}_1$	$\hat{\gamma}_2$	$\tilde{\gamma}_{2,Peak}$	$\tilde{\gamma}_{2,Tail}$
DAX-Index	−0.142	−0.029	5.567	1.913	2.026
Adidas	−0.007	−0.008	5.745	1.857	2.094
Allianz	−0.030	0.003	7.590	1.902	2.141
Altana	−0.081	0.033	8.428	2.035	2.157
BASF	0.302	0.002	6.105	1.820	1.997
HypoVereinsbank	0.028	0.007	6.651	1.962	2.400
BMW	0.038	0.017	5.641	1.972	2.085
Bayer	0.932	0.020	27.978	1.911	2.102
Commerzbank	0.133	−0.032	8.129	2.028	2.262
Continental	0.077	0.020	5.456	1.835	2.065
DaimlerChrysler	0.037	0.004	4.534	1.776	1.996
Deutsche Bank	−0.017	0.008	7.003	1.942	2.142
Deutsche Börse	−0.047	−0.015	6.582	1.937	2.021
Deutsche Post	−0.044	−0.052	4.825	1.955	1.913
Deutsche Telekom	0.100	−0.013	5.120	1.957	2.093
Eon	0.155	−0.010	5.540	1.940	2.152
Fresenius	0.617	0.041	11.840	1.882	2.108
Henkel	0.019	0.031	5.966	1.940	2.219
Infineon	0.070	−0.007	4.154	1.772	1.936
Linde	0.038	−0.014	6.406	1.955	2.151
Lufthansa	0.048	0.005	6.978	1.880	2.027
MAN	0.128	0.040	5.215	1.912	2.109
Metro	0.181	−0.001	5.858	1.836	2.020
Münchener Rück	−0.003	−0.018	6.834	1.905	2.119
RWE	0.277	0.043	6.328	1.930	2.066
SAP	0.326	0.011	7.264	1.888	2.206
Schering	−0.113	0.027	5.897	1.855	2.170
Siemens	0.079	−0.019	6.157	2.052	2.147
Thyssen	−0.120	−0.009	6.805	1.870	2.101
TUI	0.098	0.023	8.309	1.944	2.221
Volkswagen	−0.058	0.017	5.943	1.932	2.128

Tabelle 2.4. Maßzahlen zur Form der Verteilung

dass die Schiefe im Allgemeinen nahe 0 liegt. Ob Links- oder Rechtsschiefe vorliegt, wird von den beiden Schiefemaßen nicht immer gleich beurteilt. Beide Maßzahlen zeigen für etwa ein Drittel der betrachteten Aktien eine negative Schiefe (Linksschiefe), aber nur in sechs Zeilen wird die Verteilung einstimmig als linksschief beurteilt.

Die Wölbung ist bei allen betrachteten Aktien (und beim DAX-Index) deutlich größer als bei der Normalverteilung, der kleinste Wert ist 4.15 (Infineon).

Die getrennte Untersuchung von Spitzigkeit und Flankenverhalten zeigt, dass in allen Fällen die Spitzigkeit größer ist als bei einer Normalverteilung, der kleinste Wert ist 1.77 (wiederum Infineon). Noch deutlicher ist die Abweichung von einer Normalverteilung im Flankenverhalten: die Flankenkennzahl $\tilde{\gamma}_{2,Tail}$ ist in allen Fällen größer als 1.7, das Minimum ist 1.91 (bei der Deutschen Post).

2.2.4 Statistische Inferenz für Erwartungswert und Varianz von Renditen

Bezeichnet X die Rendite und sind $x_1, \ldots, x_T$ beobachtete empirische Renditen, so schätzt man die erwartete Rendite $E(X)$ durch $\bar{x}$ und die Varianz $Var(X)$ bzw. Standardabweichung $\sqrt{Var(X)}$ durch s^2 bzw. s. Die Schätzwerte $\bar{x}$ und s^2 können berechnet und im Rahmen der deskriptiven Statistik interpretiert werden, gleichgültig ob man die empirischen Renditen $x_1, \ldots, x_T$ als Realisation einer Stichprobe oder eines stochastischen Prozesses ansieht. Das Gleiche gilt für die übrigen Maßzahlen, die wir behandelt haben.

Häufig möchte man jedoch Aussagen über die Eigenschaften des „datengenerierenden Prozesses" machen, durch den die Renditen erzeugt wurden. In diesem Zusammenhang wird man die tatsächlich beobachteten Renditen $x_1, \ldots, x_T$ als Realisation von Zufallsvariablen $X_1, \ldots, X_T$ ansehen. Wenn wir bereit sind, die heroische (und sicherlich nicht zutreffende) Annahme zu machen, dass $X_1, \ldots, X_T$ eine einfache Stichprobe aus X darstellt, können wir auf elementare Methoden der statistischen Inferenz zurückgreifen. Eine einfache Stichprobe liegt vor, wenn

- die Zufallsvariablen $X_1, \ldots, X_T$ unabhängig sind,
- die Zufallsvariablen $X_1, \ldots, X_T$ identisch verteilt sind wie X.

Obwohl sie den stilisierten Fakten entgegen steht, wollen wir die Annahme unabhängig und identisch verteilter Renditen für eine Weile aufrecht erhalten und erst später wieder fallen lassen. Nun wird es nötig, in der Notation zwischen Schätzern und Schätzwerten zu unterscheiden. Wir bezeichnen den Schätzer für den Erwartungswert $E(X)$ mit

$$\bar{X} = \frac{1}{T} \sum_{t=1}^{T} X_t,$$

wie es in der statistischen Literatur üblich ist. Die Realisation des Schätzers $\bar{X}$ kennen wir bereits, es ist $\bar{x}$ wie in (2.10) definiert.

Über die Eigenschaften des Schätzers $\bar{X}$ ist bei einer einfachen Stichprobe bekannt, dass $\bar{X}$ erwartungstreu und konsistent ist für $E(X)$. Außerdem ist $\bar{X}$ asymptotisch (d.h. für große T) normalverteilt, wenn $Var(X) < \infty$.

Den Schätzer der Varianz $Var(X)$ bezeichnen wir mit

$$S^2 = \frac{1}{T-1} \sum_{t=1}^{T} \left(X_t - \bar{X}\right)^2.$$

Die Realisation des Schätzers S^2 ist s^2 wie in (2.14) definiert. Der Schätzer S^2 ist erwartungstreu und konsistent. Der Schätzer S der Standardabweichung ist konsistent, jedoch nur asymptotisch erwartungstreu.

Nimmt man zusätzlich an, dass die X_t normalverteilt sind, so lassen sich auch Konfidenzintervalle und Hypothesentests für $\mu = E(X)$ und $\sigma^2 = Var(X)$ herleiten. Ein $(1 - \alpha)$-Konfidenzintervall für die erwartete Rendite $\mu = E(X)$ ist $[U, O]$ mit

$$U = \bar{X} - c\sqrt{\frac{S^2}{T}},$$

$$O = \bar{X} + c\sqrt{\frac{S^2}{T}},$$

wobei c das $(1 - \alpha/2)$-Quantil einer t_{T-1}-Verteilung ist. Da der Stichprobenumfang T im Allgemeinen groß sein wird, kann man stattdessen das $(1 - \alpha/2)$-Quantil der Standardnormalverteilung benutzen. Dieses Konfidenzintervall ist für große T auch dann noch gültig, wenn X nicht exakt normalverteilt ist, aber eine endliche Varianz hat. Die Realisationen u und o liefern dann das konkrete Konfidenzintervall $[u, o]$.

Beispiel 2.10. Tabelle 2.5 zeigt die konkreten 0.95-Konfidenzintervalle für $\mu = E(X)$ (in %) der 30 DAX-Aktien und den DAX-Index. Angegeben sind sowohl die Berechnungen auf Tagesbasis als auch die annualisierten Werte.

Wie man an Beispiel 2.10 sieht, sind die Konfidenzintervalle sehr breit, die Punktschätzungen also sehr ungenau. Warum die Schätzung so unpräzise ist, kann man leicht erkennen. Bei stetiger Renditedefinition gilt nämlich

$$\bar{x} = \frac{1}{T} \sum_{t=1}^{T} x_t = \frac{1}{T} \sum_{t=1}^{T} \ln\left(\frac{K_t}{K_{t-1}}\right)$$

$$= \frac{1}{T} \left(\ln K_T - \ln K_0\right).$$

Die Schätzung von $\mu = E(X)$ beruht also de facto auf zwei Beobachtungen, nämlich K_0 und K_T. Entsprechend unsicher ist die Schätzung. Hieraus kann man erkennen, dass eine Erhöhung der Erhebungsfrequenz nicht in einer genaueren Schätzung resultiert.

Ein Hypothesentest für

$$H_0 : \mu = \mu_0$$
$$H_1 : \mu \neq \mu_0$$

lässt sich ebenfalls durchführen. Als Testgröße benutzt man

	u	o	u_{ann}	o_{ann}
DAX-Index	−0.035	0.091	−8.639	22.818
Adidas	−0.063	0.128	−15.819	31.989
Allianz	−0.097	0.092	−24.250	22.893
Altana	−0.042	0.157	−10.430	39.273
BASF	−0.026	0.121	−6.578	30.224
HypoVereinsbank	−0.106	0.102	−26.448	25.578
BMW	−0.049	0.129	−12.254	32.216
Bayer	−0.073	0.098	−18.323	24.463
Commerzbank	−0.091	0.084	−22.642	20.989
Continental	−0.026	0.139	−6.616	34.803
DaimlerChrysler	−0.153	0.071	−38.332	17.772
Deutsche Bank	−0.063	0.111	−15.721	27.824
Deutsche Börse	−0.086	0.142	−21.552	35.614
Deutsche Post	−0.147	0.105	−36.749	26.346
Deutsche Telekom	−0.125	0.125	−31.259	31.186
Eon	−0.037	0.108	−9.350	27.059
Fresenius	−0.106	0.104	−26.518	25.925
Henkel	−0.043	0.105	−10.683	26.359
Infineon	−0.400	0.044	−100.122	10.899
Linde	−0.071	0.080	−17.682	19.899
Lufthansa	−0.088	0.097	−21.914	24.178
MAN	−0.078	0.101	−19.541	25.129
Metro	−0.083	0.118	−20.659	29.570
Münchener Rück	−0.100	0.115	−25.058	28.744
RWE	−0.050	0.098	−12.505	24.583
SAP	−0.084	0.215	−20.907	53.691
Schering	−0.027	0.119	−6.716	29.833
Siemens	−0.052	0.134	−12.887	33.625
Thyssen	−0.082	0.088	−20.476	22.092
TUI	−0.100	0.080	−24.941	20.043
Volkswagen	−0.069	0.106	−17.344	26.547

Tabelle 2.5. 0.95-Konfidenzintervalle für die erwartete Rendite (auf Tagesbasis und annualisiert)

$$\tau = \frac{(\bar{x} - \mu_0)\sqrt{T}}{\sqrt{s^2}}$$

und lehnt H_0 ab, falls $|\tau| > c$ ist, wobei c wie oben bestimmt wird. Von besonderem Interesse ist die Nullhypothese $H_0 : \mu = 0$. Für die Renditen des obigen Beispiels kann diese Nullhypothese in keinem Fall abgelehnt werden. Die Hypothese, dass die erwarteten Jahresrenditen gleich null sind, steht für die DAX-Aktien und den DAX-Index also nicht im Widerspruch zu den empirischen Beobachtungen.

Man kann auch Konfidenzintervalle für die Varianz der Renditen σ^2 und die Standardabweichung σ angeben. Für σ^2 ergibt sich das $(1 - \alpha)$-

Konfidenzintervall $[U, O]$ mit Unter- und Obergrenze

$$U = \frac{T \cdot S^2}{a},$$

$$O = \frac{T \cdot S^2}{b},$$

wobei a das $(1 - \alpha/2)$-Quantil und b das $\alpha/2$-Quantil der χ^2_{T-1}-Verteilung ist. Das entsprechende Konfidenzintervall für die Standardabweichung ist $[\sqrt{U}, \sqrt{O}]$, und das zugehörige konkrete Konfidenzintervall ist $[\sqrt{u}, \sqrt{o}]$.

Beispiel 2.11. Tabelle 2.6 zeigt die konkreten 0.95-Konfidenzintervalle für σ (in % auf Tagesbasis und annualisiert).

An dem Beispiel 2.11 erkennt man, dass die Standardabweichung der Rendite sich recht präzise schätzen lässt. Eine Erhöhung der Anzahl an Beobachtungen wirkt sich auf die Präzision positiv aus.

Können die beobachteten empirischen Renditen $x_1, \ldots, x_T$ zu Recht als Werte einer einfachen Stichprobe aufgefasst werden? Zweifel sind angebracht. Insbesondere bei Tagesrenditen wird die Annahme der Unabhängigkeit verletzt sein. Auch die Annahme der Normalverteilung für die Tagesrenditen ist fraglich. In diesem Fall müssen aber die Konfidenzintervalle mit Vorsicht betrachtet werden, da Voraussetzungen bei deren Herleitung verletzt sind. Inwieweit Renditen normalverteilt sind, untersuchen wir im nächsten Abschnitt 2.3. Die stochastische Abhängigkeit von Renditen wird in Abschnitt 5 behandelt.

2.3 Parametrische Verteilungsmodelle

Eine einfache Methode, einen großen Datensatz zusammenzufassen und zu verdichten, besteht darin, ein passendes univariates parametrisches Verteilungsmodell zu finden und die Parameter aus den Daten zu bestimmen. Man hat den Datensatz – bei gegebenem Verteilungsmodell – auf die Werte weniger interpretierbarer Parameter verdichtet. Ob ein Verteilungsmodell für einen gegebenen Datensatz von Renditen tatsächlich geeignet ist, kann mit Methoden der deskriptiven und schließenden Statistik überprüft werden. Wir stellen in diesem Abschnitt ausgehend vom verbreiteten Modell der Normalverteilung einige gängige Verteilungsmodelle vor.

Um die Parameter so auszuwählen, dass ein Verteilungsmodell sich optimal an die Daten anschmiegt, benötigt man Schätzverfahren. Die elementaren Schätzmethoden der Statistik sind die Methode der kleinsten Quadrate, die Momentenmethode und die Maximum-Likelihood-Methode. Wir stellen die Grundideen dieser Schätzmethoden in einem Exkurs vor, bevor wir uns dann der Schätzung konkreter Verteilungsmodelle zuwenden.

	$\sqrt{u}$	$\sqrt{o}$	$\sqrt{u_{ann}}$	$\sqrt{o_{ann}}$
DAX-Index	1.570	1.659	24.817	26.225
Adidas	2.219	2.355	35.088	37.228
Allianz	2.352	2.486	37.192	39.302
Altana	2.338	2.479	36.973	39.197
BASF	1.836	1.940	29.034	30.681
HypoVereinsbank	2.596	2.743	41.044	43.372
BMW	2.219	2.345	35.083	37.073
Bayer	2.135	2.256	33.755	35.670
Commerzbank	2.177	2.300	34.421	36.374
Continental	2.067	2.184	32.677	34.530
DaimlerChrysler	2.189	2.347	34.605	37.117
Deutsche Bank	2.173	2.296	34.354	36.303
Deutsche Börse	1.759	1.921	27.806	30.366
Deutsche Post	1.993	2.172	31.518	34.344
Deutsche Telekom	2.799	2.976	44.258	47.052
Eon	1.817	1.920	28.724	30.354
Fresenius	2.370	2.518	37.467	39.814
Henkel	1.848	1.953	29.223	30.881
Infineon	3.802	4.117	60.118	65.089
Linde	1.875	1.982	29.649	31.330
Lufthansa	2.300	2.430	36.363	38.425
MAN	2.229	2.355	35.242	37.241
Metro	2.294	2.436	36.264	38.512
Münchener Rück	2.535	2.687	40.085	42.493
RWE	1.851	1.956	29.260	30.920
SAP	3.325	3.537	52.579	55.917
Schering	1.824	1.927	28.834	30.470
Siemens	2.321	2.452	36.694	38.776
Thyssen	2.124	2.244	33.583	35.488
TUI	2.245	2.372	35.489	37.502
Volkswagen	2.190	2.314	34.627	36.591

Tabelle 2.6. 0.95-Konfidenzintervalle für die Standardabweichung der Rendite (auf Tagesbasis und annualisiert)

2.3.1 Exkurs: Statistische Schätzmethoden

2.3.1.1 Die Methode der kleinsten Quadrate

Die Methode der kleinsten Quadrate wurde zuerst von Legendre (1805) und Gauß (1809) eingeführt, um astronomische Messungen auszuwerten. Das Problem bestand darin, aus verrauschten Beobachtungen $X_1, \ldots, X_T$ eine bekannte Funktion $g(x; \theta_1, \ldots, \theta_r)$ mit $r < T$ unbekannten Parametern $\theta_1, \ldots, \theta_r$ zu approximieren. Dazu wird die Summe der quadrierten Abweichungen

$$\sum_{t=1}^{T} \left(X_t - g\left(X_t; \theta_1, \ldots, \theta_r\right)\right)^2 \tag{2.17}$$

bezüglich $\theta_1, \ldots, \theta_r$ minimiert. Die Schätzer $\hat{\theta}_1, \ldots, \hat{\theta}_r$ sind also diejenigen Werte, an denen die Funktion (2.17) ihr Minimum annimmt. Da die Funktionswerte von der Stichprobe $X_1, \ldots, X_T$ abhängen, sind die Schätzer Zufallsvariablen.

Beispiel 2.12. Wir betrachten die denkbar einfachste Approximationsfunktion: eine Konstante $g\left(x; \theta_1\right) = \theta_1$. Die Konstante soll die Stichprobe $X_1, \ldots, X_T$ im Sinne der Methode der kleinsten Quadrate möglichst gut approximieren. Die Summe der quadrierten Abweichungen ist

$$S\left(\theta_1\right) = \sum_{t=1}^{T} \left(X_t - \theta_1\right)^2.$$

Das Minimum bezüglich θ_1 findet man durch Ableiten nach θ_1 und Nullsetzen,

$$\frac{dS}{d\theta_1} = -2 \sum_{t=1}^{T} \left(X_t - \theta_1\right) = 0.$$

Als Schätzer ergibt sich folglich

$$\hat{\theta}_1 = \frac{1}{T} \sum_{t=1}^{T} X_t.$$

Der Kleinste-Quadrate-Schätzer ist also gerade das Stichprobenmittel $\bar{X}$.

Die Methode der kleinsten Quadrate hat den Nachteil, dass sie nur angewendet werden kann, wenn es eine Approximationsfunktion g gibt. Viele statistische Schätzprobleme lassen sich aber nicht in diese Form überführen. In der Ökonometrie ist die Methode der kleinsten Quadrate der Standardansatz zum Schätzen linearer Regressionen.

2.3.1.2 Momentenmethode

Ganz allgemein lässt sich die Methode der Momente so charakterisieren: Man ersetzt theoretische Momente (z.B. Erwartungswerte, Varianzen, Kovarianzen) durch Stichprobenmomente und löst nach den unbekannten Parametern auf. Für die Methode der Momente benötigt man die aus der Stichprobe $X_1, \ldots, X_T$ berechneten empirischen Momente

$$m_k' = \frac{1}{T} \sum_{t=1}^{T} X_t^k,$$

$$m_k = \frac{1}{T} \sum_{t=1}^{T} \left(X_t - m_1'\right)^k.$$

Wir setzen voraus, dass die zugehörigen theoretischen Momente (2.6) und (2.7) definiert und endlich sind. Das empirische Moment m'_k ist erwartungstreu für das theoretische Moment und das empirische zentrale Moment m_k ist asymptotisch erwartungstreu für das theoretische zentrale Moment. Außerdem schätzen die empirischen Momente die theoretischen Momente konsistent.

Die Grundidee der Momentenmethode ist äußerst einfach: Der erste Schritt besteht darin, die unbekannten Parameter $\theta_1, \ldots, \theta_r$ einer Verteilung als Funktionen $h_1, \ldots, h_r$ der theoretischen Momente von X auszudrücken. Im zweiten Schritt ersetzt man die theoretischen Momente von X durch die empirischen Momente m_k und m'_k aus der Stichprobe $X_1, \ldots, X_T$,

$$\hat{\theta}_1 = h_1(m_1, m_2, \ldots, m'_1, m'_2, \ldots),$$
$$\vdots$$
$$\hat{\theta}_r = h_r(m_1, m_2, \ldots, m'_1, m'_2, \ldots).$$

Momentenschätzer sind nicht immer erwartungstreu, aber meist konsistent. Sie lassen sich immer verwenden, wenn die zu schätzenden Parameter als Funktion der theoretischen Momente darstellbar sind. Weitere spezielle Verteilungsannahmen sind nicht nötig. Eine einfache Anwendung der Momentenmethode folgt in Abschnitt 2.3.2.

2.3.1.3 Maximum-Likelihood-Methode

Wir gehen in diesem Abschnitt davon aus, dass die Verteilungsfunktion F von X bis auf einen r-dimensionalen Vektor von Parametern $\boldsymbol{\theta} = (\theta_1, \ldots, \theta_r) \in \Theta \subset \mathbb{R}^r$ bekannt ist. Der Vektor $\boldsymbol{\theta}$ ist zu schätzen. Die Maximum-Likelihood-Methode (ML-Methode) zur Herleitung von Schätzern ist zwar etwas komplizierter als die Methode der Momente, liefert aber in vielen Fällen (insbesondere für große Stichproben) Schätzer mit geringerer Varianz als die Methode der Momente. Die Grundidee der ML-Methode lässt sich an einem einfachen Beispiel erläutern:

Beispiel 2.13. Sei X Bernoulli-verteilt mit unbekanntem Parameter π; ferner sei $X_1, \ldots, X_T$ eine einfache Stichprobe mit der Realisation $x_1, \ldots, x_T$, wobei $x_t \in \{0, 1\}$ für $t = 1, \ldots, T$. Die Wahrscheinlichkeit dieser Realisation ist für gegebenen Parameter π

$$P(X_1 = x_1, \ldots, X_T = x_T) = \pi^{\sum_{t=1}^{T} x_t} (1 - \pi)^{T - \sum_{t=1}^{T} x_t}. \tag{2.18}$$

Die Grundidee der ML-Methode besteht nun darin, den Schätzwert für π so zu bestimmen, dass die Wahrscheinlichkeit (2.18) für das beobachtete Stichprobenergebnis $X_1 = x_1, \ldots, X_T = x_T$ maximal wird. Für feste Beobachtungen $x_1, \ldots, x_T$ ist also die Funktion

$$\pi \longmapsto \pi^{\sum_{t=1}^{T} x_t} (1 - \pi)^{T - \sum_{t=1}^{T} x_t}$$

zu maximieren. Diese Funktion heißt Likelihood-Funktion der Beobachtungen $x_1, \ldots, x_T$. Man erhält das gleiche Ergebnis für π wenn man statt der Likelihood-Funktion die logarithmierte Likelihood-Funktion

$$\pi \longmapsto \left(\sum_{t=1}^{T} x_t\right) \ln \pi + \left(T - \sum_{t=1}^{T} x_t\right) \ln(1 - \pi)$$

maximiert, da der Logarithmus eine streng monoton wachsende Funktion ist, die die Stelle des Maximums unverändert lässt. Falls nicht alle x_t gleich null oder gleich eins sind, liegt das Maximum im Inneren von $(0; 1)$. Differenzieren und Nullsetzen ergibt

$$\left(\sum_{t=1}^{T} x_t\right) \frac{1}{\hat{\pi}} = \left(T - \sum_{t=1}^{T} x_t\right) \frac{1}{1 - \hat{\pi}} \, ,$$

bzw.

$$\hat{\pi} = \frac{1}{T} \sum_{t=1}^{T} x_t$$

für den Schätzwert.

Die Grundidee der ML-Methode ist also sehr einfach: Man betrachtet für die gegebene Realisation $x_1, \ldots, x_T$ der Stichprobe die Wahrscheinlichkeit, dass gerade diese Realisation erfolgt, als Funktion der unbekannten Parameter $\theta_1, \ldots, \theta_r$. Dann wählt man die Parameter so aus, dass diese Wahrscheinlichkeit maximal wird. Diese maximierenden Parameter heißen Maximum-Likelihood-Schätzer (bzw. Maximum-Likelihood-Schätzwerte). Im Folgenden stellen wir den Ansatz noch einmal allgemein für stetig verteilte Zufallsvariablen dar.

Wenn X stetig ist, kann man nicht über die Wahrscheinlichkeit gehen, da sie (wegen der Stetigkeit) immer Null ist. Man formuliert deshalb die Likelihoodfunktion mit Hilfe der Dichtefunktion,[2]

$$L(\boldsymbol{\theta}|x_1, \ldots, x_T) = f_{X_1, \ldots, X_T}(x_1, \ldots, x_T \| \boldsymbol{\theta}).$$

In diesem Fall ist der Wert der Likelihoodfunktion die gemeinsame Dichte von $X_1, \ldots, X_T$ an der Stelle $x_1, \ldots, x_T$, aufgefasst als Funktion von $\boldsymbol{\theta}$.

Da wir vorausgesetzt haben, dass $X_1, \ldots, X_T$ eine einfache Stichprobe aus X ist, sind die X_t unabhängig. Es gilt also

$$L(\boldsymbol{\theta}|x_1, \ldots, x_T) = \prod_{t=1}^{T} f(x_t \| \boldsymbol{\theta})$$

---

[2] Durch den Doppelstrich soll verdeutlicht werden, dass es sich bei $\boldsymbol{\theta}$ um einen Parametervektor (und nicht um gewöhnliche Funktionsargumente) handelt.

Der zweite Schritt besteht darin, die Likelihood-Funktion zu maximieren. Die ML-Schätzwerte $\hat{\theta}_1, \ldots, \hat{\theta}_r$ für $\theta_1, \ldots, \theta_r$ sind definiert durch

$$L(\hat{\boldsymbol{\theta}}|x_1, \ldots, x_T) = \max_{\boldsymbol{\theta} \in \Theta} L(\boldsymbol{\theta}|x_1, \ldots, x_T),$$

wobei wir die Existenz und Eindeutigkeit des Maximums in Θ stillschweigend voraussetzen. Zur numerischen Bestimmung von $\hat{\boldsymbol{\theta}}$ ist es oft günstiger, die logarithmierte Likelihood-Funktion $\ln L(\boldsymbol{\theta}|x_1, \ldots, x_T)$ zu maximieren. Ist $\ln L(\boldsymbol{\theta}|x_1, \ldots, x_T)$ im Inneren von Θ differenzierbar und liegt $\hat{\boldsymbol{\theta}}$ im Inneren von Θ, so wird man $\hat{\boldsymbol{\theta}}$ durch Lösen des Gleichungssystems

$$\frac{\partial}{\partial \theta_1} \ln L(\boldsymbol{\theta}|x_1, \ldots, x_T) = 0,$$

$$\vdots$$

$$\frac{\partial}{\partial \theta_r} \ln L(\boldsymbol{\theta}|x_1, \ldots, x_T) = 0$$

bestimmen. Eine einfache Anwendung wird im folgenden Abschnitt vorgestellt.

Die Maximum-Likelihood-Methode hat einige günstige Eigenschaften. Eine sehr nützliche Eigenschaft ist die Äquivarianz: Ist $\hat{\boldsymbol{\theta}}$ der ML-Schätzer für $\boldsymbol{\theta}$, so ist $g(\hat{\boldsymbol{\theta}})$ der ML-Schätzer für $g(\boldsymbol{\theta})$. Manchmal interessiert man sich nicht für die Schätzung des Parameters $\boldsymbol{\theta}$ selbst, sondern für die Schätzung einer Funktion $g(\boldsymbol{\theta})$ der Parameter. Die Äquivarianzeigenschaft ist bequem, wenn die ML-Schätzer für $\boldsymbol{\theta}$ schon bekannt sind.

Maximum-Likelihood-Schätzer sind (unter recht schwachen Voraussetzungen) asymptotisch normalverteilt und asymptotisch effizient. Sie sind also in gewisser Weise optimal, zumindest wenn man einen ausreichend großen Stichprobenumfang hat.

Ein Nachteil der ML-Methode besteht darin, dass die Verteilungsfunktion von X (bis auf die unbekannten Parameter) exakt spezifiziert sein muss. Wenn man also beispielsweise nicht genau weiß, ob eine Normalverteilung angemessen ist, kann die ML-Methode nicht angewandt werden.

2.3.2 Normalverteilung

Das einfachste und am weitesten verbreitete Verteilungsmodell ist die Normalverteilung mit den Parametern μ und σ. Sie ist durch ihre Dichte

$$f_{\mu,\sigma}(x) = \frac{1}{\sqrt{2\pi}\sigma} e^{-\frac{1}{2}\left(\frac{x-\mu}{\sigma}\right)^2} = \frac{1}{\sigma} \varphi\left(\frac{x-\mu}{\sigma}\right) \tag{2.19}$$

für $x \in \mathbb{R}$ gegeben, wobei

$$\varphi(z) = \frac{1}{\sqrt{2\pi}} e^{-\frac{1}{2}z^2}$$

für $z \in \mathbb{R}$ die Dichte der Standardnormalverteilung mit $\mu = 0$ und $\sigma = 1$ ist. Die Verteilungsfunktion der Standardnormalverteilung ist

$$\Phi(z) = \int_{-\infty}^{z} \varphi(u)\, du.$$

Die p-Quantile der Standardnormalverteilung bezeichnen wir mit $\Phi^{-1}(p)$. Die Verteilungsfunktion der Normalverteilung mit Parametern $\mu \in \mathbb{R}$ und $\sigma > 0$ ist

$$F_{\mu,\sigma}(x) = \int_{-\infty}^{x} f_{\mu,\sigma}(u)\, du = \Phi\left(\frac{x-\mu}{\sigma}\right).$$

Die p-Quantile dieser Normalverteilung sind dann $F_{\mu,\sigma}^{-1}(p) = \sigma \Phi^{-1}(p) + \mu$. Diese Beziehungen sind nützlich, weil man mit ihrer Hilfe Quantile und den Wert der Verteilungsfunktion einer Normalverteilung bestimmen kann, wenn die Quantile und die Verteilungsfunktion der Standardnormalverteilung vorliegen. Letztere ist in den meisten Statistikbüchern tabelliert und auch in vielen Computerprogrammen implementiert.

Die Parameter μ und σ werden nach der Momentenmethode geschätzt. Da $E(X) = \mu$ und $Var(X) = \sigma^2$, liegt es nahe, die beiden unbekannten Parameter μ und σ^2 durch das erste empirische und das zweite zentrale Moment zu schätzen,

$$\hat{\mu} = \bar{x} = \frac{1}{T} \sum_{t=1}^{T} x_t,$$

$$\hat{\sigma} = s = \sqrt{\frac{1}{T-1} \sum_{t=1}^{T} (x_t - \bar{x})^2}.$$

Alternativ kann man die Parameter μ und σ^2 auch nach der Maximum-Likelihood-Methode schätzen. Die Log-Likelihood-Funktion lautet

$$\ln L(\mu, \sigma^2 | x_1, \ldots, x_T) = \prod_{t=1}^{T} \ln f(x_t || \mu, \sigma^2).$$

Ableiten nach μ und σ^2 sowie Nullsetzen und Auflösen führt zu

$$\hat{\mu}_{ML} = \frac{1}{T} \sum_{t=1}^{T} x_t,$$

$$\hat{\sigma}_{ML} = \sqrt{\frac{1}{T} \sum_{t=1}^{T} (x_t - \bar{x})^2}.$$

Die erwartete Rendite wird also genau wie nach der Momentenmethode geschätzt, die Standardabweichung enthält als Divisor jedoch T anstelle von $T-1$. Für große T ist dieser Unterschied aber vernachlässigbar.

Ist die Normalverteilung tatsächlich ein geeignetes Verteilungsmodell für Renditen? Um dies zu überprüfen, muss die empirische Renditeverteilung mit der Normalverteilung verglichen werden. Hierzu kann man das Histogramm oder einen Kerndichteschätzer der Renditeverteilung mit der Dichte einer Normalverteilung mit angepassten Werten $\hat{\mu}$ und $\hat{\sigma}$ vergleichen. Meist wird $\hat{\mu} = \bar{x}$ und $\hat{\sigma} = s$ gesetzt. Dies ist jedoch nicht die einzige Möglichkeit. So kann man z.B. $\hat{\mu}$ und $\hat{\sigma}$ so wählen, dass der Median $\tilde{x}_{0.5}$ und der Quartilsabstand $Q = \tilde{x}_{0.75} - \tilde{x}_{0.25}$ der empirischen und der angepassten Normalverteilung übereinstimmen. Es ergibt sich dabei

$$\hat{\mu} = \tilde{x}_{0.5},$$
$$\hat{\sigma} = \frac{\tilde{x}_{0.75} - \tilde{x}_{0.25}}{\Phi^{-1}(0.75) - \Phi^{-1}(0.25)}.$$

Man kann die Normalverteilung auch so anpassen, dass zwei gegebene Quantile mit der empirischen Verteilung übereinstimmen. Sind dies das p-Quantil und das $(1-p)$-Quantil (mit $p > 0.5$), so ergibt sich

$$\hat{\mu} = \frac{1}{2}(\tilde{x}_p + \tilde{x}_{1-p}),$$
$$\hat{\sigma} = \frac{\tilde{x}_p - \tilde{x}_{1-p}}{\Phi^{-1}(p) - \Phi^{-1}(1-p)}.$$

Beispiel 2.14. Abbildung 2.7 zeigt, wie unterschiedlich die angepassten Normalverteilungen sich an das Histogramm der Tagesrendite des DAX-Indexes anschmiegen (wobei wieder die Tagesrenditen vom 3.1.1995 bis zum 30.12.2004 verwendet wurden). Die übliche Anpassung von Mittelwert und Standardabweichung (oberes Bild) führt zu einer deutlichen Unterschätzung der Spitze der Verteilung und ebenfalls zu einer Unterschätzung der Flanken; der Bereich zwischen (betragsmäßig) 1% und 3% Rendite wird hingegen überschätzt. Die schlechte Anpassung im mittleren Bereich entfällt, wenn man die Parameter der Normalverteilung über den Median und den Quartilsabstand der Verteilung bestimmt. Die Unterschätzung der Flanken bleibt jedoch bestehen. Wählt man die beiden Parameter der Normalverteilung über zwei eher in der Mitte gelegene Quantile (im unteren Bild wurden das 0.4-Quantil und das 0.6-Quantil benutzt), so wird das Zentrum der Verteilung sogar leicht überschätzt. Die Unterschätzung der Flanken bleibt aber auch hier deutlich bestehen.

Eine andere Möglichkeit, das Ausmaß der Übereinstimmung zu bestimmen, ist der Q-Q-Plot. Hierbei werden die Punkte

$$\left(\Phi^{-1} \left(\frac{i - 0.5}{T} \right) ; x_{(i)} \right)$$

in ein Diagramm eingetragen und miteinander verbunden. Man vergleicht die theoretischen Quantile mit den empirischen Quantilen (daher der Name Q-Q-Plot). Liegen die Punkte in etwa auf einer Geraden, so können die Renditen

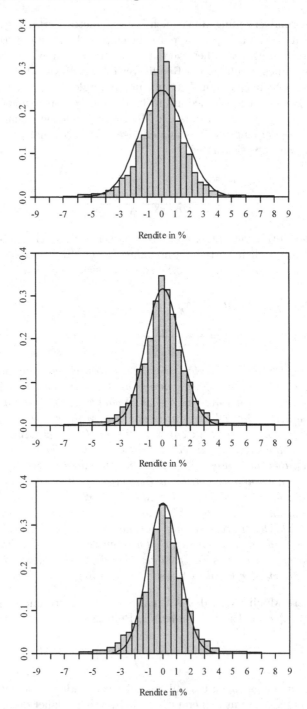

Abbildung 2.7. Histogramm und angepasste Normalverteilungen (oben: Mittelwert und Standardabweichung; Mitte: Median und Quartilsabstand; unten: 0.4-Quantil und 0.6-Quantil)

mit Recht als normalverteilt angesehen werden. Deutliche Abweichungen von einer Geraden zeigen, dass die Normalverteilung als Renditemodell ungeeignet ist.

Beispiel 2.15. Abbildung 2.8 zeigt den Q-Q-Plot der Dax-Rendite. Man erkennt klar, dass die Kurve keine Gerade ist. Die Abweichungen sind so deutlich, dass sie wohl nicht auf Zufallseinflüsse zurückgeführt werden können. Der Q-Q-Plot zeigt uns, dass die Normalverteilung sich nicht befriedigend an die Renditeverteilung anpasst.

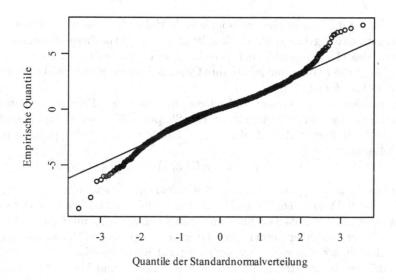

Abbildung 2.8. Q-Q-Plot der Tagesrendite des DAX-Index

Die drei Methoden (Vergleich des Histogramms oder der Kerndichteschätzung mit der Dichte einer Normalverteilung, Q-Q-Plot) sind deskriptiv: Das Ausmaß der Übereinstimmung wird mit dem Auge beurteilt. Wenn wir davon ausgehen, dass die empirischen Renditen $x_1, \ldots, x_T$ die Werte einer Stichprobe $X_1, \ldots, X_T$ aus einer Zufallsvariable X sind, so können wir auch statistische Inferenz betreiben. Zu testen ist in diesem Fall die Nullhypothese

$$H_0 : X \sim N(\mu, \sigma^2)$$

gegen die Alternativhypothese

$$H_1 : \text{nicht } H_0.$$

In der Literatur wurden hierfür verschiedene Tests vorgeschlagen: Für den Lilliefors-Test bildet man zunächst die empirische Verteilungsfunktion (2.4) und betrachtet dann die Teststatistik

$$\tau = \sqrt{T} \sup_{x \in \mathbb{R}} \left| F_T(x) - \Phi\left(\frac{x - \bar{x}}{s}\right) \right|$$
$$= \sqrt{T} \max\left(D^+, D^-\right)$$

mit

$$D^+ = \max_t \left\{ \frac{t}{T} - \Phi\left(\frac{x_{(t)} - \bar{x}}{s}\right) \right\},$$
$$D^- = \max_t \left\{ \Phi\left(\frac{x_{(t)} - \bar{x}}{s}\right) - \frac{t-1}{T} \right\},$$

wobei $\bar{x}$ und s das empirische arithmetische Mittel (2.10) und die empirische Standardabweichung (2.14) sind. Man lehnt die Nullhypothese ab, wenn τ größer als das $(1 - \alpha)$-Quantil der Verteilung von τ unter H_0 ist. Diese Verteilung hängt nicht von μ und σ^2 ab. Ihre Quantile wurden zuerst von Lilliefors bestimmt (Lilliefors 1967).

Ein anderer, ebenfalls weit verbreiteter und in vielen Programmen implementierter Test auf Normalität ist der Shapiro-Wilk-Test (Shapiro und Wilk 1965). Er beruht darauf, dass unter Gültigkeit der Nullhypothese in guter Näherung

$$x_{(t)} \approx \mu + \sigma E\left(Z_{(t)}\right)$$

gilt, wobei $Z_{(1)}, \dots, Z_{(T)}$ die Ordnungsstatistiken einer Stichprobe $Z_1, \dots, Z_T$ aus $Z \sim N(0,1)$ sind. Die Teststatistik von Shapiro und Wilk ist das Bestimmtheitsmaß der einfachen linearen Regression von $x_{(t)}$ auf $E(Z_{(t)})$. Die $E(Z_{(t)})$ können errechnet werden. Auf die etwas komplizierten Details und die genaue Gestalt der Teststatistik wollen wir nicht näher eingehen.

Als dritten Ansatz stellen wir den Test von Jarque und Bera (1980) vor. Für die Schiefe γ_1 und die Kurtosis γ_2 von $X \sim N(\mu, \sigma^2)$ gilt

$$\gamma_1 = E\left(\left(\frac{X - \mu}{\sigma}\right)^3\right) = 0,$$
$$\gamma_2 = E\left(\left(\frac{X - \mu}{\sigma}\right)^4\right) = 3.$$

Die empirische Schiefe und die empirische Kurtosis sind

$$\hat{\gamma}_1 = \frac{1}{T} \sum_{t=1}^{T} \left(\frac{X_t - \bar{X}}{S}\right)^3,$$
$$\hat{\gamma}_2 = \frac{1}{T} \sum_{t=1}^{T} \left(\frac{X_t - \bar{X}}{S}\right)^4,$$

wobei $\bar{X}$ und S die Schätzer für den Erwartungswert und die Standardabweichung von X sind. Unter der Nullhypothese gilt asymptotisch

$$\hat{\gamma}_1 \sim N\left(0, \sqrt{\frac{6}{T}}\right),$$

$$\hat{\gamma}_2 \sim N\left(3, \sqrt{\frac{24}{T}}\right).$$

Außerdem sind $\hat{\gamma}_1$ und $\hat{\gamma}_2$ asymptotisch unabhängig. Deshalb ist für große T die Teststatistik

$$\tau = T\left(\left(\frac{\hat{\gamma}_1}{\sqrt{6}}\right)^2 + \left(\frac{\hat{\gamma}_2 - 3}{\sqrt{24}}\right)^2\right)$$

approximativ χ^2-verteilt mit 2 Freiheitsgraden. Man lehnt die Nullhypothese der Normalverteilung ab, wenn der Wert der Teststatistik größer ist als das $(1 - \alpha)$-Quantil der χ^2-Verteilung mit 2 Freiheitsgraden.

Beispiel 2.16. Die Tabelle 2.7 zeigt die Werte der Lilliefors-Teststatistik und die p-Werte des Shapiro-Wilk-Tests und des Jarque-Bera-Tests für die Tagesrenditen (oben), die Wochenrenditen (Mitte) und die Monatsrenditen (unten) einiger DAX-Aktien und des DAX-Indexes. Die kritische Grenze des Lilliefors-Tests beträgt 1.031 auf einem Signifikanzniveau von $\alpha = 0.01$. Offensichtlich sind Tagesrenditen nicht normalverteilt, alle Tests lehnen die Nullhypothese auf jedem üblichen Signifikanzniveau ab. Eine Verlängerung des Zeitraums auf Wochen- oder Monatsrenditen führt jedoch zu einer „Annäherung" an die Normalverteilung. Während bei den Wochenrenditen die Nullhypothese der Normalverteilung fast immer verworfen wird, ist sie bei den Monatsrenditen in vielen Fällen haltbar.

Für die Annäherung an die Normalverteilung gibt es eine einfache Erklärung. Die Monatsrenditen sind – falls sie stetig gemessen werden – die Summe von ca. 20 Tagesrenditen. Der zentrale Grenzwertsatz besagt aber, daß die Verteilung einer Summe sich mit zunehmender Anzahl von Summanden einer Normalverteilung annähert. Man beachte, daß der Zentrale Grenzwertsatz nicht nur bei unabhängigen Summanden gilt, sondern gewisse Abhängigkeiten, wie sie bei Renditen auftreten, zulässig sind.

In Beispiel 2.16 ist deutlich geworden, dass zumindest für Tages- und Wochenrenditen die Normalverteilung kein angemessenes parametrisches Verteilungsmodell darstellt: die empirische Renditeverteilung ist spitziger und hat vor allem stärker besetzte Flanken als die Normalverteilung. In der Literatur wurde eine Vielzahl von parametrischen Verteilungsmodellen vorgeschlagen, mit denen man diese beiden Eigenschaften von Renditenverteilungen besser darstellen kann. Wir wollen einige davon vorstellen und mit empirischen Beispielen illustrieren.

2.3.3 Mischungen von Normalverteilungen

Eine einfache Verallgemeinerung der Normalverteilung ist eine „Mischung" von K Normalverteilungen. Betrachten wir zunächst den einfachsten Fall der

	Lilliefors	Shapiro	Jarque-Bera
Aktie	Tagesrenditen		
DAX-Index	3.0035	0.0000	0.0000
Allianz	3.4921	0.0000	0.0000
BASF	2.2912	0.0000	0.0000
DaimlerChrysler	1.7874	0.0000	0.0000
Deutsche Telekom	2.6671	0.0000	0.0000
	Wochenrenditen		
DAX-Index	1.0973	0.0000	0.0000
Allianz	1.9921	0.0000	0.0000
BASF	1.2075	0.0000	0.0000
DaimlerChrysler	0.8098	0.0001	0.0000
Deutsche Telekom	1.0462	0.0102	0.0116
	Monatsrenditen		
DAX-Index	0.9965	0.0011	0.0005
Allianz	1.3481	0.0001	0.0000
BASF	0.8342	0.2907	0.7870
DaimlerChrysler	0.5970	0.1485	0.1553
Deutsche Telekom	0.9533	0.0553	0.0331

Für den Lilliefors-Test wird die Teststatistik angegeben, für die anderen beiden Tests der p-Wert

Tabelle 2.7. Tests auf Normalverteilung der Tagesrendite des DAX und einiger DAX-Aktien

Mischung von $K = 2$ Normalverteilungen $N(\mu_j; \sigma_j^2)$, $j = 1, 2$. Sei X_1 die Tagesrendite eines Wertpapiers an Tagen mit hoher Volatilität und X_2 die Tagesrendite des Wertpapiers an Tagen mit geringer Volatilität. Die Wahrscheinlichkeit eines Börsentags mit hoher Volatilität sei π. Dann ist

$$X = ZX_1 + (1 - Z)X_2$$

die Tagesrendite des Wertpapiers eines beliebigen Börsentages, wenn Z eine Zufallsvariable mit

$$Z = \begin{cases} 1 & \text{mit } P(Z = 1) = \pi, \\ 0 & \text{mit } P(Z = 0) = 1 - \pi \end{cases}$$

ist. Wir nehmen an, dass Z von X_1 und X_2 unabhängig ist. Für die Verteilungsfunktion von X gilt nach der Formel der totalen Wahrscheinlichkeit

$$\begin{aligned} F(x) &= P(X \le x) \\ &= P(X \le x | Z = 1) \cdot P(Z = 1) + P(X \le x | Z = 0) \cdot P(Z = 0) \\ &= \pi \cdot \Phi\left(\frac{x - \mu_1}{\sigma_1}\right) + (1 - \pi) \cdot \Phi\left(\frac{x - \mu_2}{\sigma_2}\right). \end{aligned}$$

Für die zugehörige Dichte gilt

$$f(x) = \pi \cdot \frac{1}{\sigma_1} \cdot \phi\left(\frac{x - \mu_1}{\sigma_1}\right) + (1 - \pi) \cdot \frac{1}{\sigma_2} \cdot \phi\left(\frac{x - \mu_2}{\sigma_2}\right).$$

Dieser Ansatz lässt sich nun leicht auf K Normalverteilungen verallgemeinern. Sei $X_j \sim N(\mu_j; \sigma_j^2)$, $j = 1, \ldots, K$ und $\mathbf{Z} = (Z_1, \ldots, Z_K)$ ein Zufallsvektor, dessen Komponenten Z_j die Bedingung

$$Z_j = \begin{cases} 1 & \text{mit } P\,(Z_j = 1) = \pi_j, \\ 0 & \text{mit } P\,(Z_j = 0) = 1 - \pi_j, \end{cases}$$

sowie

$$\sum_{j=1}^{K} Z_j = 1$$

erfüllen. Es gilt dann $\pi_j \geq 0$ und $\sum_{j=1}^{K} \pi_j = 1$. Wir nehmen weiter an, dass $\mathbf{Z}$ von den X_j, $j = 1, \ldots, K$, unabhängig ist. Dann ist die Verteilungsfunktion von

$$X = \sum_{j=1}^{K} Z_j X_j$$

eine Mischung von K Normalverteilungen mit der Verteilungsfunktion

$$F(x) = \sum_{j=1}^{K} \pi_j \Phi\left(\frac{x - \mu_j}{\sigma_j}\right)$$

und der Dichte

$$f(x) = \sum_{j=1}^{K} \pi_j \frac{1}{\sigma_j} \phi\left(\frac{x - \mu_j}{\sigma_j}\right)$$

für $x \in \mathbb{R}$. Sie enthält $3K - 1$ Parameter, nämlich $\boldsymbol{\mu} = (\mu_1, \ldots, \mu_K)$, $\boldsymbol{\sigma}^2 = (\sigma_1^2, \ldots, \sigma_K^2)$ und $\boldsymbol{\pi} = (\pi_1, \ldots, \pi_K)$ mit $\mu_j \in \mathbb{R}$, $\sigma_j > 0$ und $\pi_j > 0$ für $j = 1, \ldots, K$ und $\sum_{j=1}^{K} \pi_j = 1$. Die Anzahl der Parameter wird also sehr schnell groß. Schon für $K = 2$ ergeben sich 5 Parameter.

Eine Mischung aus Normalverteilungen besitzt alle Momente; diese lassen sich durch die $3K - 1$ Parameter zum Ausdruck bringen. So gilt für den Erwartungswert von X

$$\mu = \sum_{k=1}^{K} \pi_k \mu_k.$$

Für die Varianz gilt

$$\sigma^2 = \sum_{k=1}^{K} \pi_k \sigma_k^2 + \sum_{k=1}^{K} \pi_k (\mu_k - \mu)^2,$$

d. h. die Gesamtvarianz von X setzt sich aus der internen und der externen Varianz zusammen.

Durch geeignete Wahl der $3K - 1$ Parameter lassen sich Schiefe, Spitzigkeit und die stark besetzten Flanken von Renditeverteilungen nachbilden. Leider erweisen sich die Formeln für die Schiefe γ_1 und die Kurtosis γ_2 als Funktion der Parameter im allgemeinen Fall als sehr unübersichtlich. Wir verweisen auf Johnson, Kotz und Balakrishnan (1994). Für Spezialfälle ergeben sich einfachere Formeln. Die Verteilung von X kann nur dann Schiefe aufweisen, wenn nicht alle μ_j gleich sind.

Für den Spezialfall $\mu_1 = \ldots = \mu_K = 0$ kann man die Kurtosis der Verteilung von X angeben. Es gilt

$$\gamma_2 = 3 \cdot \frac{\sum_{j=1}^{K} \pi_j \cdot \sigma_j^4}{\left(\sum_{j=1}^{K} \pi_j \sigma_j^2 \right)^2}.$$

Da nach der Ungleichung von Jensen der Zähler dieses Bruchs immer größer als der Nenner ist, folgt dass $\gamma_2 > 3$ ist.

Die Schätzung der Parameter aus empirischen Renditen $x_1, \ldots, x_T$ kann mittels der Maximum-Likelihood-Methode geschehen, indem man das Maximum der Log-Likelihood-Funktion

$$\ln L \left(\mu, \sigma^2, \pi \right) = \sum_{t=1}^{T} \ln \left(\sum_{k=1}^{K} \pi_k \frac{1}{\sigma_k} \phi \left(\frac{x_t - \mu_k}{\sigma_k} \right) \right)$$

ermittelt. Leider kann man die Lösung nicht in geschlossener Form angeben, sondern muss sie iterativ berechnen. Für die Lösung des Maximierungsproblems erweist sich der sogenannte Expectation-Maximization-Algorithmus (kurz EM-Algorithmus) als geeignet. Die Gleichungen, die den Übergang von der v-ten zur $(v + 1)$-ten Annäherung der Parameter beschreiben, sind:

$$\mu_j^{v+1} = \frac{\sum_{t=1}^{T} w_{tj}^v x_t}{\sum_{t=1}^{T} w_{tj}^v},$$

$$\sigma_j^{v+1} = \sqrt{\frac{\sum_{t=1}^{T} w_{tj}^v \left(x_t - \mu_j^v \right)^2}{\sum_{t=1}^{T} w_{tj}^v}},$$

$$\pi_j^{v+1} = \frac{1}{T} \sum_{t=1}^{T} w_{tj}^v,$$

für $j = 1, \ldots, K$, wobei

$$w_{tj}^v = \frac{\pi_j^v \frac{1}{\sigma_j^v} \phi \left(\frac{x_t - \mu_j^v}{\sigma_j^v} \right)}{\sum_{k=1}^{K} \pi_k^v \frac{1}{\sigma_k^v} \phi \left(\frac{x_t - \mu_k^v}{\sigma_k^v} \right)}.$$

Beispiel 2.17. An die Verteilung der DAX-Tagesrendite soll eine Mischung von zwei Normalverteilungen angepasst werden. Der EM-Algorithmus führte zu folgenden Parameterschätzungen:

$$\mu_1 = 0.1171, \quad \mu_2 = -0.1638,$$
$$\sigma_1^2 = 1.0705, \quad \sigma_2^2 = 5.8532,$$
$$\pi_1 = 0.6839, \quad \pi_2 = 0.3161.$$

Die aus diesen Parametern errechnete Dichte ist in Abbildung 2.9 als durchgezogene Linie gezeigt. Die gestrichelte Linie zeigt die zugehörige Kerndichteschätzung (mit Gauß-Kern und Bandweite $h = 0.36$). Offensichtlich passt sich die Mischung zweier Normalverteilungen sehr gut an die empirische Renditeverteilung an.

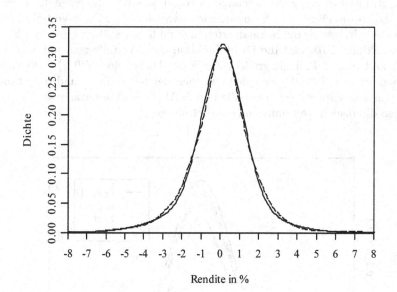

Abbildung 2.9. Dichte einer Mischung aus zwei Normalverteilungen (durchgezogene Linie) und Kerndichteschätzung (gestrichelte Linie) der Tagesrendite des DAX

2.3.4 t-Verteilung

Die t-Verteilung wurde schon früh als Alternative zur Normalverteilung für Renditeverteilungen vorgeschlagen. Für $\nu > 0$ ist die Dichte der t_ν-Verteilung

$$f_\nu(x) = \frac{\Gamma\left(\frac{\nu+1}{2}\right)}{\Gamma\left(\frac{\nu}{2}\right)\Gamma\left(\frac{1}{2}\right)\sqrt{\nu}} \left(1 + \frac{x^2}{\nu}\right)^{-\frac{\nu+1}{2}}$$

für $x \in \mathbb{R}$. Hierbei ist Γ die Gamma-Funktion mit

$$\Gamma(p) = \int_0^\infty t^{p-1} e^{-t} dt$$

für $p > 0$. Spezielle Werte der Gamma-Funktion sind z.B. $\Gamma(1/2) = \sqrt{\pi}$, $\Gamma(1) = 1$. Von Bedeutung ist auch die Rekursionsformel $\Gamma(p+1) = p\Gamma(p)$ aus der unmittelbar folgt, daß $\Gamma(\nu+1) = \nu!$ für $\nu \in \mathbb{N}$ ist. Den Parameter ν der t-Verteilung bezeichnet man traditionell als „Freiheitsgrad". Oft findet man die Einschränkung $\nu \in \mathbb{N}$, wir lassen im Folgenden jedoch $\nu \in \mathbb{R}^+$ zu. Für $\nu = 1$ erhält man als Spezialfall die Cauchy-Verteilung mit der Dichte

$$f_1(x) = \frac{1}{\pi}\left(1+x^2\right)^{-1} \tag{2.20}$$

für $x \in \mathbb{R}$. Lässt man ν gegen unendlich streben, so strebt die Folge der Dichten f_ν gegen die Dichte der Standardnormalverteilung φ. Die t-Verteilungen sind etwas spitziger als die Normalverteilung und haben stärker besetzte Flanken. Abbildung 2.10 zeigt die Dichtefunktion der t-Verteilungen mit $\nu = 1$, $\nu = 3$ und $\nu = 5$ Freiheitsgraden, sowie der Dichte der $N(0,1)$. Offenbar ist schon für $\nu = 5$ der Unterschied zwischen der t-Verteilung und der Standardnormalverteilung nicht mehr allzu groß. Ab einem Wert von etwa $\nu = 40$ stimmen die beiden Verteilungen praktisch überein.

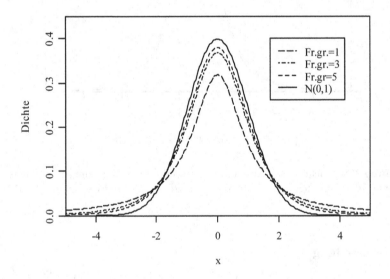

Abbildung 2.10. Dichtefunktionen der t-Verteilung mit 1,3 und 5 Freiheitsgraden und der $N(0,1)$-Verteilung

Der Erwartungswert der t_ν-Verteilung existiert für $\nu > 1$ und ist (wegen der Symmetrie der Verteilung) gleich Null. Die Varianz der t_ν-Verteilung ist $\nu/(\nu-2)$ für $\nu > 2$. Für $\nu \leq 2$ ist die Varianz nicht definiert. Für $\nu > 4$ ist die Kurtosis der t-Verteilung definiert und gleich $3 + 6/(\nu-4)$ und damit größer als 3, dem Wert der Kurtosis der Normalverteilung.

Um die t-Verteilung als Modell für die Rendite anwenden zu können, muss noch ein Lageparameter $b \in \mathbb{R}$ und ein Skalenparameter $a > 0$ eingeführt werden. Dann ist

$$f_{\nu,b,a}(x) = \frac{1}{a} f_\nu \left(\frac{x - b}{a} \right)$$

die Dichtefunktion der Rendite. Zur Anpassung an die Daten müssen die Parameter ν, b und a bestimmt werden. Ein einfaches Verfahren besteht darin, die Log-Likelihoodfunktion

$$\sum_{t=1}^{T} \ln \left[\frac{1}{a} f_\nu \left(\frac{x_t - b}{a} \right) \right]$$

bezüglich a, b, ν numerisch zu maximieren.

Beispiel 2.18. Die Parameter der nach der Maximum-Likelihood-Methode an die DAX-Tagesrenditen angepassten t-Verteilung sind $a = 1.1752$, $b = 0.0635$ sowie $\nu = 3.9573$ (die Startwerte waren $a = 1$, $b = 0$ und $\nu = 4$). Abbildung 2.11 zeigt die angepasste Dichte der t-Verteilung sowie die Kerndichteschätzung der Renditen (gestrichelte Linie, Bandweite $h = 0.36$). Die Anpassung ist offensichtlich recht gut, jedoch kann die t-Verteilung die leichte Schiefe der Daten nicht erfassen.

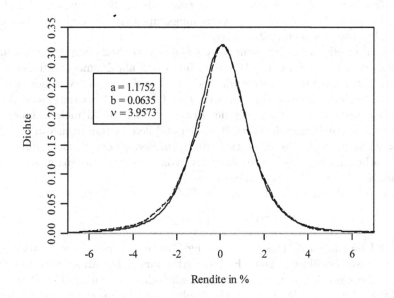

Abbildung 2.11. Dichte der angepassten t-Verteilung und Kerndichteschätzung der Tagesrendite des DAX-Index

2.3.5 Stabile Verteilungen

Die stabilen Verteilungen wurden zuerst von Mandelbrot (1963) als Verteilungsmodelle für Renditen vorgeschlagen. Im Gegensatz zu allen bisherigen Verteilungen müssen die stabilen Verteilungen über die charakteristische Funktion

$$\chi(t) = E\left(e^{iXt}\right)$$

der Zufallsvariable X eingeführt werden, wobei $i = \sqrt{-1}$ die imaginäre Einheit ist. Die Funktion $\chi(t)$ muss nicht reellwertig sein, sondern kann durchaus komplexe Werte annehmen. Die charakteristische Funktion $\chi(t)$ kann ebenso wie die Verteilungsfunktion $F(x)$ die Verteilung einer Zufallsvariablen charakterisieren – kennt man $\chi(t)$, so hat man alle relevanten Informationen über die Verteilung.

Für den Logarithmus der charakteristischen Funktion stabiler Verteilungen gilt

$$\ln\chi(t) = -|t|^{\alpha}$$

für $t \in \mathbb{R}$, wobei der Parameter α „charakteristischer Exponent" heißt. Der Wert von α muss in dem Intervall $0 < \alpha \le 2$ liegen.

Zwei Spezialfälle der stabilen Verteilung sind von Bedeutung: Für $\alpha = 2$ ergibt sich die Standardnormalverteilung, für $\alpha = 1$ die Cauchy-Verteilung (2.20). Für diese beiden Spezialfälle sind auch die Dichten und die Verteilungsfunktionen explizit bekannt. Demgegenüber ist es für α ungleich 1 oder 2 nicht möglich, die Dichten bzw. Verteilungsfunktionen in einfacher Weise darzustellen (siehe jedoch (2.21) unten).

Der charakteristische Exponent α steuert das Verhalten der Verteilung auf den Flanken bzw. im Zentrum. Während für $\alpha = 2$ alle Momente existieren, sind für $\alpha < 2$ die Flanken so stark besetzt, dass das zweite Moment (und damit die Varianz) nicht mehr existiert. Für $1 < \alpha < 2$ existiert noch der Erwartungswert; für $\alpha \le 1$ ist auch der Erwartungswert nicht mehr definiert. Die abrupte Veränderung des Verhaltens der stabilen Verteilungen von $\alpha = 2$ auf $\alpha < 2$ erschwert die Interpretation von α. Im Bereich der Finanzmarktstatistik ist die Existenz des Erwartungswerts von Renditen unstrittig, so dass man sich auf $1 < \alpha \le 2$ beschränken kann.

Bei $\alpha < 2$ gilt für eine stabil verteilte Zufallsvariable X für große x

$$P\left(|X| > x\right) \approx K x^{-\alpha}$$

mit einer Konstanten K. Das Verhalten der Flanken einer stabilen Verteilung mit $\alpha < 2$ ist also ähnlich einer Pareto-Verteilung, daher findet man in der Literatur für diese Verteilungen manchmal auch den Namen „stabile Pareto-Verteilung". Für $\alpha < 2$ lässt sich α als Flankenindex interpretieren: je kleiner α, desto ausgeprägter sind die Flanken der Verteilung.

Um stabile Verteilungen an empirische Renditen anzupassen, muss noch ein Lageparameter $b \in \mathbb{R}$ und ein Skalenparameter $a > 0$ in die Verteilungsfunktion eingeführt werden. Für den Logarithmus der charakteristischen

Funktion ergibt sich dann für $t \in \mathbb{R}$

$$\ln \chi(t) = ibt - a |t|^{\alpha}.$$

Weiterhin lässt sich noch ein Parameter c mit $-1 \leq c \leq 1$ einführen, mit dem man die Asymmetrie der stabilen Verteilungen steuern kann. Es ergibt sich dann

$$\ln \chi(t) = ibt - a |t|^{\alpha} \left[1 - ic\frac{t}{|t|}\omega(t,\alpha) \right],$$

wobei

$$\omega(t,\alpha) = \begin{cases} \tan \frac{\pi\alpha}{2} & \text{für } \alpha \neq 1, \\ -\frac{2}{\pi} \ln |t| & \text{für } \alpha = 1. \end{cases}$$

Für $c = 0$ ist die stabile Verteilung symmetrisch um den Lageparameter b, ansonsten asymmetrisch. Wie schon erwähnt ist für $\alpha \neq 1, 2$ eine einfache explizite Darstellung der Dichten (und Verteilungsfunktionen) der stabilen Verteilungen nicht verfügbar. Mittels der sogenannten „schnellen Fourier-Transformation" (Fast Fourier Transformation, FFT) kann die Dichte jedoch numerisch in ausreichender Näherung berechnet werden. Die Dichte $f_{a,b,c,\alpha}(x)$ einer stabilen Verteilung mit den Parametern a, b, c und α ist nämlich durch die inverse Fouriertransformation

$$f_{a,b,c,\alpha}(x) = \frac{1}{2\pi} \int_{-\infty}^{+\infty} e^{-ixt}\chi_{a,b,c,\alpha}(t)dt \qquad (2.21)$$

gegeben. Das Integral in (2.21) kann mit der inversen FFT schnell berechnet werden, die in vielen Programmpaketen implementiert ist. Sobald die Dichtefunktion berechnet werden kann, ist es möglich, die Parameter der Verteilung durch numerische Maximierung der Log-Likelihood-Funktion $\sum_{t=1}^{T} \ln f_{a,b,c,\alpha}(x_t)$ zu schätzen. Eine auf Quantilen basierende Parameterschätzung stellt McCulloch (1986) vor.

Welche Bedeutung haben die stabilen Verteilungen für die Beschreibung von Renditeverteilungen? Für $\alpha < 2$ haben die stabilen Verteilungen stärker besetzte Flanken als die Normalverteilung, deshalb wurden sie als Modelle für Renditeverteilungen in Betracht gezogen. Als theoretische Rechtfertigung für die Verwendung stabiler Verteilungen als Modell für Renditeverteilungen dient häufig die Abgeschlossenheit dieser Verteilungsklasse in Bezug auf die Addition unabhängiger stabil verteilter Summanden. Sind nämlich $U_1, \ldots, U_n$ unabhängige stabil verteilte Summanden mit charakteristischem Exponenten α, so ist

$$U = U_1 + U_2 + \ldots + U_n$$

wieder stabil verteilt mit demselben charakteristischen Exponenten α, aber eventuell einem anderen Lage- und Skalenparameter. Auf Renditen angewandt bedeutet dies: Ist

$$r_{t_1,t_2} = \sum_{t=t_1+1}^{t_2} r_t,$$

d.h. schreibt man die Rendite, die sich auf den Zeitraum $[t_1, t_2]$ bezieht, als Summe der Tagesrenditen r_t, und sind diese unabhängig und identisch stabil verteilt mit charakteristischem Exponenten α, so ist auch r_{t_1,t_2} stabil verteilt mit demselben Exponenten α.

Beispiel 2.19. Wir betrachten die Tages-, Wochen- und Monatsrenditen des DAX-Indexes sowie der Aktien Allianz, BASF, DaimlerChrysler und Deutsche Telekom für den Zeitraum vom 3.1.1995 bis 30.12.2004. Tabelle 2.8 zeigt die Schätzwerte für a, b, c und α. Die Schätzwerte für α ändern sich nur wenig,

Aktie	$\hat{a}$	$\hat{b}$	$\hat{c}$	$\hat{\alpha}$
	Tagesrenditen			
DAX-Index	0.8955	0.0063	-0.1923	1.7003
Allianz	1.5070	0.0062	0.0044	1.6263
BASF	1.2587	0.0315	-0.0074	1.7606
Deutsche Bank	1.3916	0.0274	-0.0067	1.6338
Volkswagen	1.4927	0.0325	0.0162	1.6645
	Wochenrenditen			
DAX-Index	3.7827	0.0538	-0.4751	1.8082
Allianz	5.0589	-0.0823	-0.0412	1.5964
BASF	5.4154	0.1999	-0.1704	1.8647
Deutsche Bank	5.9803	0.0951	-0.0252	1.7326
Volkswagen	8.6245	0.1083	0.0659	1.8664
	Monatsrenditen			
DAX-Index	11.8936	0.1168	-0.8694	1.6956
Allianz	9.8680	-1.5373	-0.3848	1.3773
BASF	20.0000	0.8031	-0.5650	1.8440
Deutsche Bank	20.0000	0.3839	-0.3742	1.7040
Volkswagen	20.0000	-0.6483	-0.6886	1.6237

Tabelle 2.8. Schätzung der Parameter einer stabilen Verteilung für die Tages-, Wochen- und Monatsrenditen des DAX und einiger DAX-Aktien

wenn man den Zeitraum verlängert, zumindest ist keine Annäherung an die 2 (also an die Normalverteilung) zu beobachten.

2.3.6 Modellierung der Flanken von Renditeverteilungen und extremer Ereignisse

Sowohl die Normalverteilung als auch eine Mischung von Normalverteilungen besitzen alle Momente, da ihre Dichten für $x \to \pm\infty$ exponentiell abfallen. t_ν-Verteilungen haben stärker besetzte Flanken, es existiert das $(\nu-1)$-te Moment. Bei stabilen Verteilungen kann α im Falle von $\alpha < 2$ als Flankenindex interpretiert werden. Für $1 \le \alpha < 2$ existiert nur das erste Moment. Es liegt nahe, an die Flanken der Renditeverteilung eine Dichte anzupassen, die wie eine Potenz von x abfällt. Wir betrachten zunächst den Fall, dass die obere und untere Flanke der Renditeverteilung durch den gleichen Parameter α gekennzeichnet ist. Durch leichte Abänderung dieser Vorgehensweise kann man auch den Fall behandeln, dass die Parameter für die obere Flanke und die untere Flanke durch verschiedene Parameter (z.B. α und β) charakterisiert sind.

Nimmt man für die Flanken der Dichte (also für große $|x|$) an, dass

$$f(x) = K |x|^{-\alpha-1},$$

so folgt

$$P(|X| > x) = K^* x^{-\alpha}$$

mit (von α abhängenden) Konstanten K bzw. K^*. Ist $\alpha > n$, so gilt

$$\lim_{|x|\to\infty} x^n P(|X| > x) = 0$$

und das n-te Moment der Verteilung existiert. Trägt man x und $P(|X| > x)$ in ein doppelt logarithmisches Koordinatensystem ein (Pareto-Diagramm), so ergibt sich wegen

$$\frac{d\ln P(|X| > x)}{d\ln x} = -\alpha$$

eine Gerade mit der Steigung $-\alpha$.

Zur Schätzung des Flankenindexes α aus beobachteten Renditen kann man so vorgehen. Für vorgegebene Werte x_j am oberen Rand der Verteilung trägt man

$$u_j = \ln \frac{\text{Anzahl der Beobachtungen mit } |x_i| \geq x_j}{T}$$

gegen $v_j := \ln x_j$ ab. Der Parameter α lässt sich nun durch die lineare Regression

$$u_j = \alpha_0 - \alpha v_j + \varepsilon_j$$

mit der Methode der kleinsten Quadrate bestimmen. Die Schätzung hängt leider ganz wesentlich von Anzahl und Lage der x_j ab.

Beispiel 2.20. Abbildung 2.12 zeigt das Pareto-Diagramm für die absoluten Werte der Tagesrenditen des DAX. Außerdem wurde an die Daten im oberen Bereich (willkürlich festgesetzt auf die größten 15 Werte) mit Hilfe einer einfachen linearen Regression eine Gerade angepasst. Die Steigung dieser Geraden beträgt -7.07, so dass $\hat{\alpha} = 7.07$ ist.

Eine andere Methode den Flankenindex α zu schätzen, geht auf Hill (1975) zurück. Der Hill-Schätzwert lautet

$$\hat{\alpha}_{Hill} = \left(\frac{1}{k} \sum_{i=1}^{k} \ln \frac{|x|_{(T-i+1)}}{|x|_{(T-k+1)}} \right)^{-1}.$$

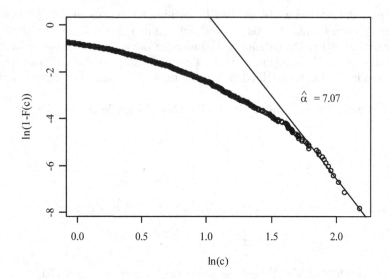

Abbildung 2.12. Pareto-Diagramm für die absolute Tagesrendite des DAX-Indexes mit angepasster Gerade im oberen Bereich

Hierbei sind $|x|_{(1)} \leq |x|_{(2)} \leq \ldots \leq |x|_{(T)}$ die der Größe nach aufsteigend geordneten Absolutbeträge der empirischen Renditen $x_1, x_2, \ldots, x_T$. Der Hill-Schätzer hängt also nur von den $k+1$ größten Beobachtungen $|x|_{T-k}, \ldots, |x|_T$ ab; hierbei ist die Wahl von k ganz entscheidend. Im Falle einer Pareto-Verteilung ist der Hill-Schätzer (mit $k = T$) gleich dem Maximum-Likelihood-Schätzer des Flankenindexes α. Wenn man davon ausgeht, dass sich die Flanken einer Renditeverteilung ähnlich wie eine Pareto-Verteilung verhalten, beschränkt man sich bei der Schätzung auf genau diesen Bereich, der dann durch den Parameter k abgegrenzt wird.

Bei einer separaten Betrachtung der oberen Flanke nimmt man in ähnlicher Weise an, dass sich $P(X > x)$ für große Werte von x näherungsweise wie $x^{-\alpha}$ verhält. Als Hill-Schätzwert erhalten wir in Analogie zu oben

$$\hat{\alpha}_{Hill} = \left(\frac{1}{k} \sum_{i=1}^{k} \ln \frac{x_{(T-i+1)}}{x_{(T-k+1)}} \right)^{-1},$$

wobei $x_{(1)} \leq x_{(2)} \leq \ldots \leq x_{(T)}$ die aufsteigend geordneten empirischen Renditen $x_1, x_2, \ldots, x_T$ sind.

Um die Anzahl k an extremen Beobachtungen festzulegen, die in die Berechnung eingehen sollen, bietet sich als einfaches Verfahren der Hill-Plot an. In einer Grafik wird $\hat{\alpha}_{Hill}$ in Abhängigkeit von k abgetragen. Wenn es einen Bereich gibt, in dem sich $\hat{\alpha}_{Hill}$ wenig verändert, dann ist dieser (lokal) konstante Wert von $\hat{\alpha}_{Hill}$ ein geeigneter Schätzwert für α.

Beispiel 2.21. Abbildung 2.13 zeigt den Hill-Plot $\hat{\alpha}_{Hill}$ für die Daten des DAX in Abhängigkeit von k. Man erkennt, dass sich für k im Bereich von etwa 150 bis 200 der Hill-Schätzer nur wenig ändert. Als geeigneten Schätzwert für den Flankenindex α verwenden wir daher $\hat{\alpha}_{Hill} = 2.88$.

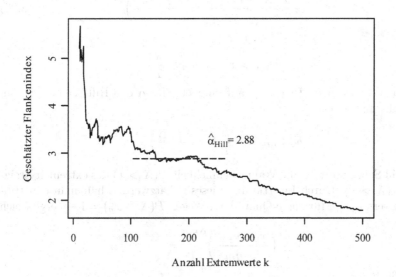

Abbildung 2.13. Hill-Plot für die Tagesrendite des DAX-Indexes

Wir interessieren uns jetzt für die Schätzung von $P(X > x) = 1 - F(x)$ für große x, sowie die Schätzung des p-Quantils x_p für p nahe bei eins. Das Ereignis $\{X > x\}$ wird, da x groß ist, oft als „extremes Ereignis" bezeichnet. In Abschnitt 2.1 wurde die Wahrscheinlichkeit $F(x)$ durch die empirische Verteilungsfunktion $F_T(x)$ geschätzt. Entsprechend ist

$$\bar{F}_T = 1 - F_T(x) = \frac{\text{Anzahl } x_i > x}{T} \qquad (2.22)$$

ein Schätzer für $P(X > x)$. Ebenfalls aus Abschnitt 2.1 übernehmen wir den nichtparametrischen Quantilschätzer

$$\tilde{x}_p = \begin{cases} x_{(Tp)}, & \text{falls } Tp \text{ ganzzahlig,} \\ x_{([Tp]+1)} & \text{sonst.} \end{cases}$$

Zu beachten ist, dass die Schätzung (2.22) von $P(X > x)$ für große x nur auf sehr wenigen Beobachtungen – nämlich denjenigen größer x – beruht. Ist x größer als die maximal beobachtete Rendite $x_{(T)}$, so schätzt man $P(X > x)$ gemäß (2.22) durch 0, was nicht sehr plausibel ist. Dass bislang keine größeren

Renditen beobachtet wurden, impliziert ja nicht, dass größere Renditen auch in Zukunft nicht vorkommen können.

Unter Verwendung von $P(X > x) \approx x^{-\alpha}$ kann man jedoch auch in so einem Fall noch vernünftig schätzen. Zunächst gilt

$$\frac{P(X > x)}{P(X > x_{(T-k+1)})} \approx \left(\frac{x_{(T-k+1)}}{x}\right)^{\alpha} \tag{2.23}$$

und

$$P(X > x_{(T-k+1)}) \approx \frac{k}{T}.$$

Löst man (2.23) nach $P(X > x)$ auf und setzt für α den Hill-Schätzwert ein, so erhält man mit

$$\bar{F}_{T,Hill}(x) = \frac{k}{T}\left(\frac{x_{(T-k+1)}}{x}\right)^{\hat{\alpha}_{Hill}}$$

den Hill-Schätzwert für die Wahrscheinlichkeit $P(X > x)$ des extremen Ereignisses $\{X > x\}$. Durch Invertierung dieses Schätzwerts erhält man den Hill-Schätzwert $\hat{x}_{p;Hill}$ für das p-Quantil x_p. Wegen $P(X > x_p) = 1 - p$ ergibt sich aus

$$\frac{k}{T}\left(\frac{x_{(T-k+1)}}{\hat{x}_{p,Hill}}\right)^{\hat{\alpha}_{Hill}} = 1 - p$$

schließlich

$$\hat{x}_{p,Hill} = x_{(T-k+1)}\left(\frac{T}{k}(1-p)\right)^{-1/\hat{\alpha}_{Hill}}.$$

Wenn man sich für den Value at Risk interessiert, sollte man anstelle der rechten Flanke der Renditeverteilung ihre linke Flanke untersuchen. Die hier beschriebene Vorgehensweise lässt sich jedoch unmittelbar übertragen, indem man die Vorzeichen aller Renditen umkehrt. Die obere Flanke beschreibt dann die negativen Renditen.

Beispiel 2.22. Zur Bestimmung des 0.9999-Quantils der DAX-Tagesrendite verwenden wir den Schätzwert $\hat{\alpha}_{Hill} = 2.88$ mit $k = 200$ aus Beispiel 2.21. Die k-größte beobachtete Rendite beträgt $x_{(T-k+1)} = 2.0985$, so dass

$$\hat{x}_{0.9999,Hill} = 2.0985\left(\frac{2526}{200}(1 - 0.9999)\right)^{-1/2.88}$$

$$= 21.3.$$

Eine Tagesrendite des DAX-Indexes von 21.3 % oder mehr ist also nur an 1 von 10000 Tagen zu erwarten (also etwa einmal in 40 Jahren).

2.4 Literaturhinweise

Zufallsvariablen, Verteilungs- und Dichtefunktionen sind Grundbegriffe aus der Wahrscheinlichkeitsrechnung und werden in allen einschlägigen Statistik-Lehrbüchern behandelt. Wir verweisen auf Mosler und Schmid (2004), Bamberg und Baur (2002), Bickel und Doksum (2000), Casella und Berger (2001), Fisz (1988) und Hartung, Elpelt und Klösener (2002). In den genannten Büchern werden auch die in den Abschnitten 2.1 und 2.2 vorgestellten statistischen Verfahren behandelt. Eine ausführliche Behandlung der Kerndichteschätzung findet sich in Härdle, Müller, Sperlich und Werwatz (2004), Silverman (1986), Härdle (1991) und Simonoff (1996). Maßzahlen für empirische Verteilungen werden ausführlich in Heiler und Michels (1994) behandelt. Die Standardwerke über spezielle Verteilungen sind Johnson et al. (1994), Johnson, Kotz und Balakrishnan (1995), Johnson, Kotz und Balakrishnan (1997), Johnson, Kotz und Kemp (2004), Kotz, Balakrishnan und Johnson (2000), Patil, Kotz und Ord (1975a), Patil, Kotz und Ord (1975b) und Patil, Kotz und Ord (1975c). Die gängigen Anpassungstests für Verteilungen findet man in D'Agostino und Stephens (1986). Mischungsverteilungen werden ausführlich in Everitt (1981), McLachlan und Basford (1988), McLachlan und Peel (2000) und Titterington (1986) behandelt. Schmid und Stich (1999) wenden Mischungen von Normalverteilungen auf Renditen deutscher Aktien an. Das Standardwerk über stabile Verteilungen und ihre Anwendung auf Finanzmarktdaten ist Mittnik und Rachev (2001). In Abschnitt 2.3.6 wurde die Statistik extremer Ereignisse kurz angesprochen. Ausführliche Darstellungen der Extremwertstatistik finden sich in Embrechts, Klüppelberg und Mikosch (1997), sowie Reiss und Thomas (1997). Neben den in diesem Kapitel behandelten parametrischen Verteilungsmodellen für Renditeverteilungen wurden in der Literatur noch sehr viel mehr Modelle vorgeschlagen. Ausdrücklich erwähnt seien hier die sogenannten hyperbolischen Verteilungen, die auf Barndorff-Nielsen (1977) zurückgehen und deren Anwendung auf Finanzmarktdaten in Eberlein und Keller (1995) und Eberlein, Keller und Prause (1998) behandelt wird. Übersichten über weitere Verteilungsmodelle für Renditeverteilungen finden sich z.B. in Akgiray, Booth und Loistl (1989), Kon (1984), Lau, Lau und Wingender (1990) und McDonald (1996).

3

Multivariate Renditeverteilungen

Im vorangegangenen Kapitel wurden univariate Renditeverteilungen betrachtet; es wurde jeweils nur die Rendite eines einzelnen Finanzmarkttitels untersucht. Aus verschiedenen Gründen ist es jedoch oft erforderlich, die Renditen mehrerer Finanztitel simultan zu betrachten. Hat man ein Portfolio aus mehreren Wertpapieren, so spielt die Abhängigkeit der Renditen untereinander eine zentrale Rolle bei der Analyse. Sie kann nur bei simultaner Betrachtung der Renditen untersucht werden. Die hierfür nötigen Hilfsmittel aus der Wahrscheinlichkeitsrechnung und Statistik werden im Abschnitt 3.1 kurz wiederholt. Außerdem werden einige Möglichkeiten zur grafischen Darstellung multivariater Daten beschrieben.

Im Abschnitt 3.2 werden wichtige Maßzahlen zur Charakterisierung gemeinsamer Renditeverteilungen eingeführt, insbesondere Maßzahlen zur Messung des Zusammenhangs. Verteilungsmodelle für multivariate Renditeverteilungen werden im Abschnitt 3.3 vorgestellt, insbesondere die multivariate Normalverteilung. Abschnitt 3.4 behandelt die Konstruktion multivariater Renditeverteilungen mittels Copulas.

3.1 Gemeinsame Verteilung von Renditen

Sei $n \geq 2$ die Anzahl der betrachteten Zufallsvariablen (Renditen). Für eine kompakte Notation bietet sich die Vektor- oder Matrizenschreibweise an. Die n Zufallsvariablen $X_1, \ldots, X_n$ werden zu einem Zufallsvektor

$$\mathbf{X} = \begin{pmatrix} X_1 \\ \vdots \\ X_n \end{pmatrix}$$

zusammengefasst. Per Konvention sind Vektoren immer Spaltenvektoren. Durch Transponieren wird aus einem Spaltenvektor ein Zeilenvektor, $\mathbf{X}' = (X_1, \ldots, X_n)$ oder $\mathbf{X} = (X_1, \ldots, X_n)'$. Vektoren und Matrizen werden in diesem Text (meist) durch fett gedruckte Zeichen symbolisiert.

3.1.1 Gemeinsame Verteilungsfunktion und gemeinsame Dichtefunktion

Das wichtigste Instrument zur Beschreibung von Zufallsvektoren ist die gemeinsame Verteilungsfunktion. Sei $\mathbf{X} = (X_1, \ldots, X_n)'$ ein Zufallsvektor, dann ist die gemeinsame Verteilungsfunktion durch

$$F(x_1, \ldots, x_n) = P(X_1 \leq x_1, \ldots, X_n \leq x_n) \tag{3.1}$$

$$F(\mathbf{x}) = P(\mathbf{X} \leq \mathbf{x}) \tag{3.2}$$

für $\mathbf{x} = (x_1, \ldots, x_n) \in \mathbb{R}^n$ definiert. Sie gibt also die Wahrscheinlichkeit an, dass die erste Komponente des Vektors den Wert x_1 nicht überschreitet, die zweite Komponente den Wert x_2 nicht überschreitet usw. Um die Schreibweise etwas kürzer zu machen, benutzt man anstelle von (3.1) gewöhnlich die Vektornotation (3.2); offensichtlich gilt das Ungleichheitszeichen in der Vektornotation genau dann, wenn es für alle Vektorelemente gilt.

Der Zufallsvektor heißt (gemeinsam) stetig, wenn es eine Funktion

$$f(x_1, \ldots, x_n) \geq 0$$

gibt mit

$$F(x_1, \ldots, x_n) = \int_{-\infty}^{x_n} \ldots \int_{-\infty}^{x_1} f(u_1, \ldots, u_n) \, du_1 \ldots du_n \tag{3.3}$$

$$F(\mathbf{x}) = \int_{-\infty}^{\mathbf{x}} f(\mathbf{u}) \, d\mathbf{u}.$$

Die Funktion f heißt gemeinsame Dichtefunktion (oder gemeinsame Dichte). Für f muss

$$\int_{-\infty}^{\infty} \ldots \int_{-\infty}^{\infty} f(u_1, \ldots, u_n) \, du_1 \ldots du_n = \int_{-\infty}^{\infty} f(\mathbf{u}) \, d\mathbf{u} = 1$$

gelten. Die gemeinsame Verteilungsfunktion und die gemeinsame Dichtefunktion sind natürliche Verallgemeinerungen des univariaten Falls.

Sowohl durch die Verteilungsfunktion als auch durch die Dichtefunktion werden alle relevanten Eigenschaften des Zufallsvektors beschrieben. Der Vorteil der Verteilungsfunktion besteht darin, dass sie (im Gegensatz zur Dichte) nicht nur stetige Zufallsvektoren beschreiben kann, sondern beliebige Zufallsvektoren, also auch diskrete oder gemischte. Da wir in diesem Buch jedoch als Zufallsvektor den Renditevektor betrachten, können wir uns im Folgenden auf den stetigen Fall beschränken.

3.1.2 Randverteilungen und bedingte Verteilungen

Die Randverteilung gibt die Verteilung einer oder mehrerer Variablen an, wenn die restlichen Variablen unberücksichtigt bleiben. Für die allgemeine

Definition der Randverteilung nehmen wir an, dass $\mathbf{X} = (X_1, \ldots, X_n)'$ ein Zufallsvektor ist, der wie folgt in zwei Teile partitioniert wird

$$\mathbf{X} = \begin{pmatrix} \mathbf{Z} \\ \mathbf{Y} \end{pmatrix},$$

wobei $\mathbf{Z}$ ein Vektor der Dimension p und $\mathbf{Y}$ ein Vektor der Dimension q ist; natürlich muss $p + q = n$ gelten. Die Randverteilungsfunktionen von $\mathbf{Z}$ und $\mathbf{Y}$ sind

$$F_{\mathbf{Z}}(\mathbf{z}) = P(\mathbf{Z} \leq \mathbf{z}) = F(z_1, \ldots, z_p, \infty, \ldots, \infty),$$
$$F_{\mathbf{Y}}(\mathbf{y}) = P(\mathbf{Y} \leq \mathbf{y}) = F(\infty, \ldots, \infty, y_1, \ldots, y_q).$$

Beim Übergang von der gemeinsamen Verteilung zu den Randverteilungen geht offenbar Information über die Variablen verloren, die aus der Betrachtung ausgeschlossen werden. Darum ist es im Allgemeinen auch nicht möglich aus den Randverteilungen die gemeinsame Verteilung zu rekonstruieren.

Bei stetigen Zufallsvektoren kann man aus der gemeinsamen Dichte leicht die Randdichte bestimmen

$$f_{\mathbf{Z}}(\mathbf{z}) = \int_{-\infty}^{\infty} f(\mathbf{z}, \mathbf{y}) \, d\mathbf{y},$$
$$f_{\mathbf{Y}}(\mathbf{y}) = \int_{-\infty}^{\infty} f(\mathbf{z}, \mathbf{y}) \, d\mathbf{z}.$$

Angenommen unser Portfolio enthält europäische und amerikanische Aktien. Wenn der Zufallsvektor $\mathbf{X}$ alle Renditen des Portfolios beinhaltet, dann können die beiden Zufallsvektoren $\mathbf{Z}$ und $\mathbf{Y}$ die Renditen der amerikanischen Aktien und die Renditen der europäischen Aktien beschreiben. Die Randverteilungsfunktion $F_{\mathbf{Z}}(\mathbf{z})$ wäre dann die gemeinsame Verteilungsfunktion der amerikanischen Renditen in unserem Portfolio, die europäischen Aktien werden hierbei ignoriert.

Von besonderer Bedeutung sind die eindimensionalen Randverteilungen von $\mathbf{X}$ also die Verteilungen der X_i. Die Randverteilungsfunktionen der X_i sind für $x_i \in \mathbb{R}$

$$F_{X_i}(x_i) = P(X_i \leq x_i) = F(\infty, \ldots, \infty, x_i, \infty, \ldots, \infty).$$

Bei stetigen Zufallsvariablen erhält man die Randdichten f_{X_i} durch

$$f_{X_i}(x_i) = \underbrace{\int_{-\infty}^{+\infty} \cdots \int_{-\infty}^{+\infty}}_{n-1 \text{ Integrale}} f(x_1, \ldots, x_i, \ldots, x_n) \, dx_1 \cdots dx_{i-1} dx_{i+1} \cdots dx_n.$$

Mittels der gemeinsamen und der Randverteilungsfunktionen lässt sich die Unabhängigkeit der Komponenten $X_1, \ldots, X_n$ definieren: $X_1, \ldots, X_n$ heißen stochastisch unabhängig, falls

$$F_{\mathbf{X}}\left(\mathbf{x}\right) = \prod_{i=1}^{n} F_{X_i}\left(x_i\right)$$

für alle $\mathbf{x} = \left(x_1, \ldots, x_n\right)'$ gilt. Die gemeinsame Verteilungsfunktion ist bei unabhängigen Zufallsvariablen $X_1, \ldots, X_n$ gleich dem Produkt der Randverteilungsfunktionen für alle $\mathbf{x} = \left(x_1, \ldots, x_n\right)' \in \mathbb{R}^n$.

Auch über Dichten lässt sich stochastische Unabhängigkeit charakterisieren. $X_1, \ldots, X_n$ sind stochastisch unabhängig, falls

$$f_{\mathbf{X}}\left(\mathbf{x}\right) = \prod_{i=1}^{n} f_{X_i}\left(x_i\right)$$

für alle $\mathbf{x} = \left(x_1, \ldots, x_n\right)'$. Die gemeinsame Dichte ist also gleich dem Produkt der Randdichten.

Die bedingte Verteilung gibt die Verteilung einer oder mehrerer Variablen an, wenn bereits bekannt ist, welche Werte die restlichen Variablen angenommen haben (bzw. unter der Bedingung, dass die restlichen Variablen irgendwelche vorgegebenen Werte annehmen). Sei $\mathbf{X}$ wieder wie oben partitioniert. Dann sind

$$f_{\mathbf{Z}|\mathbf{Y}=\mathbf{y}}\left(\mathbf{z}\right) = \frac{f\left(\mathbf{z}, \mathbf{y}\right)}{f_{\mathbf{Y}}\left(\mathbf{y}\right)},$$

$$f_{\mathbf{Y}|\mathbf{Z}=\mathbf{z}}\left(\mathbf{y}\right) = \frac{f\left(\mathbf{z}, \mathbf{y}\right)}{f_{\mathbf{Z}}\left(\mathbf{z}\right)},$$

die bedingte Dichte von $\mathbf{Z}$ unter der Bedingung, dass $\mathbf{Y} = \mathbf{y}$ ist, bzw. die bedingte Dichte von $\mathbf{Y}$ unter der Bedingung, dass $\mathbf{Z} = \mathbf{z}$ ist. Durch Integration erhält man die bedingten Verteilungsfunktionen

$$F_{\mathbf{Z}|\mathbf{Y}=\mathbf{y}}\left(\mathbf{z}\right) = \int_{-\infty}^{\mathbf{z}} f_{\mathbf{Z}|\mathbf{Y}=\mathbf{y}}\left(\mathbf{u}\right) d\mathbf{u},$$

$$F_{\mathbf{Y}|\mathbf{Z}=\mathbf{z}}\left(\mathbf{y}\right) = \int_{-\infty}^{\mathbf{y}} f_{\mathbf{Y}|\mathbf{Z}=\mathbf{z}}\left(\mathbf{u}\right) d\mathbf{u}.$$

Wenn die bedingten Dichten den Randdichten entsprechen, wenn also

$$f_{\mathbf{Z}|\mathbf{Y}=\mathbf{y}}\left(\mathbf{z}\right) = f_{\mathbf{Z}}\left(\mathbf{z}\right),$$

$$f_{\mathbf{Y}|\mathbf{Z}=\mathbf{z}}\left(\mathbf{y}\right) = f_{\mathbf{Y}}\left(\mathbf{y}\right),$$

gilt, sind die Zufallsvektoren $\mathbf{Z}$ und $\mathbf{Y}$ stochastisch unabhängig. Nur in diesem Fall kann man die gemeinsame Verteilung aus den Randverteilungen aufbauen.

Sei wieder $\mathbf{X}$ der Zufallsvektor unserer Portfoliorenditen, und $\mathbf{Z}$ und $\mathbf{Y}$ die Zufallsvektoren mit den Renditen der amerikanischen und europäischen Aktien. Die bedingte Verteilungsfunktion $F_{\mathbf{Z}|\mathbf{Y}=\mathbf{y}}\left(\mathbf{z}\right)$ beschreibt dann die Verteilung der amerikanischen Renditen, wenn bekannt ist (oder angenommen wird), dass der Zufallsvektor $\mathbf{Y}$ der europäischen Renditen die Realisation $\mathbf{y}$ hat.

3.1.3 Grafische Darstellungen

Sei $\mathbf{X}_1, \ldots, \mathbf{X}_T$ eine Stichprobe des Renditevektors $\mathbf{X}$. Wir schreiben

$$\mathbf{X}_t = \begin{pmatrix} X_{1t} \\ \vdots \\ X_{nt} \end{pmatrix}$$

für $t = 1, \ldots, T$. Die Realisationen der $\mathbf{X}_t$, also die tatsächlich beobachteten Renditen schreiben wir als $\mathbf{x}_1, \ldots, \mathbf{x}_T$. Zur Vereinfachung werden wir im Folgenden jedoch in der Notation nicht mehr zwischen den Zufallsvariablen $\mathbf{X}_1, \ldots, \mathbf{X}_T$ und ihren Realisationen $\mathbf{x}_1, \ldots, \mathbf{x}_T$ unterscheiden. Beide werden als $\mathbf{X}_1, \ldots, \mathbf{X}_T$ notiert; die Bedeutung geht aus dem Kontext hervor.

Auch im multivariaten Fall kann man eine empirische Verteilungsfunktion definieren; sie ist durch

$$\begin{aligned} F_T(\mathbf{x}) &= \text{Anteil der } \mathbf{X}_t \text{ mit } X_{1t} \leq x_1, \ldots, X_{nt} \leq x_n \\ &= \frac{1}{T} \sum_{t=1}^{T} 1\left(X_{1t} \leq x_1, \ldots, X_{nt} \leq x_n\right) \\ &= \frac{1}{T} \sum_{t=1}^{T} 1\left(\mathbf{X}_t \leq \mathbf{x}\right), \end{aligned}$$

wobei die Indikatorfunktion $1(A)$ den Wert 1 annimmt, wenn A wahr ist, und den Wert 0 sonst. Die empirische Verteilungsfunktion ist aber schon für $n = 2$ nicht mehr besonders anschaulich und daher für eine Visualisierung der Daten nicht gut geeignet.

Während es für univariate empirische Renditeverteilungen eine beträchtliche Anzahl von Möglichkeiten der grafischen Darstellung gibt, existieren vergleichsweise wenige Ansätze für multivariate empirische Renditeverteilungen. Im Falle einer bivariaten Verteilung ist ein Streudiagramm (Scatterplot) geeignet. Statt (X_{1t}, X_{2t}) schreiben wir im bivariaten Fall (X_t, Y_t). In einem Streudiagramm werden die Paare (X_t, Y_t), $t = 1, \ldots, T$, von kontemporären Renditen in ein Koordinatensystem eingetragen.

Beispiel 3.1. In Abbildung 3.1 ist das Streudiagramm der Tagesrenditen der Aktien BASF und Bayer dargestellt (3.1.1995 bis 30.12.2004). Die tendenziell gleichlaufende Ausrichtung der Punktewolke ist klar erkennbar.

Hat man die Renditen von n Aktien, so kann man Streudiagramme von jeweils zwei Aktien bestimmen und sie matrixförmig anordnen. Es genügt jedoch (wegen der Symmetrieeigenschaft), Streudiagramme für die $\binom{n}{2}$ verschiedenen Kombinationen von jeweils zwei Aktien zu betrachten.

Beispiel 3.2. Abbildung 3.2 zeigt die Matrix der Streudiagramme der Renditen von BASF, Bayer und dem DAX (eingeschränkt auf den Bereich von -6% bis +6% Tagesrendite). Die Daten sind wieder aus dem Zeitraum vom 3.1.1995 bis zum 30.12.2004.

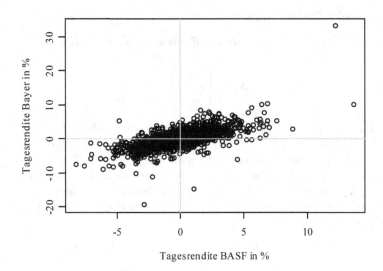

Abbildung 3.1. Streudiagramme der Tagesrenditen von BASF und Bayer

Auch Histogramme und Kerndichteschätzungen lassen sich für bivariate empirische Verteilungen definieren. Sind (X_t, Y_t), $t = 1, \ldots, T$, die Renditen zweier Papiere, so ist die bivariate Kerndichteschätzung gegeben durch

$$\hat{f}_T(x, y) = \frac{1}{T} \sum_{t=1}^{T} \frac{1}{h_x} K\left(\frac{x - X_t}{h_x}\right) \cdot \frac{1}{h_y} K\left(\frac{y - Y_t}{h_y}\right) \qquad (3.4)$$

für $x, y \in \mathbb{R}$. Mit h_x und h_y bezeichnen wir die Bandbreiten, die häufig als gleich angenommen werden, $h = h_x = h_y$. Für die Wahl der Bandbreite gibt es sowohl Optimierungsverfahren als auch Faustregeln (Scott 1992). Eine besonders einfache Faustregel lautet

$$h_x = s_X T^{-1/6}, \qquad (3.5)$$
$$h_y = s_Y T^{-1/6}, \qquad (3.6)$$

wobei s_X bzw. s_Y die Schätzung der Standardabweichung von X bzw. Y ist.

Die Funktion $K(\cdot)$ ist genau wie in (2.5) einer der (eindimensionalen) Kerne aus Abschnitt 2.1. Wie im eindimensionalen Fall ist h auch im zweidimensionalen Fall als Glättungsparameter zu interpretieren: je größer h, desto größer der Glättungseffekt. Eine Kerndichteschätzung ist natürlich prinzipiell auch für mehr als $n = 2$ Aktien möglich, jedoch können die Ergebnisse nicht mehr auf anschauliche Weise grafisch präsentiert werden.

Beispiel 3.3. Abbildung 3.3 zeigt die gemeinsame Dichte der Tagesrenditen der Aktien BASF und Bayer (3.1.1995 bis 30.12.2004). Für die Schätzung wurde der Gauß-Kern verwendet. Die Bandbreiten waren $h_x = h_y = 1$.

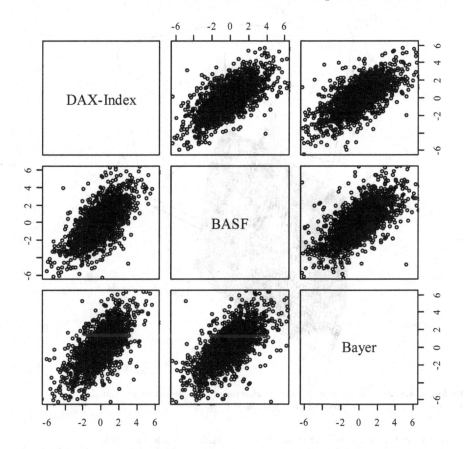

Abbildung 3.2. Streudiagramm-Matrix der Tagesrenditen des DAX, BASF und Bayer

Im Fall einer univariaten Verteilung ist es einfach, die „mittleren 50%" der Daten zu definieren: es sind genau jene, die zwischen $\tilde{x}_{0.25}$ und $\tilde{x}_{0.75}$ liegen. Da schon im zweidimensionalen Raum eine natürliche Ordnung der Punkte fehlt, ist dieses Konzept der „mittleren 50%" nicht ohne weiteres auf bivariate (oder höherdimensionale) Daten zu übertragen. Eine naheliegende, einfache Methode besteht darin, eine Zahl $\lambda_{0.5} > 0$ so zu bestimmen (z.B. durch Ausprobieren), dass die Menge

$$Z_{0.5} = \left\{ (x, y) | \hat{f}_T(x, y) \geq \lambda_{0.5} \right\}$$

50% der Daten enthält. Die Menge $Z_{0.5}$ ist offensichtlich diejenige Menge, in der die Daten am „dichtesten" liegen. Bei Aktienrenditen wird $Z_{0.5}$ im Allgemeinen eine zusammenhängende Menge sein, insbesondere dann, wenn die Bandweite h groß genug ist, so dass die Kerndichteschätzung einen glatten

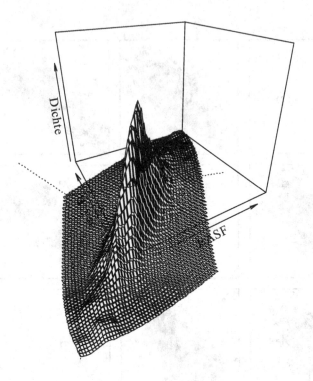

Abbildung 3.3. Zweidimensionale Kerndichteschätzung für die Tagesrenditen von BASF und Bayer mit einer Bandweite von $h_x = h_y = 1$

Verlauf hat und vom Modus ausgehend fallend verläuft. In anderen Fällen kann $Z_{0.5}$ aus mehreren unzusammenhängenden Bereichen bestehen.

Mit der beschriebenen Methode kann man auch „bivariate Ausreißer" identifizieren. Hierzu bestimmt man für p nahe bei eins eine Zahl λ_p und

$$Z_p = \left\{ (x,y) | \hat{f}_T(x,y) \geq \lambda_p \right\}.$$

Ist Z_p zusammenhängend, so kann man die $(1-p) \cdot 100\%$ der Datenpaare außerhalb von Z_p als „atypische" Werte oder „Ausreißer" bezeichnen.

Beispiel 3.4. Abbildung 3.4 zeigt die Mengen $Z_{0.99}$ (hellgrau) und $Z_{0.5}$ (dunkelgrau) für die Dichte aus Abbildung 3.3. Die einzelnen Punkte sind Ausreißer, es sind insgesamt 1% der Tagesrenditen (wobei in der Abbildung nur der Bereich von −6% bis +6% dargestellt ist). Die „mittleren 50%" der gemeinsamen Tagesrenditen liegen in dem dunkelgrauen Bereich, also in etwa zwischen −2% und +2% für beide Renditen. Die positive Korrelation ist deutlich an der Form und Lage der grauen Fläche erkennbar.

3.2 Maßzahlen gemeinsamer Renditeverteilungen

Wie im univariaten Fall gibt es auch für multivariate Verteilungen Maßzahlen, die sie charakterisieren. Sie beziehen sich wie bisher auf die Lage und die Streuung der Renditen, aber zusätzlich kommen nun noch Maßzahlen hinzu, die den Zusammenhang der Renditen beschreiben.

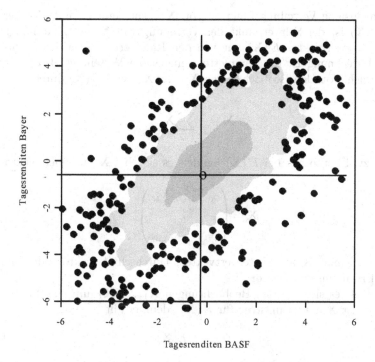

Abbildung 3.4. Die Mengen $Z_{0.5}$ und $Z_{0.99}$ für die Tagesrenditen von BASF und Bayer (Bandweite $h_x = h_y = 0.36$)

3.2.1 Erwartungswertvektor

Im univariaten Fall gibt der Erwartungswert an, wo der „Schwerpunkt" der Verteilung liegt. Der Erwartungswert einer stetigen Zufallsvariablen ist dabei definiert als (2.6) mit $n = 1$. Für den mehrdimensionalen Fall wird diese Definition in sehr einfacher Art verallgemeinert. Sei $\mathbf{X} = (X_1, \ldots, X_n)'$ ein n-dimensionaler Zufallsvektor. Dann heißt

$$E(\mathbf{X}) = \begin{pmatrix} E(X_1) \\ \vdots \\ E(X_n) \end{pmatrix}$$

Erwartungswertvektor von $\mathbf{X}$ (oft auch nur Erwartungswert genannt). Zur Notation: Wenn das Erwartungswertsymbol E auf einen Vektor oder eine Matrix angewendet wird, dann bedeutet das, dass der Erwartungswert für jedes einzelne Element gebildet wird.

Man beachte, dass es sich bei dem Erwartungswertvektor – wie beim univariaten Erwartungswert – um ein theoretisches Konstrukt handelt. Falls man die gemeinsame Verteilungsfunktion von $\mathbf{X}$ kennt, kann man $E(\mathbf{X})$ berechnen. $E(\mathbf{X})$ ist der Schwerpunkt der Verteilung von $\mathbf{X}$. Offenbar hängt der Erwartungswertvektor $E(\mathbf{X})$ nur von den Randverteilungen der X_i ab. Zu seiner Berechnung ist die komplette gemeinsame Verteilung also gar nicht erforderlich. Aus den Beobachtungen $\mathbf{X}_1, \ldots, \mathbf{X}_T$ wird $E(\mathbf{X})$ durch

$$\bar{\mathbf{X}} = \frac{1}{T} \sum_{t=1}^{T} \mathbf{X}_t.$$

geschätzt. Ebenso wie bei $E(\mathbf{X})$ handelt es sich bei $\bar{\mathbf{X}}$ um einen Vektor, es gilt

$$\bar{\mathbf{X}} = \begin{pmatrix} \frac{1}{T} \sum_{t=1}^{T} X_{1t} \\ \vdots \\ \frac{1}{T} \sum_{t=1}^{T} X_{nt} \end{pmatrix}.$$

Man bezeichnet $\bar{\mathbf{X}}$ als Mittelwertvektor, Durchschnittsvektor oder empirischen Erwartungswertvektor.

Handelt es sich bei den Beobachtungen $\mathbf{X}_1, \ldots, \mathbf{X}_T$ um eine Stichprobe aus $\mathbf{X}$ so ist $\bar{\mathbf{X}}$ erwartungstreu für $E(\mathbf{X})$, denn es gilt

$$E(\bar{\mathbf{X}}) = E(\mathbf{X}). \tag{3.7}$$

Außerdem konvergiert $\bar{\mathbf{X}}$ für $T \to \infty$ nach Wahrscheinlichkeit gegen $E(\mathbf{X})$,

$$\operatorname{plim} \bar{\mathbf{X}} = E(\mathbf{X}). \tag{3.8}$$

Dies ist das schwache Gesetz der großen Zahlen, das elementweise auch für n-dimensionale Zufallsvektoren gilt.

Beispiel 3.5. Die Komponenten $X_1, \ldots, X_7$ eines Zufallsvektors $\mathbf{X}$ stehen für die Tagesrenditen des DAX sowie der sechs Aktien Allianz, BASF, Bayer, BMW, Siemens und Volkswagen. Die Tagesrenditen der k-ten Komponente sind gemäß Renditedefinition (1.5) aus den bereinigten Kursen errechnet worden ($\times 100\%$). Die Renditen liegen für den Zeitraum von 3.1.1995 bis 30.12.2004 vor; der Stichprobenumfang ist $n = 2526$ Tagesrenditen.

Betrachten wir beispielhaft die Realisation des ersten Stichprobenelements (jetzt explizit als Realisation notiert):

$$\mathbf{x}_1 = \begin{pmatrix} x_{1,1} \\ x_{2,1} \\ x_{3,1} \\ x_{4,1} \\ x_{5,1} \\ x_{6,1} \\ x_{7,1} \end{pmatrix} = \begin{pmatrix} \textit{Rendite DAX am 3.1.1995} \\ \textit{Rendite Allianz am 3.1.1995} \\ \textit{Rendite BASF am 3.1.1995} \\ \textit{Rendite Bayer am 3.1.1995} \\ \textit{Rendite BMW am 3.1.1995} \\ \textit{Rendite Siemens am 3.1.1995} \\ \textit{Rendite Volkswagen am 3.1.1995} \end{pmatrix}.$$

Berechnet man nun $\bar{\mathbf{x}} = \frac{1}{2526} \sum_{t=1}^{2526} \mathbf{x}_t$, *so erhält man den Mittelwertvektor*
(vgl. auch Tabelle 2.1)

$$\bar{\mathbf{x}} = \begin{pmatrix} 0.0284 \\ -0.0027 \\ 0.0473 \\ 0.0123 \\ 0.0399 \\ 0.0415 \\ 0.0184 \end{pmatrix}. \tag{3.9}$$

Die durchschnittliche Tagesrendite des DAX betrug zwischen Januar 1995 und Dezember 2004 demnach 0.0284%. Eine analoge Interpretation gilt für die übrigen Komponenten des Zufallsvektors.

3.2.2 Kovarianzmatrix

Im univariaten Fall gibt die Varianz (2.11) an, wie stark die Verteilung streut. Die Verallgemeinerung der Varianz auf den mehrdimensionalen Fall ist nicht ganz so trivial wie beim Erwartungswertvektor. Neben der Streuung der einzelnen Vektorelemente X_t, $t = 1, \ldots, T$, muss nämlich auch noch berücksichtigt werden, wie stark die einzelnen Variablen zusammenhängen. Seien X_i und X_j zwei verschiedene Elemente des Zufallsvektors $\mathbf{X}$, dann ist

$$Cov\,(X_i, X_j) = E\left(\left(X_i - E\left(X_i\right)\right)\left(X_j - E\left(X_j\right)\right)\right) \tag{3.10}$$

$$= E(X_i X_j) - E(X_i)E(X_j) \tag{3.11}$$

die Kovarianz zwischen X_i und X_j. Sie nimmt positive Werte an, wenn die Variablen tendenziell gleichlaufen, und negative Werte, wenn sie tendenziell entgegengesetzt verlaufen. Die Kovarianz einer Variablen mit sich selbst entspricht ihrer Varianz, d.h. $Cov(X_i, X_i) = Var(X_i)$. Außerdem ist die Kovarianz symmetrisch in ihren Argumenten, $Cov\,(X_i, X_j) = Cov\,(X_j, X_i)$.

Wenn $E(X_i) = 0$ oder $E(X_j) = 0$ ist, vereinfacht sich die Berechnung einer Kovarianz wegen (3.11) zu $Cov(X_i, X_j) = E(X_i X_j)$.

Ordnet man alle möglichen Kovarianzen der n Elemente des Zufallsvektors $\mathbf{X}$ in Form einer Matrix an, so erhält man die Kovarianzmatrix (manchmal auch Varianz-Kovarianzmatrix genannt),

$$\boldsymbol{\Sigma} = Cov\,(\mathbf{X}) = \begin{pmatrix} Var\,(X_1) & Cov\,(X_1, X_2) & \ldots & Cov\,(X_1, X_n) \\ Cov\,(X_2, X_1) & Var\,(X_2) & \ldots & Cov\,(X_2, X_n) \\ \vdots & \vdots & \ddots & \vdots \\ Cov\,(X_n, X_1) & Cov\,(X_n, X_2) & \ldots & Var\,(X_n) \end{pmatrix}. \tag{3.12}$$

Zur Notation: Für Kovarianzmatrizen wird sehr oft das griechische Symbol $\boldsymbol{\Sigma}$ (das große Sigma) verwendet, um deutlich zu machen, dass die Kovarianzmatrix eine Verallgemeinerung der Varianz ist, die ja meist durch ein σ^2 (kleines

Sigma) symbolisiert wird. Eine Verwechselung mit dem Summenzeichen ist ausgeschlossen, da sich die Bedeutung immer aus dem Kontext erschließt.

Da die Kovarianz symmetrisch in den Variablen ist, ist die Kovarianzmatrix eine symmetrische Matrix, es gilt also $\boldsymbol{\Sigma} = \boldsymbol{\Sigma}'$. Neben der Symmetrie hat die Kovarianzmatrix noch eine wichtige Eigenschaft: Sie ist positiv semidefinit, d.h. für einen beliebigen Vektor $\mathbf{a} \in \mathbb{R}^n$ gilt

$$\mathbf{a}'\boldsymbol{\Sigma}\mathbf{a} \geq 0.$$

Zum Beweis: Sei $Y = \mathbf{a}'\mathbf{X} = \sum_{i=1}^{n} a_i X_i$. Dann ist

$$0 \leq Var\left(Y\right) = Var\left(\sum_{i=1}^{n} a_i X_i\right)$$

$$= \sum_{i=1}^{n}\sum_{j=1}^{n} a_i a_j Cov\left(X_i, X_j\right)$$

$$= \mathbf{a}'\boldsymbol{\Sigma}\mathbf{a},$$

da eine Varianz niemals negativ sein kann.

Von Interesse ist auch der Rang der Kovarianzmatrix $\boldsymbol{\Sigma}$. Hat die Matrix vollen Rang ($\mathrm{rang}(\boldsymbol{\Sigma}) = n$), so ist $\boldsymbol{\Sigma}$ nicht nur positiv semidefinit, sondern sogar positiv definit, d.h. für alle $\mathbf{a} \in \mathbb{R}^n$ mit $\mathbf{a} \neq \mathbf{0}$ gilt die strenge Ungleichung

$$\mathbf{a}'\boldsymbol{\Sigma}\mathbf{a} > 0.$$

Wenn die Kovarianzmatrix positiv definit ist, dann ist auch die Inverse $\boldsymbol{\Sigma}^{-1}$ der Kovarianzmatrix positiv definit. Diese Beziehung werden wir später noch ausnutzen.

Die positive Definitheit sieht man einer Matrix nicht sofort an. Eine einfache Möglichkeit zu überprüfen, ob eine Matrix positiv (semi)definit ist, besteht darin, ihre Hauptunterdeterminanten zu untersuchen. Als i-te Hauptunterdeterminante bezeichnet man die Determinante der Matrix

$$\begin{pmatrix} \sigma_{11} \cdots \sigma_{1i} \\ \vdots \qquad \vdots \\ \sigma_{i1} \cdots \sigma_{ii} \end{pmatrix},$$

wobei σ_{ij} das Element (i,j) der Matrix $\boldsymbol{\Sigma}$ ist. Die erste Hauptunterdeterminante ist einfach σ_{11}. Die Matrix $\boldsymbol{\Sigma}$ ist positiv definit, wenn alle Hauptunterdeterminanten positiv sind. Sie ist positiv semidefinit, wenn alle Hauptunterdeterminanten ≥ 0 sind. Ein anderes Verfahren zur Untersuchung der Definitheit einer Matrix besteht darin, ihre Eigenwerte zu bestimmen. Wenn alle Eigenwerte nichtnegativ sind, ist die Matrix positiv semidefinit; wenn alle Eigenwerte strikt positiv sind, ist die Matrix positiv definit.

Was bedeutet es, wenn $\mathrm{rang}(\boldsymbol{\Sigma}) < n$ ist? Dann gibt es nach der Theorie der linearen Gleichungssysteme einen Vektor $\mathbf{a} \in \mathbb{R}^n$ mit $\mathbf{a} \neq \mathbf{0}$, so dass $\boldsymbol{\Sigma}\mathbf{a} = \mathbf{0}$ gilt. Für den Vektor $\mathbf{a}$ gilt dann

$$Var\left(\sum_{i=1}^{n} a_i X_i\right) = Var\,(\mathbf{a}'\mathbf{X})$$
$$= \mathbf{a}'\Sigma\mathbf{a}$$
$$= 0,$$

d.h. es gibt eine Konstante c, so dass

$$c = \sum_{i=1}^{n} a_i X_i = \sum_{i=1}^{n} a_i E\,(X_i)$$

mit Wahrscheinlichkeit 1 gilt. Selbst wenn alle Komponenten des Zufallsvektors $\mathbf{X}$ eine positive Varianz aufweisen, nimmt die Linearkombination $\mathbf{a}'\mathbf{X}$ mit Wahrscheinlichkeit 1 immer den gleichen Wert c an, weil sich Schwankungen der Komponenten gegenseitig exakt aufheben.

Die Kovarianzmatrix enthält alle Varianzen und Kovarianzen des Vektors $\mathbf{X}$. Analog zur Schreibweise (3.10) bzw. (3.11) gibt es auch für die Kovarianzmatrix einen ähnlichen Ausdruck, und zwar

$$\Sigma = E\left[(\mathbf{X} - E\,(\mathbf{X}))\,(\mathbf{X} - E\,(\mathbf{X}))'\right]$$
$$= E\,(\mathbf{X}\mathbf{X}') - E\,(\mathbf{X})\,E\,(\mathbf{X})'.$$

Der Term $\mathbf{X}\mathbf{X}'$ bezeichnet offenbar eine Matrix der Dimension $(n \times n)$, ebenso der Term $E\,(\mathbf{X})\,E\,(\mathbf{X})'$. Aus einer Stichprobe $\mathbf{X}_1, \ldots, \mathbf{X}_T$ können wir die Kovarianzmatrix schätzen durch

$$\mathbf{S} = \frac{1}{T-1} \sum_{t=1}^{T} \left[(\mathbf{X}_t - \bar{\mathbf{X}})\,(\mathbf{X}_t - \bar{\mathbf{X}})'\right]$$
$$= \begin{pmatrix} \frac{\sum(X_{1t} - \bar{X}_1)^2}{T-1} & \cdots & \frac{\sum(X_{1t} - \bar{X}_1)(X_{nt} - \bar{X}_n)}{T-1} \\ \vdots & \ddots & \vdots \\ \frac{\sum(X_{nt} - \bar{X}_n)(X_{1t} - \bar{X}_1)}{T-1} & \cdots & \frac{\sum(X_{nt} - \bar{X}_n)^2}{T-1} \end{pmatrix}.$$

Man bezeichnet $\mathbf{S}$ häufig als empirische Kovarianzmatrix. Man kann zeigen, dass

$$E\,(\mathbf{S}) = \Sigma \tag{3.13}$$

gilt, falls $\mathbf{X}_1, \ldots, \mathbf{X}_T$ eine einfache Stichprobe aus $\mathbf{X}$ ist. Die empirische Kovarianzmatrix $\mathbf{S}$ ist also ein erwartungstreuer Schätzer für die (theoretische) Kovarianzmatrix Σ.

Beispiel 3.6. Wir betrachten wiederum die Daten aus Beispiel 3.5, also die Tagesrenditen der Aktien Allianz, BASF, Bayer, BMW, Siemens und Volkswagen sowie des DAX vom Januar 1995 bis zum Dezember 2004. Die empirische Kovarianzmatrix ist

$$\mathbf{S} = \widehat{Cov} \begin{pmatrix} Rendite\ DAX \\ Rendite\ Allianz \\ \vdots \\ Rendite\ Volkswagen \end{pmatrix}$$

$$= \begin{array}{c} {\scriptstyle DAX} \\ {\scriptstyle ALV} \\ {\scriptstyle BAS} \\ {\scriptstyle BAY} \\ {\scriptstyle BMW} \\ {\scriptstyle SIE} \\ {\scriptstyle VOW} \end{array} \begin{pmatrix} \begin{array}{ccccccc} {\scriptstyle DAX} & {\scriptstyle ALV} & {\scriptstyle BAS} & {\scriptstyle BAY} & {\scriptstyle BMW} & {\scriptstyle SIE} & {\scriptstyle VOW} \\ 2.60 & 3.11 & 2.10 & 2.40 & 2.34 & 2.99 & 2.55 \\ 3.11 & 5.84 & 2.37 & 2.72 & 2.56 & 3.12 & 2.78 \\ 2.10 & 2.37 & 3.56 & 2.82 & 2.08 & 2.16 & 2.29 \\ 2.40 & 2.72 & 2.82 & 4.81 & 2.21 & 2.48 & 2.46 \\ 2.34 & 2.56 & 2.08 & 2.21 & 5.20 & 2.42 & 3.10 \\ 2.99 & 3.12 & 2.16 & 2.48 & 2.42 & 5.68 & 2.70 \\ 2.55 & 2.78 & 2.29 & 2.46 & 3.10 & 2.70 & 5.06 \end{array} \end{pmatrix} . \tag{3.14}$$

In der Diagonalen stehen die Varianzen. Die empirische Varianz der Tagesrendite des DAX ist beispielsweise $s^2_{DAX} = 2.60$ (vgl. auch Tabelle 2.2). Die eigentlichen Kovarianzen (also die Werte außerhalb der Diagonalen) sind nur vom Vorzeichen her interpretierbar. Da alle Vorzeichen positiv sind, bewegen sich die Renditen tendenziell alle in die gleiche Richtung: wenn z. B. die Rendite der BASF ungewöhnlich hoch ist, dann ist tendenziell auch die Rendite der Allianz ungewöhnlich hoch.

3.2.3 Korrelationsmatrix

Da die Kovarianzmatrix nicht unmittelbar interpretierbar ist, standardisiert man sie und erhält die Korrelationsmatrix. Für den bivariaten Fall (mit den Zufallsvariablen X und Y) lautet der Korrelationskoeffizient nach Bravais-Pearson

$$\rho_{XY} = \frac{Cov\,(X,Y)}{\sqrt{Var\,(X)}\sqrt{Var\,(Y)}} \tag{3.15}$$

und der empirische Korrelationskoeffizient lautet

$$r_{XY} = \frac{\sum_{t=1}^{T}\left(X_t - \bar{X}\right)\left(Y_t - \bar{Y}\right)}{\sqrt{\sum_{t=1}^{T}\left(X_t - \bar{X}\right)^2}\sqrt{\sum_{t=1}^{T}\left(Y_t - \bar{Y}\right)^2}}. \tag{3.16}$$

Die Standardisierung erfolgt offenbar, indem man die (theoretische oder empirische) Kovarianz durch die (theoretischen oder empirischen) Standardabweichungen dividiert. Analog zur Kovarianzmatrix $Cov\,(\mathbf{X})$ des Zufallsvektors $\mathbf{X}$ ergibt sich die Korrelationsmatrix als

$$Corr\,(\mathbf{X}) = \begin{pmatrix} 1 & Corr\,(X_1,X_2) & \dots & Corr\,(X_1,X_n) \\ Corr\,(X_2,X_1) & 1 & \dots & Corr\,(X_2,X_n) \\ \vdots & \vdots & \ddots & \vdots \\ Corr\,(X_n,X_1) & Corr\,(X_n,X_2) & \dots & 1 \end{pmatrix} . \tag{3.17}$$

Die Diagonalelemente sind natürlich alle 1, da die Korrelation einer Variablen mit sich selber immer 1 ergibt. Die übrigen Elemente der Matrix liegen im Intervall $[-1, 1]$. Eine Korrelation von $Corr(X_i, X_j) = -1$ bedeutet, dass zwischen den beiden Zufallsvektorelementen X_i und X_j ein exakter negativer linearer Zusammenhang besteht. Entsprechend zeigt eine Korrelation von $+1$ einen exakten positiven linearen Zusammenhang an. Wenn die Korrelation 0 ist, liegt kein linearer Zusammenhang vor. Daraus darf man jedoch nicht schließen, dass es überhaupt keinen Zusammenhang gibt, denn es kann ja einen nichtlinearen Zusammenhang geben.

Unabhängigkeit von Vektorelementen impliziert eine Korrelation von 0 an den entsprechenden Stellen der Korrelationsmatrix; die Umkehrung dieser Aussage ist aber im Allgemeinen nicht richtig:

Beispiel 3.7. Sei X eine standardnormalverteilte Zufallsvariable und $Y = X^2$. Dann ist

$$
\begin{aligned}
Cov(X, Y) &= Cov(X, X^2) \\
&= E(X \cdot X^2) - E(X) \cdot E(X^2) \\
&= E(X^3) \\
&= 0,
\end{aligned}
$$

da wegen Symmetrie $E(X^3) = E(X) = 0$, d.h. X und X^2 sind unkorreliert, obwohl es einen exakten quadratischen Zusammenhang gibt.

Der enge Zusammenhang zwischen der Korrelationsmatrix und der Kovarianzmatrix kommt in der matriziellen Notation am besten zum Ausdruck. Sei Λ eine $(n \times n)$-Diagonalmatrix (d.h. alle Elemente außerhalb der Diagonalen sind 0) mit den n Varianzen auf der Diagonalen

$$
\Lambda = \begin{pmatrix} Var(X_1) & 0 & \cdots & 0 \\ 0 & \ddots & & \vdots \\ \vdots & & \ddots & 0 \\ 0 & \cdots & 0 & Var(X_n) \end{pmatrix}.
$$

Dann gilt

$$
Corr(\mathbf{X}) = \Lambda^{-1/2} Cov(\mathbf{X}) \Lambda^{-1/2},
$$
$$
Cov(\mathbf{X}) = \Lambda^{1/2} Corr(\mathbf{X}) \Lambda^{1/2},
$$

wobei $\Lambda^{1/2}$ wie die Matrix Λ aufgebaut ist, allerdings sind alle Varianzen auf der Diagonalen durch Standardabweichungen ersetzt. Der Rang der Korrelationsmatrix ist immer derselbe wie der Rang der Kovarianzmatrix, denn

$$
\begin{aligned}
\operatorname{rang}(Corr(\mathbf{X})) &= \min\left(\operatorname{rang}\left(\Lambda^{-1/2}\right), \operatorname{rang}(Cov(\mathbf{X}))\right) \\
&= \operatorname{rang}(Cov(\mathbf{X})),
\end{aligned}
$$

da $\mathrm{rang}\big(\Lambda^{-1/2}\big) = n$ ist, wenn alle Varianzen positiv sind.

Die theoretische Korrelationsmatrix wird durch die empirische Korrelationsmatrix geschätzt. Sie ist genauso aufgebaut wie (3.17), anstelle der theoretischen Korrelationen $Corr\,(X_k, X_l)$ enthält sie jedoch die empirischen Korrelationen (3.16), wobei in (3.16) die beiden Variablen X und Y natürlich durch die entsprechenden Vektorelemente X_k und X_l ersetzt werden müssen, also

$$\widehat{Corr}\,(X_k, X_l) = \frac{\sum_{t=1}^{T}\big(X_{kt} - \bar{X}_k\big)\big(X_{lt} - \bar{X}_l\big)}{\sqrt{\sum_{t=1}^{T}\big(X_{kt} - \bar{X}_k\big)^2 \sum_{t=1}^{T}\big(X_{lt} - \bar{X}_l\big)^2}}$$

für $k, l = 1, \ldots, n$.

Beispiel 3.8. Wir betrachten wiederum die Daten aus Beispiel 3.5. Die empirische Korrelationsmatrix sieht so aus

$$\widehat{Corr}\,(\mathbf{X}) = \begin{array}{c} {\scriptstyle DAX} \\ {\scriptstyle ALV} \\ {\scriptstyle BAS} \\ {\scriptstyle BAY} \\ {\scriptstyle BMW} \\ {\scriptstyle SIE} \\ {\scriptstyle VOW} \end{array} \begin{pmatrix} 1.000 & 0.797 & 0.692 & 0.678 & 0.637 & 0.778 & 0.703 \\ 0.797 & 1.000 & 0.521 & 0.512 & 0.466 & 0.542 & 0.511 \\ 0.692 & 0.521 & 1.000 & 0.681 & 0.485 & 0.481 & 0.540 \\ 0.678 & 0.512 & 0.681 & 1.000 & 0.443 & 0.474 & 0.498 \\ 0.637 & 0.466 & 0.485 & 0.443 & 1.000 & 0.445 & 0.604 \\ 0.778 & 0.542 & 0.481 & 0.474 & 0.445 & 1.000 & 0.503 \\ 0.703 & 0.511 & 0.540 & 0.498 & 0.604 & 0.503 & 1.000 \end{pmatrix}.$$

Man erkennt, dass die meisten Renditen eine starke positive Korrelation aufweisen. Am stärksten ist der Zusammenhang zwischen der DAX-Rendite und den Renditen der übrigen Aktien (erste Zeile bzw. Spalte). Recht stark miteinander korreliert sind auch BASF und Bayer. Unternehmen der gleichen Branche weisen im Allgemeinen eine höhere Renditekorrelation auf als Unternehmen aus unterschiedlichen Branchen.

Zur Erklärung der durchweg positiven Kovarianzen und Korrelationskoeffizienten gibt es ein einfaches theoretisches Modell. Hierbei wird angenommen, dass sich die Rendite X_i des i-ten Wertpapiers aus zwei Bestandteilen zusammensetzt,

$$X_i = Y_M + Y_i, \quad i = 1, \ldots, n.$$

Die Zufallsvariable Y_M repräsentiert den Markteinfluss, der für alle Papiere gleich ist, und Y_i repräsentiert den individuellen Einfluss für Unternehmen i. Wir nehmen an, dass $Y_M, Y_1, \ldots, Y_n$ paarweise unkorreliert sind. Dann gilt für $i = 1, \ldots, n$

$$Var\,(X_i) = Var\,(Y_M + Y_i)$$
$$= Var\,(Y_M) + Var\,(Y_i)$$

und für $i \neq j$

$$Cov(X_i, X_j) = Cov(Y_M + Y_i, Y_M + Y_j)$$
$$= Var(Y_M) + Cov(Y_M, Y_j) + Cov(Y_i, Y_M) + Cov(Y_i, Y_j)$$
$$= Var(Y_M).$$

Für den Korrelationskoeffizienten gilt

$$Corr(X_i, X_j) = \frac{Cov(X_i, X_j)}{\sqrt{Var(X_i)}\sqrt{Var(X_j)}}$$
$$= \frac{Var(Y_M)}{Var(Y_M) + Var(Y_i)}$$
$$= \left(1 + \frac{Var(Y_i)}{Var(Y_M)}\right)^{-1},$$

wobei wir zur Vereinfachung $Var(Y_i) = Var(Y_j)$ angenommen haben. Die Kovarianz und der Korrelationskoeffizient sind also positiv. Der Korrelationskoeffizient hängt vom Verhältnis $Var(Y_i)/Var(Y_M)$ zwischen der Varianz des individuellen Einflusses und der Varianz des Markteinflusses auf die Rendite ab.

3.2.4 Erwartungswertvektor und Kovarianzmatrix bei affinen Transformationen

Wir untersuchen nun, wie sich der Erwartungswertvektor $E(\mathbf{X})$ und die Kovarianzmatrix $Cov(\mathbf{X})$ ändern, wenn man den Zufallsvektor $\mathbf{X}$ einer affinen Transformation der Form

$$\mathbf{x} \mapsto \mathbf{A}'\mathbf{x} + \mathbf{b}$$

unterwirft, wobei $\mathbf{A}$ eine $(n \times L)$-Matrix (und damit $\mathbf{A}'$ eine $(L \times n)$-Matrix) ist; der Vektor $\mathbf{b}$ ist aus $\mathbb{R}^L$. Für den Erwartungswert des transformierten Zufallsvektors

$$\mathbf{Y} = \mathbf{A}'\mathbf{X} + \mathbf{b}$$

gilt dann

$$E(\mathbf{Y}) = \mathbf{A}'E(\mathbf{X}) + \mathbf{b};$$

der Erwartungswert von $\mathbf{X}$ transformiert sich wie $\mathbf{X}$ selbst. Für die Kovarianzmatrix gilt

$$Cov(\mathbf{Y}) = \mathbf{A}'Cov(\mathbf{X})\mathbf{A}.$$

Die Kovarianzmatrix des transformierten Zufallsvektors ist von der Dimension $(L \times L)$. Es gilt

$$rang(Cov(\mathbf{Y})) = \min(rang(A), rang(Cov(\mathbf{X}))).$$

Damit $\mathbf{Y}$ vollen Rang L hat, muss also $L \leq n$ und $rang(A) = L$ gelten. Diese Formeln gelten insbesondere für den Fall $L = 1$ und $b = 0$; die Matrix

$\mathbf{A}' = \mathbf{a}'$ reduziert sich zu einem Zeilenvektor der Dimension $(1 \times n)$. Für die Zufallsvariable

$$Y = \mathbf{a}'\mathbf{X} = \sum_{i=1}^{n} a_i X_i$$

gilt dann

$$E\left(Y\right) = \mathbf{a}'E\left(\mathbf{X}\right) = \sum_{i=1}^{n} a_i E\left(X_i\right), \tag{3.18}$$

$$Var\left(Y\right) = \mathbf{a}'Cov\left(\mathbf{X}\right)\mathbf{a} = \sum_{i=1}^{n}\sum_{j=1}^{n} a_i a_j Cov\left(X_i, X_j\right). \tag{3.19}$$

Beispiel 3.9. Ein Anleger legt 40% seines Vermögens in A-Aktien und 30% in B-Aktien an. Den Rest seines Vermögens legt der Anleger sicher bei der C-Bank zu 6% an. Wir fassen die Jahresrenditen zusammen in einem Zufallsvektor $(X_A, X_B, X_C)'$. Die erwarteten Jahresrenditen seien $E(X_A) = 0.1$ bzw. $E(X_B) = 0.12$ und $E(X_C) = 0.06$. Die Standardabweichungen seien

$$\sqrt{Var(X_A)} = 0.3,$$
$$\sqrt{Var(X_B)} = 0.35.$$

Da X_C mit Sicherheit den Wert 0.06 annimmt, ist die Varianz 0. Der Korrelationskoeffizient der Jahresrenditen beträgt $\rho_{AB} = 0.5$, die Kovarianz ist also $0.5 \cdot 0.3 \cdot 0.35 = 0.0525$. Die Korrelationen zwischen X_A und X_C sowie zwischen X_B und X_C sind 0, da X_C sicher ist und nicht variiert. Die Portfoliorendite ist eine Zufallsvariable

$$Y = 0.4 \cdot X_A + 0.3 \cdot X_B + 0.3 \cdot 0.06.$$

Die erwartete Jahresrendite des Portfolios beträgt

$$E(Y) = 0.4 \cdot 0.1 + 0.3 \cdot 0.12 + 0.3 \cdot 0.06$$
$$= 0.094.$$

Die Varianz der Portfoliorendite ist

$$Var(Y) = 0.4^2 \cdot 0.3^2 + 2 \cdot 0.4 \cdot 0.3 \cdot 0.0525 + 0.3^2 \cdot 0.35^2$$
$$= 0.038025,$$

so dass sich für die Standardabweichung 0.195 ergibt.

3.2.5 Rangkorrelationskoeffizient und Kendalls τ

Der Korrelationskoeffizient (3.15) nach Bravais-Pearson ist die am weitesten verbreitete Maßzahl zur Messung des Zusammenhangs zweier Variablen X

und Y. Es ist jedoch zu bedenken, dass ρ_{XY} nur die Stärke des linearen Zusammenhangs von X und Y misst. Für Wertpapierrenditen sind aber auch andere Arten des Zusammenhangs von Bedeutung. Dies gilt insbesondere für den sogenannten monotonen Zusammenhang. Ein solcher liegt für zwei Variablen X und Y vor, wenn X und Y überwiegend eine gleichgerichtete oder eine gegenläufige Tendenz aufweisen. Linearität dieses Zusammenhangs ist nicht erforderlich. Es gibt mehrere Maßzahlen, die die Stärke des monotonen Zusammenhangs messen; weit verbreitet sind der Rangkorrelationskoeffizient nach Spearman sowie Kendalls τ. Wir betrachten zunächst den Rangkorrelationskoeffizienten.

Seien X und Y zwei Zufallsvariablen mit Verteilungsfunktionen F_X und F_Y. Der Rangkorrelationskoeffizient von X und Y ist der Korrelationskoeffizient von $U = F_X(X)$ und $V = F_Y(Y)$,

$$\rho_{XY}^{Sp} = \rho_{UV} = \frac{Cov\left(F_X(X), F_Y(Y)\right)}{\sqrt{Var(F_X(X))}\sqrt{Var(F_Y(Y))}}$$

$$= 12 \cdot Cov\left(F_X(X), F_Y(Y)\right).$$

Hierbei wurde ausgenutzt, dass die Zufallsvariablen U und V beide rechteckverteilt in $[0,1]$ sind, und die beiden Varianzen deshalb gleich $1/12$ sind.

Kendalls τ ist (für stetige Zufallsvariablen) durch

$$\tau_{XY} = P\left((X_1 - X_2)(Y_1 - Y_2) > 0\right) - P\left((X_1 - X_2)(Y_1 - Y_2) < 0\right)$$

definiert, hierbei sind (X_1, Y_1) und (X_2, Y_2) zwei unabhängige Ziehungen aus (X, Y), d.h.

- die Verteilung von (X_i, Y_i), $i = 1, 2$, ist diejenige von (X, Y)
- (X_1, Y_1) und (X_2, Y_2) sind stochastisch unabhängig.

Die Eigenschaften der beiden Maßzahlen ρ_{XY}^{Sp} und τ_{XY} werden ausführlich in Embrechts, McNeil und Straumann (2002) behandelt:

- Beide Maßzahlen sind normiert, d.h. $|\rho_{XY}^{Sp}| \leq 1$ und $|\tau_{XY}| \leq 1$.
- Beide Maßzahlen sind invariant bezüglich streng monotoner Transformationen von X und Y. Wenn f und g beide streng monoton steigend oder fallend sind, gilt $\rho_{f(X)g(Y)}^{Sp} = \rho_{XY}^{Sp}$ und $\tau_{f(X)g(Y)} = \tau_{XY}$. Wenn eine der beiden Funktion f und g streng monoton steigend ist und die andere streng monoton fallend, ändert sich das Vorzeichen.
- $\rho_{XY}^{Sp} = \tau_{XY} = 1 \iff X = \psi(Y)$, wobei ψ monoton wachsend ist.
- $\rho_{XY}^{Sp} = \tau_{XY} = -1 \iff X = \psi(Y)$, wobei ψ monoton fallend ist.

Sind $(x_1, y_1), \ldots, (x_T, y_T)$ die beobachteten Renditen zweier Aktien, so kann man die empirischen Versionen von ρ_{XY}^{Sp} und τ_{XY} bestimmen.

Der Rangkorrelationskoeffizient wird aus den Daten geschätzt als

$$\hat{\rho}_{XY}^{Sp} = \hat{\rho}_{UV} = \frac{\sum_{t=1}^{T} \left(R_X(x_t) - \overline{R}_X\right)\left(R_Y(y_t) - \overline{R}_Y\right)}{\sqrt{\sum_{t=1}^{T}\left(R_X(x_t) - \overline{R}_X\right)^2}\sqrt{\sum_{t=1}^{T}\left(R_Y(y_t) - \overline{R}_Y\right)^2}}. \quad (3.20)$$

Hierbei ist $R_X(x_t)$ der Rang von x_t in der aufsteigend geordneten Folge der x_t-Werte. Analog ist $R_Y(y_t)$ definiert. Falls es Bindungen gibt, d.h. ein x_t-Wert oder y_t-Wert mehrfach vorkommt, so können Durchschnittsränge vergeben werden.

Kendalls τ lässt sich aus den Daten $(x_1, y_1), \ldots, (x_T, y_T)$ wie folgt schätzen. Die Signum-Funktion ist für $z \in \mathbb{R}$ definiert als

$$\text{sign}(z) = \begin{cases} +1 & \text{für } z > 0, \\ 0 & \text{für } z = 0, \\ -1 & \text{für } z < 0. \end{cases}$$

Die empirische Version von τ_{XY} ist dann

$$\hat{\tau}_{XY} = \frac{\sum_{t=1}^{T}\sum_{s=1}^{T}\text{sign}(x_t - x_s) \cdot \text{sign}(y_t - y_s)}{\sqrt{\sum_{t=1}^{T}\sum_{s=1}^{T}\text{sign}^2(x_t - x_s)}\sqrt{\sum_{t=1}^{T}\sum_{s=1}^{T}\text{sign}^2(y_t - y_s)}}. \quad (3.21)$$

Diese Version ist nichts anderes als ein Korrelationskoeffizient (3.15) der Vektoren $\text{sign}(x_t - x_s)$ und $\text{sign}(y_t - y_s)$, die die Länge T^2 haben, da es T^2 Index-Kombinationen (t, s) gibt. Man beachte, dass

$$\overline{\delta} = \frac{1}{T^2}\sum_{t=1}^{T}\sum_{s=1}^{T}\text{sign}(x_t - x_s) = 0.$$

Es ist $|\hat{\tau}_{XY}| \leq 1$, im Fall $|\hat{\tau}_{XY}| = 1$ gilt für alle $t, s = 1, \ldots, T$

$$\hat{\tau}_{XY} = +1 \Leftrightarrow \text{sign}(x_t - x_s) = \text{sign}(y_t - y_s)$$
$$\hat{\tau}_{XY} = -1 \Leftrightarrow \text{sign}(x_t - x_s) = -\text{sign}(y_t - y_s).$$

Der erste Fall wird als perfekte Konkordanz (perfekter gleichgerichteter Zusammenhang) bezeichnet, der zweite Fall als perfekte Diskordanz (perfekter gegenläufiger Zusammenhang).

Beispiel 3.10. Die Schätzungen des Rangkorrelationskoeffizienten der Tagesrenditen des DAX sowie der Aktien Allianz, BASF, Bayer, BMW, Siemens und Volkswagen aus den Daten vom 3.1.1995 bis zum 30.12.2004 ergibt

$$\hat{\rho}^{Sp} = \begin{array}{c} \\ DAX \\ ALV \\ BAS \\ BAY \\ BMW \\ SIE \\ VOW \end{array} \begin{pmatrix} DAX & ALV & BAS & BAY & BMW & SIE & VOW \\ 1.000 & 0.768 & 0.660 & 0.683 & 0.610 & 0.769 & 0.668 \\ 0.768 & 1.000 & 0.501 & 0.512 & 0.451 & 0.533 & 0.494 \\ 0.660 & 0.501 & 1.000 & 0.684 & 0.459 & 0.489 & 0.508 \\ 0.683 & 0.512 & 0.684 & 1.000 & 0.455 & 0.494 & 0.509 \\ 0.610 & 0.451 & 0.459 & 0.455 & 1.000 & 0.465 & 0.578 \\ 0.769 & 0.533 & 0.489 & 0.494 & 0.465 & 1.000 & 0.499 \\ 0.668 & 0.494 & 0.508 & 0.509 & 0.578 & 0.499 & 1.000 \end{pmatrix}.$$

Im Fall von Bindungen wurden Durchschnittsränge vergeben. Wie schon in Beispiel 3.8 ist der Zusammenhang zwischen der DAX-Rendite und den übrigen Renditen besonders ausgeprägt. Auch der Zusammenhang der beiden Aktien BASF und Bayer ist wieder größer als zwischen den übrigen Aktien.

Die Schätzung von Kendalls τ ergibt

$$
\hat{\tau} =
\begin{array}{c}
\\ DAX \\ ALV \\ BAS \\ BAY \\ BMW \\ SIE \\ VOW
\end{array}
\begin{pmatrix}
DAX & ALV & BAS & BAY & BMW & SIE & VOW \\
1.000 & 0.590 & 0.489 & 0.512 & 0.450 & 0.592 & 0.497 \\
0.590 & 1.000 & 0.356 & 0.370 & 0.322 & 0.387 & 0.354 \\
0.489 & 0.356 & 1.000 & 0.508 & 0.326 & 0.352 & 0.362 \\
0.512 & 0.370 & 0.508 & 1.000 & 0.323 & 0.357 & 0.362 \\
0.450 & 0.322 & 0.326 & 0.323 & 1.000 & 0.337 & 0.422 \\
0.592 & 0.387 & 0.352 & 0.357 & 0.337 & 1.000 & 0.360 \\
0.497 & 0.354 & 0.362 & 0.362 & 0.422 & 0.360 & 1.000
\end{pmatrix}.
$$

Die Werte von Kendalls τ sind insgesamt niedriger, weisen aber qualitativ das gleiche Muster auf wie der Korrelations- und der Rangkorrelationskoeffizient.

3.3 Multivariate parametrische Verteilungsmodelle

Wie im univariaten Fall möchte man auch im Fall multivariater Renditen ein parametrisches Verteilungsmodell finden, das den multivariaten Datensatz auf die Werte einiger interpretierbarer Parameter verdichtet. Wir stellen in Abschnitt 3.3.1 die multivariate Normalverteilung vor, die trotz erheblicher Unzulänglichkeiten ein wichtiges und häufig angewandtes multivariates Verteilungsmodell ist. Eine Verallgemeinerung der multivariaten Normalverteilung ist die Klasse der „Elliptischen Verteilungen", die im Abschnitt 3.3.2 vorgestellt wird.

3.3.1 Multivariate Normalverteilung

Es gibt verschiedene Möglichkeiten, die multivariate Normalverteilung definitorisch einzuführen. Die nachfolgende Definition hat den Vorteil, dass einige der wichtigsten Eigenschaften der multivariaten Normalverteilung direkt aus der Definition folgen und auch unmittelbar klar ist, warum die multivariate Normalverteilung ein sehr handliches Werkzeug für die Finanzmarktstatistik ist.

Definition 3.11. *Der n-dimensionale Zufallsvektor $\mathbf{X} = (X_1, \ldots, X_n)'$ ist multivariat normalverteilt (oder: n-dimensional normalverteilt) wenn für jede Wahl der Koeffizienten $a_1, a_2, \ldots, a_n \in \mathbb{R}$ die Linearkombination*

$$a_1 X_1 + a_2 X_2 + \cdots + a_n X_n$$

eine univariate Normalverteilung besitzt.

Diese Eigenschaft macht die multivariate Normalverteilung für die Portfolioanalyse interessant. Sind $X_1, \ldots, X_n$ die Renditen von n Wertpapieren im Portfolio und sind $a_1, \ldots, a_n$ die Anteile dieser Papiere im Portfolio, so ergibt sich die Rendite des Portfolios gemäß (1.4) als $a_1 X_1 + \cdots + a_n X_n$. Diese ist univariat normalverteilt, falls $\mathbf{X} = (X_1, \ldots, X_n)'$ multivariat normalverteilt ist.

Zu jedem vorgegebenem Vektor $\boldsymbol{\mu} \in \mathbb{R}^n$ und jeder symmetrischen und positiv semidefiniten $(n \times n)$-Matrix $\boldsymbol{\Sigma}$ gibt es einen multivariat normalverteilten Zufallsvektor $\mathbf{X}$ mit

$$E(\mathbf{X}) = \boldsymbol{\mu},$$
$$Cov(\mathbf{X}) = \boldsymbol{\Sigma}.$$

Folglich ist die multivariate Normalverteilung durch den Erwartungswertvektor $\boldsymbol{\mu}$ und die Kovarianzmatrix $\boldsymbol{\Sigma}$ eindeutig bestimmt. Für einen multivariat normalverteilten Zufallsvektor $\mathbf{X}$ schreibt man deshalb auch $\mathbf{X} \sim N(\boldsymbol{\mu}, \boldsymbol{\Sigma})$.

Nicht jeder multivariat verteilte Zufallsvektor $\mathbf{X}$ besitzt eine Dichte. Die Wahrscheinlichkeitsmasse kann auch auf einer Hyperebene des $\mathbb{R}^n$ konzentriert sein. In diesem Fall existiert keine Dichte. Im Folgenden wollen wir aber solche Fälle ausschließen und annehmen, dass eine Dichte existiert. Dies ist gleichbedeutend mit der Annahme, dass die Kovarianzmatrix $\boldsymbol{\Sigma}$ positiv definit ist, also vollen Rang n hat.

Besonders gut illustrieren lässt sich die multivariate Normalverteilung im bivariaten Fall $n = 2$. Statt $(X_1, X_2)'$ schreiben wir jetzt $(X, Y)'$. Für den Erwartungswertvektor gilt

$$E\left[\begin{pmatrix} X \\ Y \end{pmatrix}\right] = \begin{pmatrix} \mu_X \\ \mu_Y \end{pmatrix}$$

und für die Kovarianzmatrix gilt

$$Cov\left[\begin{pmatrix} X \\ Y \end{pmatrix}\right] = \begin{pmatrix} \sigma_X^2 & \sigma_{XY} \\ \sigma_{XY} & \sigma_Y^2 \end{pmatrix}.$$

Wegen (3.15) lässt sich die Kovarianz auch durch den Korrelationskoeffizienten $\sigma_{XY} = \rho_{XY} \sigma_X \sigma_Y$ ausdrücken. Ist $|\rho_{XY}| < 1$, so folgt

$$\det\begin{pmatrix} \sigma_X^2 & \rho_{XY} \sigma_X \sigma_Y \\ \rho_{XY} \sigma_X \sigma_Y & \sigma_Y^2 \end{pmatrix} = \sigma_X^2 \sigma_Y^2 - \rho_{XY}^2 \sigma_X^2 \sigma_Y^2 > 0$$

und die Kovarianzmatrix hat vollen Rang. Deshalb hat $(X, Y)'$ eine Dichte, nämlich

$$f(x, y) = \frac{1}{2\pi \sigma_X \sigma_Y \sqrt{1 - \rho_{XY}^2}} \exp\left\{ -\frac{1}{2(1 - \rho_{XY}^2)} \right.$$
$$\left. \times \left[\frac{(x - \mu_X)^2}{\sigma_X^2} - \frac{2\rho_{XY}(x - \mu_X)(y - \mu_Y)}{\sigma_X \sigma_Y} + \frac{(y - \mu_Y)^2}{\sigma_Y^2} \right] \right\}. \quad (3.22)$$

Die bivariate Normalverteilung ist also durch die fünf Parameter μ_X, μ_Y, σ_X^2, σ_Y^2 und ρ_{XY} eindeutig bestimmt. Man schreibt deshalb auch

$$(X, Y) \sim N(\mu_X, \mu_Y, \sigma_X^2, \sigma_Y^2, \rho_{XY}).$$

Die Dichte (3.22) lässt sich graphisch veranschaulichen. Abbildung 3.5 zeigt die Dichten der beiden bivariaten Normalverteilungen mit den Parametern $\mu_X = \mu_Y = 0$ und $\sigma_X^2 = \sigma_Y^2 = 1$ und $\rho_{XY} = \sigma_{XY} = 0$ (oben) bzw. $\rho_{XY} = \sigma_{XY} = 0.9$ (unten) sowie die dazugehörigen Höhenlinien. Die Höhenlinien bivariater Normalverteilungen sind immer Ellipsen (oder Kreise). Der Mittelpunkt wird durch μ_X und μ_Y bestimmt, die Lage der Hauptachsen sowie die Form der Ellipsen durch die übrigen Parameter. Weitere Eigenschaften der bivariaten Normalverteilung werden hier nicht näher erörtert, da sie sich als Spezialfall der multivariaten Verteilung ergibt.

Wir betrachten nun den allgemeinen Fall. Für einen Vektor $\boldsymbol{\mu} \in \mathbb{R}^n$ und eine symmetrische und positiv definite (also insbesondere nichtsinguläre) $(n \times n)$-Matrix $\boldsymbol{\Sigma}$ ist die Dichte der n-dimensionalen Normalverteilung durch

$$f(\mathbf{x}) = (2\pi)^{-n/2} (\det \boldsymbol{\Sigma})^{-1/2} \exp\left(-\frac{1}{2} (\mathbf{x} - \boldsymbol{\mu})' \boldsymbol{\Sigma}^{-1} (\mathbf{x} - \boldsymbol{\mu}) \right) \qquad (3.23)$$

gegeben, wobei $\mathbf{x} = (x_1, \ldots, x_n)' \in \mathbb{R}^n$ ist.

Man beachte, dass es sich bei $\boldsymbol{\mu}$ um einen Spaltenvektor handelt und bei $\boldsymbol{\Sigma}$ um eine nichtsinguläre Matrix. Der Ausdruck $(\mathbf{x} - \boldsymbol{\mu})' \boldsymbol{\Sigma}^{-1} (\mathbf{x} - \boldsymbol{\mu})$ in der Exponentialfunktion ist eine quadratische Form. Da $(\mathbf{x} - \boldsymbol{\mu})$ ein Spaltenvektor mit n Elementen ist und $\boldsymbol{\Sigma}^{-1}$ eine $(n \times n)$-Matrix, ist die quadratische Form ein Skalar. Für $\mathbf{X}$ gilt

$$E(\mathbf{X}) = \boldsymbol{\mu},$$
$$Cov(\mathbf{X}) = \boldsymbol{\Sigma}.$$

Beispiel 3.12. Wir betrachten die bivariate Normalverteilung ($n = 2$) und stellen ihre Dichte (3.22) in der vektoriellen Schreibweise (3.23) dar. Der Erwartungswertvektor ist $\boldsymbol{\mu} = (\mu_X, \mu_Y)$, die Kovarianzmatrix ist

$$\boldsymbol{\Sigma} = \begin{pmatrix} \sigma_X^2 & \sigma_{XY} \\ \sigma_{XY} & \sigma_Y^2 \end{pmatrix},$$

wobei $\sigma_{XY} = \rho_{XY} \sigma_X \sigma_Y$ ist. Die Determinante der Kovarianzmatrix ist

$$\det \boldsymbol{\Sigma} = \sigma_X^2 \sigma_Y^2 - \sigma_{XY}^2$$

und die Inverse lautet

$$\boldsymbol{\Sigma}^{-1} = \frac{1}{\det \boldsymbol{\Sigma}} \begin{pmatrix} \sigma_Y^2 & -\sigma_{XY} \\ -\sigma_{XY} & \sigma_X^2 \end{pmatrix}.$$

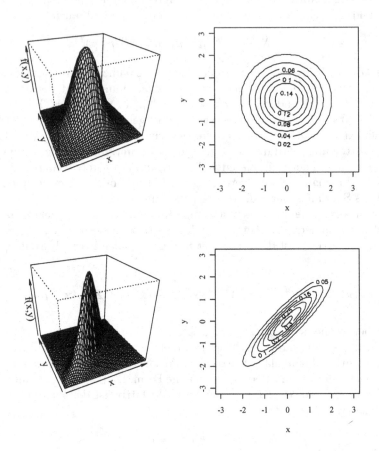

Abbildung 3.5. Dichtefunktionen und Höhenlinien der bivariaten Normalverteilung mit $\mu_X = \mu_Y = 0$, $\sigma_X^2 = \sigma_Y^2 = 1$ und $\rho_{XY} = 0$ (obere Hälfte) bzw. $\rho_{XY} = 0.9$ (untere Hälfte)

Man überprüft leicht, dass $\sigma_X \sigma_Y \sqrt{1 - \rho_{XY}^2} = (\det \Sigma)^{1/2}$ gilt. Damit ist der Vorfaktor in (3.22) bereits geklärt. Wenden wir uns nun dem Term in der Exponentialfunktion zu: In der vektoriellen Notation lautet er (ohne die $-1/2$)

$$\begin{pmatrix} x - \mu_X \\ y - \mu_Y \end{pmatrix}' \frac{1}{\det \Sigma} \begin{pmatrix} \sigma_Y^2 & -\sigma_{XY} \\ -\sigma_{XY} & \sigma_X^2 \end{pmatrix} \begin{pmatrix} x - \mu_X \\ y - \mu_Y \end{pmatrix}.$$

Anwenden der Rechenregeln für Matrizen und Vektoren führt nach wenigen Schritten auf

$$\frac{(x - \mu_X)^2 \, \sigma_Y^2 - 2 \, (x - \mu_X) \, (y - \mu_Y) \, \sigma_{XY} + (y - \mu_Y)^2 \, \sigma_X^2}{\sigma_X^2 \sigma_Y^2 - \sigma_{XY}^2}$$

$$= \frac{(x - \mu_X)^2 \, \sigma_Y^2 - 2 \, (x - \mu_X) \, (y - \mu_Y) \, \sigma_{XY} + (y - \mu_Y)^2 \, \sigma_X^2}{\sigma_X^2 \sigma_Y^2 \, (1 - \rho_{XY}^2)}$$

$$= \frac{1}{1 - \rho_{XY}^2} \left[\frac{(x - \mu_X)^2}{\sigma_X^2} - 2 \frac{\rho_{XY} \, (x - \mu_X) \, (y - \mu_Y)}{\sigma_X \sigma_Y} + \frac{(y - \mu_Y)^2}{\sigma_Y^2} \right].$$

Damit ist auch der Term in der Exponentialfunktion geklärt; man sieht: die bivariate Normalverteilung (3.22) ist ein Spezialfall der multivariaten Normalverteilung.

Wenn alle Elemente von $\mathbf{X}$ standardnormalverteilt und unabhängig sind, dann ist die Dichte der multivariaten Standardnormalverteilung durch das Produkt

$$\frac{1}{\sqrt{2\pi}} \exp\left(-\frac{1}{2}x_1^2\right) \cdot \ldots \cdot \frac{1}{\sqrt{2\pi}} \exp\left(-\frac{1}{2}x_n^2\right) = (2\pi)^{-n/2} \exp\left(-\frac{1}{2}\mathbf{x}'\mathbf{x}\right) \quad (3.24)$$

gegeben. Man schreibt dann $\mathbf{X} \sim N\left(\mathbf{0}, \mathbf{I}_n\right)$ mit der n-dimensionalen Identitätsmatrix $\mathbf{I}_n$.

Aus Definition 3.11 folgt unmittelbar, dass Teilvektoren von $\mathbf{X}$ wieder normalverteilt sind. Gilt beispielsweise für den partitionierten Vektor

$$\begin{pmatrix} \mathbf{X}_1 \\ \mathbf{X}_2 \end{pmatrix} \sim N\left(\begin{pmatrix} \boldsymbol{\mu}_1 \\ \boldsymbol{\mu}_2 \end{pmatrix}, \begin{pmatrix} \boldsymbol{\Sigma}_{11} & \boldsymbol{\Sigma}_{12} \\ \boldsymbol{\Sigma}_{21} & \boldsymbol{\Sigma}_{22} \end{pmatrix} \right), \quad (3.25)$$

dann gilt für die beiden Teilvektoren

$$\mathbf{X}_1 \sim N\left(\boldsymbol{\mu}_1, \boldsymbol{\Sigma}_{11}\right),$$
$$\mathbf{X}_2 \sim N\left(\boldsymbol{\mu}_2, \boldsymbol{\Sigma}_{22}\right).$$

Die Randverteilungen (auch die höherdimensionalen Randverteilungen) einer multivariaten Normalverteilung sind also wiederum normalverteilt. Die beiden Teilvektoren dürfen unterschiedlich lang sein. Da die Teilvektoren auch aus lediglich einem Element bestehen dürfen, sind offenbar auch alle Einzelelemente X_i des Vektors $\mathbf{X}$ univariat normalverteilt.

Achtung: Die Umkehrung dieser Aussage gilt nicht. Es gibt multivariate Verteilungen, deren Randverteilungen zwar normal sind, die aber trotzdem nicht multivariat normalverteilt sind! Das zeigt das folgende Beispiel.

Beispiel 3.13. Betrachten Sie die bivariate Verteilung (X, Y) mit der gemeinsamen Dichtefunktion

$$f(x, y) = \begin{cases} \frac{1}{\pi} \exp\left(-\frac{x^2 + y^2}{2}\right), & \text{falls } xy \geq 0, \\ 0 & \text{sonst.} \end{cases}$$

Da $\int_{-\infty}^{\infty} \int_{-\infty}^{\infty} f(x,y)\,dxdy = 1$ und $f(x,y) \geq 0$ für alle $(x,y) \in \mathbb{R}^2$, handelt es sich tatsächlich um eine Dichtefunktion. Sie gehört aber offensichtlich nicht zu einer bivariaten Normalverteilung. Die Randdichte $f_X(x)$ erhält man durch Integration über y,

$$\int_{-\infty}^{\infty} f(x,y)\,dy = \begin{cases} \int_{-\infty}^{0} \frac{1}{\pi} \exp\left(-\frac{x^2+y^2}{2}\right) dy, & \text{falls } x \leq 0, \\ \int_{0}^{\infty} \frac{1}{\pi} \exp\left(-\frac{x^2+y^2}{2}\right) dy, & \text{falls } x > 0, \end{cases}$$

$$= \begin{cases} \frac{1}{\pi} \exp\left(-\frac{x^2}{2}\right) \int_{-\infty}^{0} \exp\left(-\frac{y^2}{2}\right) dy, & \text{falls } x \leq 0, \\ \frac{1}{\pi} \exp\left(-\frac{x^2}{2}\right) \int_{0}^{\infty} \exp\left(-\frac{y^2}{2}\right) dy, & \text{falls } x > 0, \end{cases}$$

$$= \frac{1}{\sqrt{2\pi}} \exp\left(-\frac{1}{2}x^2\right).$$

Die Randverteilung von X ist also standardnormal. Gleiches gilt für Y (siehe Romano und Siegel 1986, S.31).

Es ist also möglich, dass alle Komponenten des Zufallsvektors normalverteilt sind, der Zufallsvektor aber dennoch nicht multivariat normalverteilt ist. Wenn die Komponenten des Zufallsvektors jedoch stochastisch unabhängig sind, dann kann man aus den normalverteilten Randverteilungen auf eine multivariate Normalverteilung schließen.

Wenn die Kovarianzmatrix einer multivariaten Normalverteilung Elemente mit dem Wert $\sigma_{ij} = 0$ enthält, sind die zugehörigen Vektorelemente X_i und X_j nicht nur unkorreliert, sondern sogar stochastisch unabhängig. Auch hier ist die multivariate Normalverteilung Voraussetzung. Eine Normalverteilung der Randverteilungen reicht nicht aus, um von der Unkorreliertheit auf die Unabhängigkeit zu schließen.

Beispiel 3.14. Betrachten Sie die bivariate Verteilung (X,Y) mit $X \sim N(0,1)$ und

$$Y = \begin{cases} X & \text{mit Wahrscheinlichkeit } 1/2, \\ -X & \text{mit Wahrscheinlichkeit } 1/2. \end{cases}$$

Offensichtlich sind X und Y beide standardnormalverteilt. Ferner gilt $\rho_{XY} = 0$. Trotzdem sind X und Y natürlich stochastisch abhängig.

Bedingte Verteilungen einer multivariaten Normalverteilung sind normalverteilt. Insbesondere gilt für die bedingten Verteilungen des partitionierten Vektors (3.25)

$$\mathbf{X}_1|\mathbf{X}_2 = \mathbf{x}_2 \sim N\left(\boldsymbol{\mu}_1 + \boldsymbol{\Sigma}_{12}\boldsymbol{\Sigma}_{22}^{-1}(\mathbf{x}_2 - \boldsymbol{\mu}_2), \boldsymbol{\Sigma}_{11} - \boldsymbol{\Sigma}_{12}\boldsymbol{\Sigma}_{22}^{-1}\boldsymbol{\Sigma}_{21}\right). \quad (3.26)$$

Beispiel 3.15. Wendet man die Formel (3.26) auf den bivariaten Fall an, dann ergibt sich, dass die bedingte Verteilung von X unter der Bedingung $Y = y$, so aussieht:

$$X|Y = y \sim N\left(\mu_X + \rho_{XY}\frac{\sigma_X}{\sigma_Y}(y - \mu_Y), \sigma_X^2\left(1 - \rho_{XY}^2\right)\right).$$

Aus Definition 3.11 folgt, dass lineare Transformationen normalverteilter Zufallsvektoren wieder normalverteilt sind: Wenn $\mathbf{X}$ ein n-dimensionaler Zufallsvektor mit $\mathbf{X} \sim N(\boldsymbol{\mu}, \boldsymbol{\Sigma})$ ist, $\mathbf{A}'$ eine $(L \times n)$-Matrix mit Rang$(A) = L$ und $\mathbf{b}$ ist Spaltenvektor der Dimension L, dann gilt

$$\mathbf{A}'\mathbf{X} + \mathbf{b} \sim N(\mathbf{A}'\boldsymbol{\mu} + \mathbf{b}, \mathbf{A}'\boldsymbol{\Sigma}\mathbf{A}). \tag{3.27}$$

Die Analogie zum univariaten Fall lautet: Für $X \sim N(\mu, \sigma^2)$ gilt, dass $aX + b \sim N(a\mu + b, a^2\sigma^2)$ falls $a \neq 0$ ist.

Sei $\mathbf{X} \sim N(\boldsymbol{\mu}, \boldsymbol{\Sigma})$. Wenn die symmetrische Kovarianzmatrix $\boldsymbol{\Sigma}$ positiv definit ist, dann gibt es eine Matrix $\mathbf{V}$ (eine „Wurzel" der Kovarianzmatrix), so dass $\boldsymbol{\Sigma} = \mathbf{V}\mathbf{V}'$ ist, und es gilt $\mathbf{X} = \boldsymbol{\mu} + \mathbf{V}\mathbf{Z}$ mit $\mathbf{Z} \sim N(\mathbf{0}, \mathbf{I})$. Die Analogie zum univariaten Fall ist: Wenn $Z \sim N(0, 1)$, dann gilt $X = \mu + \sigma Z \sim N(\mu, \sigma^2)$. Es besteht also ein linearer Zusammenhang zwischen der Standardnormalverteilung und beliebigen Normalverteilungen. Diesen Zusammenhang kann man beispielsweise für die Erzeugung von normalverteilten Zufallsvektoren im Rahmen von Simulationen ausnutzen (Devroye 1986).

Wenn $\mathbf{X} \sim N(\boldsymbol{\mu}, \boldsymbol{\Sigma})$ mit nichtsingulärer Kovarianzmatrix $\boldsymbol{\Sigma}$, dann gilt

$$(\mathbf{X} - \boldsymbol{\mu})' \boldsymbol{\Sigma}^{-1} (\mathbf{X} - \boldsymbol{\mu}) \sim \chi_n^2. \tag{3.28}$$

Auch hier ist die Analogie zum univariaten Fall naheliegend: Sei $X \sim N(\mu, \sigma^2)$, dann gilt für die Standardisierung $(X - \mu)/\sigma \sim N(0, 1)$ und folglich $(X - \mu)^2/\sigma^2 \sim \chi_1^2$.

Beispiel 3.16. Sei $n = 2$ und $L = 1$. Sei

$$\mathbf{X} \sim N(\boldsymbol{\mu}, \boldsymbol{\Sigma})$$

$$\sim N\left(\begin{pmatrix} 0 \\ 1 \end{pmatrix}, \begin{pmatrix} 1 & 0.5 \\ 0.5 & 2 \end{pmatrix} \right).$$

Gesucht ist die Verteilung von $\mathbf{Y} = \mathbf{A}'\mathbf{X} + \mathbf{b}$ mit

$$\mathbf{A}' = \begin{pmatrix} 1 & 2 \\ 3 & 4 \end{pmatrix}, \quad \mathbf{b} = \begin{pmatrix} 1 \\ 2 \end{pmatrix}.$$

Wegen (3.27) gilt $\mathbf{Y} \sim N(\mathbf{A}'\boldsymbol{\mu} + \mathbf{b}, \mathbf{A}'\boldsymbol{\Sigma}\mathbf{A})$. Matrizenmultiplikation ergibt

$$\mathbf{A}'\boldsymbol{\mu} + \mathbf{b} = \begin{pmatrix} 3 \\ 6 \end{pmatrix}$$

und

$$\mathbf{A}'\boldsymbol{\Sigma}\mathbf{A} = \begin{pmatrix} 11.0 & 24.0 \\ 24.0 & 53.0 \end{pmatrix}.$$

Beispiel 3.17. Die Beziehung (3.27) hat eine unmittelbare Anwendung im Bereich der Markowitz-Portfolio-Theorie. Sei $\mathbf{X} \sim N(\boldsymbol{\mu}, \boldsymbol{\Sigma})$ ein Zufallsvektor *der Renditen von n Anlageformen, wobei $\boldsymbol{\mu}$ der Vektor der erwarteten Renditen ist und $\boldsymbol{\Sigma}$ die Matrix der Varianzen und Kovarianzen der Renditen. Sei nun $\mathbf{a}'$ ein $(1 \times n)$-Zeilenvektor von Portfoliogewichten (d.h. $L = 1$), die sich zu Eins summieren. Die Rendite des Portfolios ergibt sich nun als $\mathbf{a}'\boldsymbol{\mu}$ (der Vektor $\mathbf{b}$ ist hier Null), die Varianz des Portfolios ist $\mathbf{a}'\boldsymbol{\Sigma}\mathbf{a}$. Da $\mathbf{a}'$ ein Zeilenvektor ist, sind sowohl die Rendite als auch die Varianz Skalare. Man beachte, dass in die Berechnung der Varianz alle Einzelvarianzen und alle Kovarianzen eingehen. Zusätzlich zu (3.19) gilt jetzt, dass die Portfoliorendite normalverteilt ist.*

Es gibt einen multivariaten zentralen Grenzwertsatz analog zum univariaten Fall. Der (einfachste) univariate zentrale Grenzwertsatz lautet so: Seien $X_1, \ldots, X_T$ unabhängige und identisch verteilte Zufallsvariablen mit Erwartungswert $E(X_i) = \mu$ und Varianz $Var(X_i) = \sigma^2 < \infty$. Sei

$$\bar{X}_T = \frac{1}{T} \sum_{t=1}^{T} X_t.$$

Dann gilt für $T \to \infty$

$$\sqrt{T}\left(\bar{X}_T - \mu\right) \sim N\left(0, \sigma^2\right).$$

Dies lässt sich verallgemeinern: Seien $\mathbf{X}_1, \ldots, \mathbf{X}_T$ unabhängige und identisch verteilte Zufallsvektoren der Dimension n mit Erwartungswertvektor $E(\mathbf{X}_i) = \boldsymbol{\mu}$ und Kovarianzmatrix $Cov(\mathbf{X}_i) = \boldsymbol{\Sigma}$. Sei

$$\bar{\mathbf{X}}_T = \frac{1}{T} \sum_{t=1}^{T} \mathbf{X}_t.$$

Dann gilt für $T \to \infty$

$$\sqrt{T}\left(\bar{\mathbf{X}}_T - \boldsymbol{\mu}\right) \sim N\left(\mathbf{0}, \boldsymbol{\Sigma}\right).$$

Dieser Grenzwertsatz ist ein Grund dafür, dass die multivariate Normalverteilung eine überragende Rolle spielt. Ein anderer Grund ist eher praktischer Natur: Es gibt nur wenige Alternativen, die so einfach handhabbar und anwendbar sind.

Die Parameter $\boldsymbol{\mu}$ und $\boldsymbol{\Sigma}$ einer multivariaten Normalverteilung sind natürlich im Allgemeinen nicht bekannt. Wir können sie jedoch schätzen, wenn wir Daten (eine Stichprobe) zur Verfügung haben. Sei $\mathbf{X}_1, \ldots, \mathbf{X}_T$ eine einfache Stichprobe aus $\mathbf{X}$. Als Schätzverfahren bietet sich das Maximum-Likelihood-Verfahren an. Wir wählen die Parameter also derart, dass die „Wahrscheinlichkeit" (genauer: der Wert der Dichte) der tatsächlich beobachteten Daten maximiert wird. Die gemeinsame Dichtefunktion ist durch (3.23) gegeben. Die Loglikelihood-Funktion lautet demnach

$$\ln L\left(\mathbf{X}_1,\ldots,\mathbf{X}_T,\boldsymbol{\mu},\boldsymbol{\Sigma}\right) = \sum_{t=1}^{T} \ln f\left(\mathbf{X}_t\right)$$

$$= -\frac{nT}{2}\ln\left(2\pi\right) - \frac{T}{2}\ln\left(\det\boldsymbol{\Sigma}\right) \qquad (3.29)$$

$$-\frac{1}{2}\sum_{t=1}^{T}\left(\mathbf{X}_t - \boldsymbol{\mu}\right)' \boldsymbol{\Sigma}^{-1}\left(\mathbf{X}_t - \boldsymbol{\mu}\right).$$

Die Herleitung der ML-Schätzer für $\boldsymbol{\mu}$ und $\boldsymbol{\Sigma}$ findet man beispielsweise in Fahrmeir, Hamerle und Tutz (1996, S. 59f). Es ergibt sich

$$\hat{\boldsymbol{\mu}} = \bar{\mathbf{X}},$$

$$\hat{\boldsymbol{\Sigma}} = \frac{1}{T}\sum_{t=1}^{T}\left[\left(\mathbf{X}_t - \bar{\mathbf{X}}\right)\left(\mathbf{X}_t - \bar{\mathbf{X}}\right)'\right]$$

$$= \frac{T-1}{T}\mathbf{S}.$$

Wir wissen bereits aus (3.7) und (3.13), dass $\bar{\mathbf{X}}$ und $\mathbf{S}$ erwartungstreu sind. Der ML-Schätzer $\hat{\boldsymbol{\mu}}$ ist also trivialerweise ebenfalls erwartungstreu; dagegen ist der ML-Schätzer der Kovarianzmatrix nicht erwartungstreu, denn $E(\hat{\boldsymbol{\Sigma}}) = \frac{T-1}{T}\boldsymbol{\Sigma}$. Die Verzerrung wird jedoch für zunehmendes T immer kleiner, so dass zumindest asymptotische Erwartungstreue vorliegt.

Gerade im Finanzbereich sind die geschätzten Parameterwerte wichtig. Mit Hilfe des (geschätzten) Erwartungswertvektors $\hat{\boldsymbol{\mu}}$ und der (geschätzten) Kovarianzmatrix $\hat{\boldsymbol{\Sigma}}$ kann man effiziente Portfolios ermitteln. Ein Portfolio heißt effizient, wenn für eine gegebene erwartete Rendite die Varianz der Rendite minimiert wird. Wir gehen in Kapitel 7 näher darauf ein.

3.3.2 Elliptische Verteilungen

Zwar ist die multivariate Normalverteilung ein handliches Modell für die gemeinsame Verteilung von n Renditen, sie weist jedoch zumindest zwei Unzulänglichkeiten auf, die ihre empirische Anwendung sehr problematisch macht:

- Ihre univariaten Randverteilungen sind normal, können also die bei empirischen univariaten Renditeverteilungen beobachtete Leptokurtosis nicht zum Ausdruck bringen.
- Die multivariate Normalverteilung kann nur das Ausmaß des linearen Zusammenhangs der Komponenten abbilden. Andere Arten des Zusammenhangs kann sie nicht zum Ausdruck bringen.

Es liegt nahe, nach einer Klasse multivariater Verteilungen zu suchen, die die erwähnten Unzulänglichkeiten nicht aufweist, jedoch andererseits die Handlichkeit der multivariaten Normalverteilung weitgehend erhält. Eine solche Verteilungsklasse bilden die elliptischen Verteilungen. Eine mathematisch korrekte Darstellung dieser Verteilungen ist nicht einfach (siehe hierzu Fang, Kotz und Ng 1990), deshalb geben wir nur einen summarischen Überblick. Wir beschränken uns dazu auf solche elliptische Verteilungen, die eine Dichte besitzen, und führen die Verteilungsklasse durch die Dichte ein.

Definition 3.18. *Sei* $\boldsymbol{\Sigma}$ *eine symmetrische und positiv definite* $n\times n$-*Matrix und* $\boldsymbol{\mu} \in \mathbb{R}^n$ *ein Vektor. Der Zufallsvektor* $\mathbf{X} =(X_1,\ldots,X_n)'$ *heißt elliptisch verteilt, falls seine gemeinsame Dichte von der Form*

$$f(\mathbf{x}) = |\boldsymbol{\Sigma}|^{-\frac{1}{2}} \, g\left((\mathbf{x} - \boldsymbol{\mu})'\boldsymbol{\Sigma}^{-1}(\mathbf{x} - \boldsymbol{\mu})\right)$$

ist, mit $\mathbf{x} \in \mathbb{R}^n$. *Hierbei ist* $g : [0,\infty[\to [0,\infty[$ *eine Funktion, die als "Dichtegenerator" bezeichnet wird. Mit* $|\boldsymbol{\Sigma}|$ *bezeichnen wir die Determinante von* $\boldsymbol{\Sigma}$.

Offensichtlich ist eine elliptische Verteilung durch $\boldsymbol{\mu}, \boldsymbol{\Sigma}$ und den Dichtegenerator g eindeutig bestimmt. Wir schreiben im Folgenden $\mathbf{X} \sim E(\boldsymbol{\mu},\boldsymbol{\Sigma},g)$. Die Höhenlinien der Dichte f sind n-dimensionale Ellipsoide. Eine elliptische Verteilung muss weder einen Erwartungswertvektor noch eine Kovarianzmatrix haben. Sind diese Parameter jedoch definiert, so gilt $E(\mathbf{X}) = \boldsymbol{\mu}$ und $Cov(\mathbf{X}) = c\boldsymbol{\Sigma}$ mit einer Konstanten $c > 0$. Die Kovarianzmatrix ist also, falls sie definiert ist, proportional zu $\boldsymbol{\Sigma}$. Man nennt $\boldsymbol{\Sigma}$ auch Skalenmatrix. Die Korrelationsmatrix ist, falls sie definiert ist, durch $\boldsymbol{\Sigma}$ eindeutig bestimmt, da sich die Konstante c herauskürzt.

Blicken wir nochmals auf den Dichtegenerator $g : [0,\infty[\longrightarrow [0,\infty[$. Für $\boldsymbol{\mu} = \mathbf{0}$ und $\boldsymbol{\Sigma} = \mathbf{I}_n$ muss gelten

$$1 = \int_{\mathbb{R}^n} f\left(\mathbf{x}\right) d\mathbf{x} = \int_{\mathbb{R}^n} g\left(\mathbf{x}'\mathbf{x}\right) d\mathbf{x}$$

$$= \frac{\pi^{\frac{n}{2}}}{\Gamma\left(\frac{n}{2}\right)} \int_0^\infty y^{\frac{n}{2}-1} g\left(y\right) dy,$$

wobei wir eine Transformationsformel für n-dimensionale Integrale benutzt haben. Jetzt sieht man, dass jede Funktion $g : [0,\infty[\longrightarrow [0,\infty[$ ein Dichtegenerator für eine elliptische Verteilung ist, wenn

$$\int_0^\infty y^{\frac{n}{2}-1} g\left(y\right) dy = \frac{\Gamma\left(\frac{n}{2}\right)}{\pi^{\frac{n}{2}}}$$

gilt.

Beispiel 3.19. Die multivariate Normalverteilung ist selbst eine elliptische Verteilung mit dem Dichtegenerator

$$g(z) = (2\pi)^{-\frac{n}{2}} \exp\left(-\frac{1}{2}z\right).$$

Beispiel 3.20. Ein für die Anwendung in der Finanzmarktstatistik bedeutsames Beispiel einer elliptischen Verteilung ist die multivariate t-Verteilung mit ν Freiheitsgraden. Sie ist gegeben durch die Dichte

$$f(\mathbf{x}) = \frac{|\mathbf{\Sigma}|^{-\frac{1}{2}} \, \Gamma(\frac{n+\nu}{2})}{\Gamma(\frac{\nu}{2})(\nu\pi)^{\frac{n}{2}}} \left(1 + \frac{(\mathbf{x}-\boldsymbol{\mu})'\mathbf{\Sigma}^{-1}(\mathbf{x}-\boldsymbol{\mu})}{\nu}\right)^{-\frac{n+\nu}{2}}$$

für $\mathbf{x} \in \mathbb{R}^n$. Der Dichtegenerator ist gegeben durch

$$g(z) = \frac{\Gamma(\frac{n+\nu}{2})}{\Gamma(\frac{\nu}{2})(\nu\pi)^{\frac{n}{2}}} \left(1 + \frac{z}{\nu}\right)^{-\frac{n+\nu}{2}}.$$

Zu beachten ist, dass die multivariate t-Verteilung nicht nur für natürliche Freiheitsgrade ν, sondern für beliebige Werte $\nu > 0$ definiert ist.

Beispiel 3.21. Ein weiteres Beispiel einer elliptischen Verteilung ist die multivariate logistische Verteilung mit der Dichte

$$f(\mathbf{x}) = |\mathbf{\Sigma}|^{-\frac{1}{2}} \frac{\exp(-(\mathbf{x}-\boldsymbol{\mu})'\mathbf{\Sigma}^{-1}(\mathbf{x}-\boldsymbol{\mu}))}{(1+\exp(-(\mathbf{x}-\boldsymbol{\mu})'\mathbf{\Sigma}^{-1}(\mathbf{x}-\boldsymbol{\mu})))^2}.$$

Der Dichtegenerator ist hier

$$g(z) = C_n \frac{\exp(-z)}{(1+\exp(-z))^2},$$

wobei C_n eine Normalisierungskonstante ist, deren Wert nur von der Dimension n abhängt.

Die Klasse der elliptischen (n-dimensionalen) Verteilungen hat eine Reihe günstiger Eigenschaften, die sie für Anwendungen in der Finanzmarktstatistik interessant macht.

1. Ist $\mathbf{X} \sim E(\boldsymbol{\mu}, \mathbf{\Sigma}, g)$, so sind alle L-dimensionalen Subvektoren mit $L < n$ wieder elliptisch verteilt mit einem Dichtegenerator der gleichen funktionalen Form. Insbesondere gilt dies für die eindimensionalen Randverteilungen der X_i, $i = 1, \ldots, n$.
2. Die elliptische Verteilung bleibt bei affinen Transformationen erhalten. Gilt $\mathbf{X} \sim E(\boldsymbol{\mu}, \mathbf{\Sigma}, g)$ und ist $\mathbf{A}'$ eine $(L \times n)$-Matrix mit Rang $L \leq n$ und $\mathbf{b} \in \mathbb{R}^L$, so gilt für $\mathbf{Y} = \mathbf{A}'\mathbf{X} + \mathbf{b}$ die Verteilungsaussage

$$\mathbf{Y} \sim E(\mathbf{A}'\boldsymbol{\mu} + \mathbf{b}, \mathbf{A}'\mathbf{\Sigma}\mathbf{A}, g).$$

Der Dichtegenerator g bleibt also erhalten. Es ändern sich nur die Parameter $\boldsymbol{\mu}$ und $\mathbf{\Sigma}$ zu $\mathbf{A}'\boldsymbol{\mu} + \mathbf{b}$ und $\mathbf{A}'\mathbf{\Sigma}\mathbf{A}$.

Beispiel 3.22. Ist $\mathbf{X}$ *multivariat t-verteilt mit* ν *Freiheitsgraden und Parametern* $\boldsymbol{\mu}$ *und* $\boldsymbol{\Sigma}$, *so sind alle eindimensionalen Randverteilungen der* X_i *eindimensionale t-Verteilungen mit* ν *Freiheitsgraden und Lageparameter* μ_i *und Skalenparameter* σ_{ii}, *d.h. für die Dichten der* X_i *gilt*

$$f_{X_i}(x_i) = \frac{\Gamma\left(\frac{1+\nu}{2}\right)}{\Gamma\left(\frac{\nu}{2}\right)(\nu\pi)^{\frac{1}{2}}} \cdot \sigma_{ii}^{-\frac{1}{2}} \left(1 + \frac{(x_i - \mu_i)^2}{\sigma_{ii}\nu}\right)^{-\frac{\nu+1}{2}}.$$

Sind X_i *die Renditen von* n *Wertpapieren eines Portfolios und sind die Anteile der Wertpapiere durch* $\mathbf{a} = (a_1, \ldots, a_n)'$ *gegeben, so ist die Portfoliorendite* $Y = \sum_{i=1}^{n} a_i X_i = \mathbf{a}'\mathbf{X}$ *univariat t-verteilt mit* ν *Freiheitsgraden sowie dem Lageparameter* $\mu = \sum_{i=1}^{n} a_i \mu_i$ *und dem Skalenparameter* $\sqrt{\sigma^2} = \sqrt{\mathbf{a}'\boldsymbol{\Sigma}\mathbf{a}}$.

Wir wollen noch einen wichtigen Unterschied zwischen der multivariaten Normalverteilung $N(\boldsymbol{\mu}, \boldsymbol{\Sigma})$ und der allgemeinen elliptischen Verteilung $E(\boldsymbol{\mu}, \boldsymbol{\Sigma}, g)$ herausstellen. Ist $\boldsymbol{\Sigma}$ eine Diagonalmatrix, d.h.

$$\boldsymbol{\Sigma} = \begin{pmatrix} \sigma_{11} & & 0 \\ & \ddots & \\ 0 & & \sigma_{nn} \end{pmatrix},$$

so sind im Falle $\mathbf{X} \sim N(\boldsymbol{\mu}, \boldsymbol{\Sigma})$ die X_i nicht nur unkorreliert, sondern sogar stochastisch unabhängig. Dies gilt im allgemeinen Fall $\mathbf{X} \sim E(\boldsymbol{\mu}, \boldsymbol{\Sigma}, g)$ nicht. Ist z.B. $\mathbf{X}$ multivariat t-verteilt mit ν Freiheitsgraden und ist $\boldsymbol{\Sigma}$ eine Diagonalmatrix, so sind die X_i zwar unkorreliert, aber nicht unabhängig. Es lässt sich zeigen, dass die einzige Verteilung in der Klasse der elliptischen Verteilungen, bei der Unkorreliertheit und Unabhängigkeit zusammenfallen, die multivariate Normalverteilung ist.

Mit elliptischen Verteilungen lässt sich durch geeignete Wahl von g die Abhängigkeitsstruktur von Renditen subtiler modellieren als mit der multivariaten Normalverteilung. Weiterhin kann man durch geeignete Wahl von g auch die Leptokurtosis in den Randverteilungen der X_i modellieren. Insgesamt bilden die elliptischen Verteilungen eine flexible Verteilungsklasse zur Modellierung der gemeinsamen Verteilung von Renditen.

Für die praktische Anwendung ist g zu bestimmen sowie $\boldsymbol{\mu}$ und $\boldsymbol{\Sigma}$ zu schätzen. Sind $\mathbf{X}_1, \ldots, \mathbf{X}_T$ die Beobachtungen, so liegt es wegen $E(\mathbf{X}) = \boldsymbol{\mu}$ nahe $\boldsymbol{\mu}$ durch

$$\widehat{\boldsymbol{\mu}} = \frac{1}{T} \sum_{t=1}^{T} \mathbf{X}_t = \bar{\mathbf{X}}$$

zu schätzen. Wegen $Cov(\mathbf{X}) = c\boldsymbol{\Sigma}$ liegt es nahe $\boldsymbol{\Sigma}$ durch

$$\widehat{\boldsymbol{\Sigma}} = \frac{1}{c}\mathbf{S} = \frac{1}{c}\left(\frac{1}{T-1}\sum_{t=1}^{T}(\mathbf{X}_t - \bar{\mathbf{X}})(\mathbf{X}_t - \bar{\mathbf{X}})'\right)$$

zu schätzen. Hierfür muss die Konstante c jedoch bekannt sein. Sie hängt vom Dichtegenerator g ab und kann berechnet werden, falls g bekannt ist. Im diesem Fall kann man μ und Σ auch nach der ML-Methode schätzen. Als Log-Likelihood-Funktion ergibt sich

$$\ln L = -\frac{T}{2}\ln|\Sigma| + \sum_{t=1}^{T}\ln g\left((\mathbf{X}_t - \mu)'\Sigma^{-1}(\mathbf{X}_t - \mu)\right). \tag{3.30}$$

Sie ist in bezug auf μ und Σ zu maximieren.

Beispiel 3.23. Besitzt $\mathbf{X}$ *eine multivariate t-Verteilung mit bekannter Anzahl* $\nu \in \mathbb{R}$ *an Freiheitsgraden, so gilt, falls* $\nu > 1$ *ist,* $E(\mathbf{X}) = \mu$ *sowie* $Cov(\mathbf{X}) = \frac{\nu}{\nu-2}\Sigma$, *falls* $\nu > 2$ *ist. Man schätzt also*

$$\hat{\mu} = \bar{\mathbf{x}}, \tag{3.31}$$

$$\hat{\Sigma} = \frac{\nu - 2}{\nu}\mathbf{S}. \tag{3.32}$$

Wenn die Anzahl ν *der Freiheitsgrade unbekannt ist, kann man sie auf einfache Weise schätzen, indem man (3.30), ausgewertet an den Stellen (3.31) und (3.32), bezüglich* ν *maximiert.*

Für die Tagesrenditen der 30 DAX-Aktien im Zeitraum vom 2. Januar 2004 bis zum 30. Dezember 2004 ergibt sich eine geschätzte Anzahl an Freiheitsgraden von $\hat{\nu} = 10.4$. *(Wir beschränken uns an dieser Stelle auf die Daten eines Jahres, um das Problem fehlender Werte zu umgehen.) Die Schätzwerte* $\hat{\mu}$ *und* $\hat{\Sigma}$ *ergeben sich dann gemäß (3.31) und (3.32) aus den Schätzwerten, die in den Tabellen der Beispiele 3.5 und 3.6 aufgeführt sind.*

3.4 Copulas

In Abschnitt 3.3.1 und 3.3.2 wurden mit der multivariaten Normalverteilung und den elliptischen Verteilungen spezielle multivariate parametrische Verteilungsmodelle vorgestellt. Es gibt jedoch auch einen sehr allgemeinen Ansatz, um multivariate Modelle mit vorgegebenen Eigenschaften zu konstruieren. Er beruht auf der Theorie der Copulas, die in der Finanzmarktstatistik seit neuerer Zeit verstärkt Beachtung findet. In Abschnitt 3.4.1 führen wir Copulas ein und erläutern einige Grundbegriffe. In Abschnitt 3.4.2 behandeln wir die Frage, wie Copulas und Copula-Dichten nichtparametrisch geschätzt werden können.

3.4.1 Grundbegriffe

Zur Vereinfachung betrachten wir nur den bivariaten Fall mit zwei Zufallsvariablen (X, Y). Sei $F_{X,Y}(x, y)$ die gemeinsame Verteilungsfunktion von (X, Y)

und $F_X(x)$ sowie $F_Y(y)$ die Randverteilungsfunktionen, die wir als stetig voraussetzen. Sklar (1959) hat gezeigt, dass es eine eindeutig bestimmte Funktion $C_{X,Y}(u,v)$ gibt mit der Eigenschaft

$$F_{X,Y}(x,y) = C_{X,Y}\left(F_X(x), F_Y(y)\right) \tag{3.33}$$

für $(x,y) \in \mathbb{R}^2$. Hierbei ist $C_{X,Y}(u,v)$ eine Funktion

$$C_{X,Y} : [0,1] \times [0,1] \longrightarrow [0,1]$$

und heißt Copula von X und Y. Statt $C_{X,Y}(u,v)$ schreiben wir im Folgenden oft nur $C(u,v)$.

An (3.33) erkennt man, dass sich die bivariate Verteilungsfunktion $F_{X,Y}(x,y)$ in zwei Komponenten aufspalten lässt, nämlich die Copula $C(u,v)$, sowie die Randverteilungsfunktionen $F_X(x)$ und $F_Y(y)$. Abbildung 3.6 veranschaulicht diese Zerlegung.

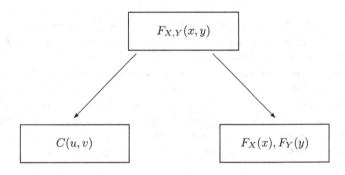

Abbildung 3.6. Die beiden Komponenten einer bivariaten Verteilungsfunktion

In der Copula $C(u,v)$ sind nur Informationen über die Art der Abhängigkeit von X und Y enthalten, aber keinerlei Informationen über die Randverteilungen von X und Y. Demgegenüber enthalten die Randverteilungsfunktionen keinerlei Informationen über die Art der Abhängigkeit von X und Y.

Dreht man die Pfeile in Abbildung 3.6 um, so wird die wichtige Rolle deutlich, die Copulas bei der Modellierung von Finanzmarktdaten spielen können. Man kann nämlich mittels der Copula eine gewünschte Abhängigkeitsstruktur wählen und diese mit beliebigen, gewünschten Randverteilungen kombinieren (siehe Abbildung 3.7).

Auf diese Art und Weise erhält man eine gemeinsame Verteilung von X und Y, welche die gewünschte Abhängigkeitsstruktur und die gewünschten Randverteilungen aufweist.

Wichtige Eigenschaften einer Copula sind:

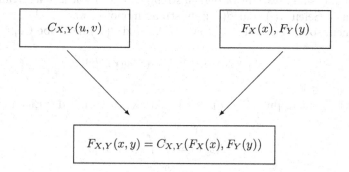

Abbildung 3.7. Synthese einer gemeinsamen Verteilungsfunktion aus Copula und Randverteilungen

1. Für $u, v \in [0, 1]$ gilt

$$C(u, v) = F_{X,Y}\left(F_X^{-1}(u), F_Y^{-1}(v)\right), \qquad (3.34)$$

d.h. man erhält die Copula von X und Y, indem man in die gemeinsame Verteilungsfunktion $F_{X,Y}(x, y)$ die Quantilfunktionen $F_X^{-1}(u)$ und $F_Y^{-1}(v)$ einsetzt.

2. Die Copula C ist selbst eine bivariate Verteilungsfunktion, nämlich von den Zufallsvariablen

$$U = F_X(X),$$
$$V = F_Y(Y),$$

also gilt

$$C(u, v) = P(U \le u, V \le v)$$

für $u, v \in [0, 1]$.

3. Aus Eigenschaft 2 folgt
   a) $C(u, 0) = C(0, v) = 0$ für $u, v \in [0, 1]$,
   b) $C(u, 1) = u$, $C(1, v) = v$ für $u, v \in [0, 1]$.
   c) Für alle $u_1, u_2, v_1, v_2 \in [0, 1]$ mit $u_1 \le u_2$ und $v_1 \le v_2$ gilt

$$C(u_2, v_2) - C(u_2, v_1) - C(u_1, v_2) + C(u_1, v_1) \ge 0.$$

4. Copulas haben die folgende Stetigkeitseigenschaft: Es ist

$$|C(u_2, v_2) - C(u_1, v_1)| \le |u_2 - u_1| + |v_2 - v_1|$$

für $u_1, u_2, v_1, v_2 \in [0, 1]$.

5. Copulas sind invariant bezüglich streng monoton wachsender Transformationen: Seien $\alpha(\cdot)$ und $\beta(\cdot)$ zwei streng monoton wachsende Transformationen, so haben X und Y sowie $\alpha(X)$ und $\beta(Y)$ dieselbe Copula C,

$$C_{X,Y}(u,v) = C_{\alpha(X),\beta(Y)}(u,v)$$

für $u,v \in [0,1]$.

6. Gibt es zur Copula $C(u,v)$ eine Funktion $c(u,v)$ mit der Eigenschaft

$$C(u,v) = \int\limits_0^u \int\limits_0^v c(s,t)\,dt\,ds$$

für $u,v \in [0,1]$, so heißt c Copula-Dichte. Ist C zweimal partiell differen-
zierbar, so gilt

$$c(u,v) = \frac{\partial^2}{\partial u \partial v} C(u,v).$$

Besitzt die bivariate Verteilungsfunktion $F_{X,Y}$ die Dichte $f_{X,Y}$, so gilt

$$f_{X,Y}(x,y) = c(F_X(x), F_Y(y)) \cdot f_X(x) \cdot f_Y(y),$$

wobei f_X bzw. f_Y die Randdichten von X bzw. Y sind. Setzt man

$$x = F_X^{-1}(u),$$
$$y = F_Y^{-1}(v),$$

so ist

$$c(u,v) = \frac{f_{X,Y}\left(F_X^{-1}(u), F_Y^{-1}(v)\right)}{f_X\left(F_X^{-1}(u)\right) \cdot f_Y\left(F_Y^{-1}(v)\right)},$$

d.h. die Copula-Dichte lässt sich durch die gemeinsame Dichte $f_{X,Y}$, die
Randdichten f_X bzw. f_Y sowie die Quantilfunktionen F_X^{-1} und F_Y^{-1} ausdrücken.

*Beispiel 3.24. Die standard bivariate logistische Verteilung ist durch die ge-
meinsame Verteilungsfunktion*

$$F_{X,Y}(x,y) = \frac{1}{1 + \exp(-x) + \exp(-y)}, \qquad x,y \in \mathbb{R}$$

gegeben. Die gemeinsame Dichtefunktion lautet

$$f_{X,Y}(x,y) = \frac{2e^{(-x)}e^{(-y)}}{\left(1 + e^{(-x)} + e^{(-y)}\right)^3}$$

und die Randverteilungen ergeben sich als

$$F_X(x) = \frac{e^x}{e^x + 1},$$

$$F_Y(y) = \frac{e^y}{e^y + 1}.$$

Die Quantilfunktionen sind

$$F_X^{-1}(u) = \ln\left(-\frac{u}{-1+u}\right),$$

$$F_Y^{-1}(v) = \ln\left(-\frac{v}{-1+v}\right).$$

Eingesetzt in die bivariate Verteilungsfunktion ergibt sich die folgende Copula:

$$C(u,v) = \frac{u \cdot v}{u + v - u \cdot v}$$

mit zugehöriger Dichte

$$c(u,v) = -\frac{2 \cdot u \cdot v}{(u \cdot v - v - u)^3}, \qquad u, v \in [0,1].$$

Drei wichtige Copulas, die in der Literatur eigene Symbole haben, sind:

- Die Unabhängigkeitscopula

$$\Pi\,(u,v) = u \cdot v.$$

Der Name dieser Copula rührt daher, dass $C = \Pi$ genau dann gilt, wenn X und Y stochastisch unabhängig sind.

- Die Komonotonie-Copula (comonotonic copula)

$$M\,(u,v) = \min\{u,v\}.$$

Die Zufallsvariablen X und Y hängen über die Komonotonie-Copula miteinander zusammen, wenn (mit Wahrscheinlichkeit 1) $U = V$ ist. Das impliziert sofort $F_X(X) = F_Y(Y)$, d.h. die Wahrscheinlichkeitsmasse der gemeinsamen Verteilung von U und V ist auf der Diagonalen des Einheitsquadrates konzentriert. Außerdem gilt (mit Wahrscheinlichkeit 1) in diesem Fall $X = F_X^{-1}(F_Y(Y))$ bzw. $Y = F_Y^{-1}(F_X(X))$. Es gibt also einen (monoton steigenden) exakten funktionalen Zusammenhang zwischen X und Y.

- Die Kontramonotonie-Copula (countermonotonic copula)

$$W(u,v) = \max\{u + v - 1, 0\}.$$

Der Zusammenhang zwischen X und Y wird durch die Kontramonotonie-Copula beschrieben, wenn $U = 1 - V$ bzw. $F_X(X) = 1 - F_Y(Y)$. In diesem Fall ist die Wahrscheinlichkeitsmasse der gemeinsamen Verteilung von U und V auf der Nebendiagonalen des Einheitsquadrats konzentriert. Zwischen X und Y gibt es einen (monoton fallenden) exakten funktionalen Zusammenhang, d.h. $X = F_X^{-1}(1 - F_Y(Y))$ bzw. $Y = F_Y^{-1}(1 - F_X(X))$.

W bzw. M bildet eine untere bzw. obere Schranke für Copulas, denn es gilt für eine beliebige Copula $C(u,v)$

$$W(u,v) \leq C(u,v) \leq M(u,v).$$

Die beiden Copulas W und M lassen sich auch so charakterisieren:

$$(X,Y) \overset{d}{=} (\alpha(Z), \beta(Z))$$

mit Funktionen α und β, wobei

$$C(u,v) = M(u,v) = \min\{u,v\} \iff \alpha, \beta \text{ monoton wachsend}$$

und

$$C(u,v) = W(u,v) = \max\{u+v-1,0\} \iff \begin{cases} \alpha \text{ monoton wachsend,} \\ \beta \text{ monoton fallend.} \end{cases}$$

Hierbei ist Z eine Zufallsvariable und $\overset{d}{=}$ bedeutet „Gleichheit in Verteilung".

Eine wichtige Klasse von Copulas bilden die sogenannten „Archimedischen Copulas", die durch einen Generator φ erzeugt werden. Sei hierzu

$$\varphi : [0,1] \longrightarrow [0,\infty]$$

eine stetige, streng monoton fallende und konvexe Funktion mit $\varphi(1) = 0$ und sei φ^{-1} ihre Umkehrfunktion. Die Funktion φ heißt strikter Generator falls $\varphi(0) = \infty$. Abbildung 3.8 zeigt einen Generator (links) und einen strikten Generator (rechts).

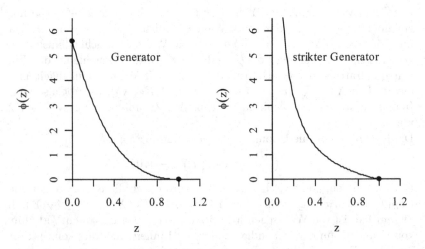

Abbildung 3.8. Generator und strikter Generator für Archimedische Copulas

Die Funktion
$$C(u,v) = \varphi^{-1}(\varphi(u) + \varphi(v))$$
ist für $u, v \in [0,1]$ eine Copula. Man beachte jedoch, dass nicht jede Copula sich in der obigen Form schreiben lässt, d.h. nicht jede Copula ist eine Archimedische Copula.

Zwei verbreitete Abhängigkeitsmaße von Zufallsvariablen X und Y, nämlich der Rangkorrelationskoeffizient nach Spearman ρ_{XY}^{Sp} und Kendalls τ (siehe Abschnitt 3.2.5) lassen sich als Funktionen der Copula $C_{X,Y}$ von X und Y darstellen. Sie hängen also nicht von den Randverteilungen von X und Y ab.

Für Spearmans ρ_{XY}^{Sp} gilt (nach einigen Umformungen)

$$\rho_{XY}^{Sp} = \frac{Cov(F_X(X), F_Y(Y))}{\sqrt{Var(F_X(X))}\sqrt{Var(F_Y(Y))}}$$

$$= 12 \int_0^1 \int_0^1 C(u,v) du dv - 3.$$

Für Kendalls τ gilt (auch nach einigen Umformungen)

$$\tau_{XY} = P((X_1 - X_2)(Y_1 - Y_2) > 0) - P((X_1 - X_2)(Y_1 - Y_2) < 0)$$

$$= 4 \int_0^1 \int_0^1 C(u,v)c(u,v) \, du \, dv - 1$$

$$= 4 \, E(C(U,V)) - 1,$$

wobei die Existenz der Copula-Dichte $c(u,v)$ vorausgesetzt wird. Demgegenüber lässt sich der Korrelationskoeffizient ρ_{XY} von Bravais-Pearson nicht als Funktion der Copula C schreiben, denn aus (3.15) ist ersichtlich, dass ρ_{XY} über die Varianzen $Var(X)$ und $Var(Y)$ auch von den Randverteilungen von X und Y abhängt.

Im Folgenden geben wir noch einige Beispiele für Klassen von parametrischen Copulas. Diese Copulas sind dadurch gekennzeichnet, dass sie von einem d-dimensionalen Parameter θ abhängen mit $\theta \in \Theta \subset \mathbb{R}^d$. Um dies zu verdeutlichen, bezeichnen wir diese Copulas im Folgenden mit $C(u,v;\theta)$, $\theta \in \Theta$.

Zu den bekanntesten Beispiele gehören

- Gauß-Copulas mit

$$C(u,v;\rho) = \Phi_\rho(\Phi^{-1}(u), \Phi^{-1}(v))$$

$$= \int_{-\infty}^{\Phi^{-1}(u)} \int_{-\infty}^{\Phi^{-1}(v)} \frac{1}{2\pi(1-\rho^2)} \exp\left(\frac{-(s^2 - 2\rho st + t^2)}{2(1-\rho^2)}\right) ds dt,$$

wobei Φ die Verteilungsfunktion der univariaten Standardnormalverteilung und Φ_ρ die Verteilungsfunktion der bivariaten Standardnormalverteilung mit Parameter ρ ($|\rho| < 1$) bezeichnen. Es gilt:

$$\lim_{\rho \to +1} C(u, v; \rho) = \min\{u, v\} = M(u, v),$$

$$\lim_{\rho \to -1} C(u, v; \rho) = \max\{u + v - 1, 0\} = W(u, v),$$

$$C(u, v; 0) = u \cdot v = \Pi(u, v)$$

für $(u, v) \in [0, 1]^2$. Die Gauß-Copulas enthalten also die drei Spezialfälle.

- t_ν-Copulas mit

$$C(u, v; \nu, \rho) = \int\limits_{-\infty}^{F_\nu^{-1}(u)} \int\limits_{-\infty}^{F_\nu^{-1}(v)} \frac{1}{2\pi\sqrt{1 - \rho^2}} \left(1 + \frac{(s^2 - 2\rho st + t^2)}{\nu(1 - \rho^2)}\right)^{\frac{-(\nu+2)}{2}} ds\, dt,$$

wobei F_ν die univariate Verteilungsfunktion der t-Verteilung mit $\nu > 0$ Freiheitsgraden bezeichnet und $-1 < \rho < 1$.

- Die Klasse der Cook-Johnson-Copulas mit

$$C(u, v) = \left(u^{-\theta} + v^{-\theta} - 1\right)^{-\frac{1}{\theta}},$$

wobei $\theta \in \Theta = \,]0, \infty[$. Diese Klasse von Copulas enthält als Grenzwerte die Unabhängigkeits-Copula Π und die Komonotonie-Copula M, da gilt

$$\lim_{\theta \to 0} C(u, v; \theta) = u \cdot v,$$

$$\lim_{\theta \to \infty} C(u, v; \theta) = \min\{u, v\}$$

für $(u, v) \in [0, 1]^2$. Die Cook-Johnson-Copulas sind Archimedisch, der Generator ist

$$\varphi(t) = \frac{1}{\theta}\left(t^{-\theta} - 1\right).$$

- die Klasse der Frank-Copulas mit

$$C(u, v; \theta) = -\frac{1}{\theta} \ln\left(1 + \frac{\left(e^{-\theta u} - 1\right)\left(e^{-\theta v} - 1\right)}{e^{-\theta} - 1}\right),$$

wobei $\theta \in \Theta = \,]0, \infty[$. Diese Klasse umfasst ebenfalls Π und M. Frank-Copulas sind Archimedisch mit Generator

$$\varphi(t) = -\ln\left(\frac{\exp(-\theta t) - 1}{\exp(-\theta) - 1}\right).$$

3.4.2 Statistik für Copulas

Im vorangegangenen Abschnitt wurden Grundbegriffe der Copulas behandelt. In diesem Abschnitt stellen wir nichtparametrische statistische Verfahren für Copulas vor. Wir verwenden die Notation aus 3.4.1 und gehen davon aus, dass $(x_1, y_1), ..., (x_T, y_T)$ die Beobachtungen sind. Sie sind Realisierungen der

Zufallsvariablen $(X_1, Y_1), ..., (X_T, Y_T)$, die eine einfache Stichprobe aus (X, Y) bilden sollen. Weiterhin sei die gemeinsame Verteilungsfunktion $F_{X,Y}$ von (X, Y) unbekannt.

Für die Statistik für Copulas ist es bedeutsam, ob die beiden Randverteilungsfunktionen bekannt sind oder nicht. Wir werden diese beiden Fälle getrennt vorstellen.

Fall I. F_X und F_Y sind bekannt. In diesem Fall kann man

$$(u_i, v_i) = (F_X(x_i), F_Y(y_i)), \tag{3.35}$$

$i = 1, ..., T$, berechnen. Die so transformierten Beobachtungen (u_i, v_i), $i = 1, ..., T$, sind die Werte einer Stichprobe (U_i, V_i), $i = 1, ..., T$, aus (U, V). Die Statistik für die Copula beruht dann auf den (u_i, v_i), $i = 1, ..., T$.

In den Anwendungen wird man jedoch meist F_X und F_Y als nicht bekannt voraussetzen müssen.

Fall II. F_X und F_Y sind unbekannt. In diesem Fall können (u_i, v_i) nicht berechnet werden. Die Statistik für die Copula stützt sich deshalb auf

$$(\hat{u}_i, \hat{v}_i) = (\hat{F}_X(x_i), \hat{F}_Y(y_i)), \tag{3.36}$$

$i = 1, ..., T$, wobei $\hat{F}_X$ und $\hat{F}_Y$ die empirischen Verteilungsfunktionen sind. Es gilt

$$\hat{u}_i = \frac{\text{Rang von } x_i \text{ in } x_1, ..., x_T}{T}, \tag{3.37}$$

$$\hat{v}_i = \frac{\text{Rang von } y_i \text{ in } y_1, ..., y_T}{T}, \tag{3.38}$$

d.h. die statistischen Verfahren beruhen im Fall II auf Rängen.

3.4.2.1 Nichtparametrische Schätzung der Copula und der Copula-Dichte

Die bivariate Verteilungsfunktion $F_{X,Y}$ von (X, Y) wird an der Stelle $(x, y) \in \mathbb{R}^2$ aus den Beobachtungen $(x_1, y_1), ..., (x_T, y_T)$ geschätzt durch

$$\hat{F}_{X,Y}(x, y) = \frac{1}{T} \sum_{i=1}^{T} 1\,(x_i \leq x) \cdot 1\,(y_i \leq y)$$

$$= \frac{1}{T} \sum_{i=1}^{T} 1\,(x_i \leq x, y_i \leq y). \tag{3.39}$$

Analog schätzen wir die Copula C von (X, Y) mittels der Beobachtungen $(\hat{u}_1, \hat{v}_1), ..., (\hat{u}_T, \hat{v}_T)$ durch

$$\hat{C}(u, v) = \frac{1}{T} \sum_{i=1}^{T} 1\,(\hat{u}_i \leq u) \cdot 1\,(\hat{v}_i \leq v) \tag{3.40}$$

an der Stelle $(u, v) \in [0, 1]^2$. $\hat{C}$ heißt empirische Copula.

Existiert eine Copula-Dichte, so schätzt man diese aus den Beobachtungen $(\hat{u}_i, \hat{v}_i)$, $i = 1, ..., T$, durch einen bivariaten Kerndichteschätzer, vgl. (3.4) in Abschnitt 3.1.3. Mit einer geeigneten Bandweite $h = h_u = h_v > 0$ ist

$$\hat{c}(u, v) = \frac{1}{T} \sum_{i=1}^{T} \frac{1}{h^2} K\left(\frac{u - \hat{u}_i}{h}\right) K\left(\frac{v - \hat{v}_i}{h}\right) \tag{3.41}$$

der Kerndichteschätzer für die Dichte c der Copula C. Als Faustregel für die Bandbreite eignet sich $h = 0.29 \cdot T^{-1/6}$. Dieser Wert ergibt sich, wenn man in (3.5) für die Standardabweichung $\sqrt{1/12} \approx 0.29$ und $n = 2$ einsetzt.[1]

Bei der Kerndichteschätzung tritt jedoch ein Problem auf: Dadurch dass der Kern die Wahrscheinlichkeitsmasse um die Beobachtungen $(\hat{u}_i, \hat{v}_i)$ herum „verschmiert", bleibt nicht die gesamte Wahrscheinlichkeitsmasse 1 innerhalb des Einheitsquadrats. Je nach Wahl der Bandbreite kann dieser Effekt größer oder kleiner sein.

Das Problem lässt sich leichter am ein- als am zweidimensionalen Fall veranschaulichen: Angenommen wir möchten eine Kerndichteschätzung im Einheitsintervall $[0, 1]$ durchführen, so dass die gesamte Wahrscheinlichkeitsmasse tatsächlich im Einheitsintervall verbleibt. Abbildung 3.9 zeigt das Problem und eine einfache Lösung. Für drei Beobachtungen im Einheitsintervall soll

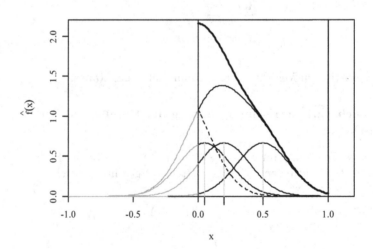

Abbildung 3.9. Univariate Kerndichteschätzung innerhalb eines Intervalls

eine Kerndichteschätzung mit Gaußschem Kern und Bandbreite $h = 0.2$ errechnet werden, die vollständig auf das Einheitsintervall begrenzt ist. Dadurch

---

[1]Da die beiden Ränder einer Copula rechteckverteilt auf $[0, 1]$ sind, sind ihre Varianzen $1/12$.

dass einige Punkte nah an der linken Grenze liegen, wird ein beträchtlicher Teil der Wahrscheinlichkeitsmasse in den negativen Bereich verschmiert. Es ist naheliegend die Dichte im negativen Bereich in das Einheitsintervall zurück-zuspiegeln und auf die dortige Dichte zu addieren. In der Abbildung wird der Übersichtlichkeit halber nur die geschätzte Dichte – nicht die kleinen Hügel-chen – gespiegelt (gestrichelte Linie) und addiert (fette Linie). Eine elegante und sehr einfache Methode die fette Linie zu errechnen besteht darin, die Be-obachtungen an der Intervallgrenze (oder den Intervallgrenzen) zu spiegeln. Die Anzahl der Beobachtungen vervielfacht sich dabei. Eine normale Kern-dichteschätzung mit allen Beobachtungen liefert dann das gleiche Ergebnis wie die Spiegelung der Dichteschätzung, nämlich die fette Linie in Abbildung 3.9.

Im bivariaten Fall löst man das Problem analog: Alle Beobachtungen wer-den an den Kanten und Ecken des Einheitsquadrats gespiegelt. Anschließend führt man die Kerndichteschätzung mit den tatsächlichen und gespiegelten Beobachtungen gemeinsam durch (Gijbels und Mielniczuk 1990). Durch die Spiegelung wird die fehlende Wahrscheinlichkeitsmasse in das Einheitsqua-drat „zurückgeschmiert". Abbildung 3.10 illustriert das Vorgehen; das fett

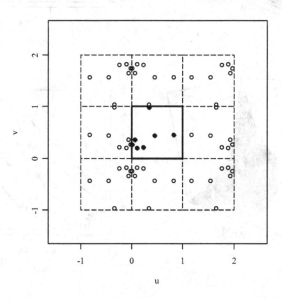

Abbildung 3.10. Spiegelung der Datenpunkte zur Kerndichteschätzung einer Copula-Dichte

gezeichnete Quadrat in der Mitte enthält sieben willkürlich gesetzte Daten-punkte. Die acht gestrichelten Quadrate enthalten die gespiegelten Punkte. Man führt nun die Kerndichteschätzung der Copula-Dichte mit allen Beobachtungen durch, wertet sie aber nur im Einheitsquadrat aus. Da die gesamte Wahrscheinlichkeitsmasse 1 beträgt entfällt nur eine Wahrscheinlichkeitsmasse von 1/9 auf das Einheitsquadrat; die Dichteschätzung muss also abschließend mit dem Faktor 9 multipliziert werden. Ein Nachteil dieses Verfahrens besteht darin, dass die Anzahl der Beobachtungen sich verneunfacht. Dadurch steigt der Rechenaufwand der Kerndichteschätzung drastisch an.

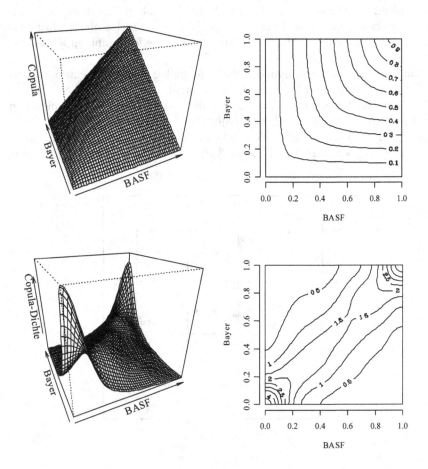

Abbildung 3.11. Nichtparametrisch geschätzte Copula (oben) und Copula-Dichte (unten) der Tagesrenditen von BASF und Bayer mit ihren Höhenlinien

Beispiel 3.25. Wir betrachten die T = 2526 Tagesrenditen der beiden Aktien BASF (X) und Bayer (Y) für den Zeitraum vom 3.1.1995 bis 30.12.2004. Die Tagesrenditen werden gemäß (3.36) umgerechnet in die Beobachtungen

$(\hat{u}_1, \hat{v}_1), \ldots, (\hat{u}_T, \hat{v}_T)$. *Mit Hilfe von (3.40) wird die Copula nichtparametrisch auf einem Gitter* $u = 0, 0.02, \ldots, 1$ *und* $v = 0, 0.02, \ldots, 1$ *geschätzt. Die obere Hälfte von Abbildung 3.11 zeigt die Copula und das zugehörige Höhenliniendiagramm. Die starke Abhängigkeit der beiden Renditen ist deutlich daran zu erkennen, dass die Höhenlinien beinahe L-förmig verlaufen. Aus (3.41) errechnet man die Copula-Dichte auf demselben Gitter wie für die Copula. Die Beobachtungen werden wie in Abbildung 3.10 achtfach gespiegelt, damit die Wahrscheinlichkeitsmasse im Einheitsquadrat 1 ist. Die untere Hälfte von Abbildung 3.11 zeigt die geschätzte Copula-Dichte als Gebirge und als Höhenliniendiagramm. Als Bandbreite wurde* $h_u = h_v = 0.29 \cdot T^{-1/6} \approx 0.08$ *gewählt.*

3.4.2.2 Nichtparametrische Schätzung von Spearmans ρ und Kendalls τ

Schon in Abschnitt 3.2.5 wurden nichtparametrische Schätzer für diese Zusammenhangsmaße angegeben. Man sieht leicht, dass man diese durch die $(\hat{u}_i, \hat{v}_i)$, $i = 1, \ldots, T$, ausdrücken kann; so gilt

$$\hat{\rho}^{Sp} = \frac{\sum_{i=1}^{T} (\hat{u}_i - \overline{\hat{u}}) (\hat{v}_i - \overline{\hat{v}})}{\sqrt{\sum_{i=1}^{T} (\hat{u}_i - \overline{\hat{u}})^2} \sqrt{\sum_{i=1}^{T} (\hat{v}_i - \overline{\hat{v}})^2}} \tag{3.42}$$

und für Kendalls τ

$$\hat{\tau} = \frac{\sum_{i=1}^{T} \sum_{j=1}^{T} \text{sign} (\hat{u}_i - \hat{u}_j) \cdot \text{sign}(\hat{v}_i - \hat{v}_j)}{\sqrt{\sum_{i=1}^{T} \sum_{j=1}^{T} \text{sign}^2 (\hat{u}_i - \hat{u}_j)} \sqrt{\sum_{i=1}^{T} \sum_{j=1}^{T} \text{sign}^2 (\hat{v}_i - \hat{v}_j)}}. \tag{3.43}$$

Beispiel 3.26. Die Berechnungen aus Beispiel 3.10 bleiben natürlich unverändert, wenn man den Rangkorrelationskoeffizienten und Kendalls τ nicht durch (3.20) und (3.21), sondern durch (3.42) und (3.43) berechnet, sofern die Randverteilungen $F_X(x)$ und $F_Y(y)$ unbekannt sind und folglich die $\hat{u}_i$ und $\hat{v}_i$ durch (3.37) und (3.38) berechnet werden.

3.5 Literaturhinweise

Die gemeinsame Verteilung von n Zufallsvariablen $X_1, \ldots, X_n$ wird in vielen einführenden Lehrbüchern der Statistik behandelt, wir verweisen auf Mosler und Schmid (2004). Ausführliche und umfassendere Darstellungen findet man in der Literatur zu den multivariaten statistischen Verfahren z.B. in Muirhead (1982), Fahrmeir et al. (1996), Flury (1997) und Hartung und Elpelt (1984). Die grafische Darstellung multivariater Daten wird in Heiler und Michels (1994) behandelt. Die multivariate Normalverteilung wird in fast allen Lehrbüchern zur Wahrscheinlichkeitsrechnung und Statistik behandelt, insbesondere auch in den oben genannten Büchern zur multivariaten Statistik.

Ein grundlegendes Werk über elliptische Verteilungen ist Fang, Kotz und Ng (1990). Copulas werden umfassend in Nelsen (1998), Joe (1997) sowie Mari und Kotz (2001) behandelt. Anwendungen von Copulas im Bereich der Finanzmarktstatistik finden sich in Cherubini, Luciano und Vecchiato (2004) sowie in Frahm (2004), Junker (2003) und Schmidt (2003). Arbeiten zur Statistik für Copulas sind Genest und Rivest (1993), Mendes und Souza (2004), de Matteis (2001) sowie Capéraà, Fougères und Genest (1997). Zusammenhangsmaße werden in Mari und Kotz (2001) sowie Embrechts et al. (2002) behandelt.

4

Einführung in die stochastischen Prozesse

Dieser Abschnitt enthält eine Einführung in die stochastischen Prozesse mit diskretem Zeitparameter. In Abschnitt 4.1 werden wichtige Grundbegriffe eingeführt; die darauffolgenden Abschnitte behandeln einige spezielle stochastische Prozesse, die für die Analyse von Finanzzeitreihen von Bedeutung sind, insbesondere stationäre Prozesse, reine Zufallsprozesse, Irrfahrten (Random-Walks), Martingale, *ARMA*- und *ARIMA*-Prozesse. Die für die Modellierung von Volatilitäten erforderlichen *ARCH*- und *GARCH*-Prozesse werden in Kapitel 6 dargestellt.

4.1 Grundbegriffe

Wir beginnen mit der Definition eines stochastischen Prozesses mit diskretem Zeitparameter. Sei $\mathbb{T}$ eine endliche oder höchstens abzählbar unendliche Menge der Werte des Zeitparameters t. Meist ist $\mathbb{T} = \mathbb{N}$, $\mathbb{T} = \mathbb{N} \cup \{0\}$ oder $\mathbb{T} = \mathbb{Z}$.

Definition 4.1 (Stochastischer Prozess). *Eine Folge $(X_t)_{t \in \mathbb{T}}$ von Zufallsvariablen, die alle auf dem gleichen Wahrscheinlichkeitsraum $(\Omega, \mathcal{A}, P)$ definiert sind, heißt stochastischer Prozess mit diskretem Zeitparameter.*

Einem stochastischen Prozess liegt ein Zufallsvorgang mit Ergebnismenge Ω zugrunde. Die Abhängigkeit der Zufallsvariablen von den Ergebnissen $\omega \in \Omega$ wird meist nicht explizit aufgeschrieben. Tut man es doch, so wird die doppelte Abhängigkeit des stochastischen Prozesses deutlich, nämlich die Abhängigkeit vom Zufallsvorgang und von der Zeit: $X_t(\omega)$. Die Menge aller Werte, die der stochastische Prozess annehmen kann, heißt auch Zustandsraum. Er ist eine Teilmenge von $\mathbb{R}$.

Je nachdem, ob ω und t als fest oder variabel angenommen werden, muss der Ausdruck $X_t(\omega)$ unterschiedlich interpretiert werden: Tabelle 4.1 zeigt die vier Möglichkeiten. Am einfachsten ist das Feld oben rechts zu verstehen; wenn der Zufall „festgehalten" wird, aber die Zeit variabel bleibt, ist $X_t(\omega)$

	t fest	t variabel
ω fest	$X_t(\omega)$ ist eine reelle Zahl	$X_t(\omega)$ ist eine Folge reeller Zahlen (ein Pfad oder eine Realisierung des stochastischen Prozesses)
ω variabel	$X_t(\omega)$ ist eine reelle Zufallsvariable	$X_t(\omega)$ ist der gesamte stochastische Prozeß

Tabelle 4.1. Stochastischer Prozess

eine Folge reeller Zahlen bzw. eine nichtstochastische Funktion der Zeit. Man nennt $X_t(\omega)$ einen Pfad, eine Realisation oder Trajektorie des stochastischen Prozesses. Wenn man nun auch noch die Zeit festhält (Feld oben links), sich also auf einen einzigen Zeitpunkt des Pfades beschränkt, handelt es sich bei $X_t(\omega)$ um eine reelle Zahl, nämlich den Wert, den der Pfad im Zeitpunkt t angenommen hat. Etwas schwieriger sind die unteren Felder zu verstehen. Beginnen wir unten links. Wenn nur ein Zeitpunkt betrachtet wird, ist $X_t(\omega)$ eine normale Zufallsvariable. Ihre Verteilung gibt an, was mit welcher Wahrscheinlichkeit im Zeitpunkt t alles passieren könnte. Wird nun auch noch die Zeit als variabel angenommen, handelt es sich um den stochastischen Prozess im eigentlichen Sinne.

Die Ergebnismenge Ω ist ein sehr komplexes Gebilde. Jedes Element $\omega \in \Omega$ ist ein spezieller Umweltzustand, der die Kurse (oder Renditen) von Finanztiteln beeinflusst – und zwar nicht nur zu einem Zeitpunkt, sondern über die gesamte betrachtete Zeitspanne hinweg; ω ist sozusagen eine einzelne „historische Entwicklung". Für das Folgende ist es jedoch nicht nötig, die Ergebnismenge Ω explizit anzugeben.

Die Daten, die uns für empirische Untersuchungen vorliegen, sind im oberen rechten Feld angesiedelt. Wir haben also nur *eine* Realisierung des stochastischen Prozesses vorliegen. Auf die Konsequenzen, die dies hat, gehen wir weiter unten noch genauer ein. Erschwerend kommt hinzu, dass diese Realisierung auch nur für die Zeitpunkte $t = 1, \ldots, T$ vorliegt und (im Allgemeinen) nicht für alle $t \in \mathbb{T}$. Wir bezeichnen den beobachteten Pfad mit $x_1, \ldots, x_T$.

Grundlegend für die Behandlung stochastischer Prozesse sind die folgenden Begriffe.

Definition 4.2 (Momentfunktion). *Gegeben sei ein stochastischer Prozess $(X_t)_{t \in \mathbb{T}}$. Die nachfolgenden Größen werden als Momentfunktionen des stochastischen Prozesses bezeichnet und sind für alle $s, t \in \mathbb{T}$ definiert:*

- *Mittelwertfunktion oder Erwartungswertfunktion:*

$$\mu_t = \mu(t) = E(X_t),$$

- *Varianzfunktion:*

$$\sigma_t^2 = \sigma^2(t) = Var(X_t),$$

- *Kovarianzfunktion oder Autokovarianzfunktion:*

$$\gamma_{s,t} = \gamma(s,t) = Cov(X_s, X_t),$$

- *Korrelationsfunktion oder Autokorrelationsfunktion:*

$$\rho_{s,t} = \rho(s,t) = \frac{\gamma(s,t)}{\sqrt{\sigma^2(s)}\sqrt{\sigma^2(t)}}.$$

Wegen der Symmetrie der Kovarianz und des Korrelationskoeffizienten gilt natürlich $\gamma(s,t) = \gamma(t,s)$ und $\rho(s,t) = \rho(t,s)$.

Die Erwartungswertfunktion gibt als Funktion der Zeit t an, mit welchem Wert des stochastischen Prozesses im Zeitpunkt t „im Mittel" zu rechnen ist. Das ist nicht dasselbe wie die durchschnittliche Rendite über die Zeit hinweg. Man kann sich den Erwartungswert $E(X_t)$ eher vorstellen als durchschnittliche Rendite im Zeitpunkt t über verschiedene mögliche historische Verläufe hinweg. Analoges gilt für die Varianzfunktion und die Kovarianz- und Korrelationsfunktion.

Leider sind die verschiedenen möglichen historischen Verläufe natürlich nicht beobachtbar. Die Momentfunktionen sind ohne weitere einschränkende Annahmen über den stochastischen Prozess nicht schätzbar, da uns nur *eine einzige* Realisation des Prozesses vorliegt. Es gibt jedoch eine Reihe von Restriktionen, unter denen es trotzdem möglich ist, die Momentfunktionen zu schätzen. Die Restriktionen betreffen (Spanos 1986, Kap. 8.1)

- die zeitliche Heterogenität des Prozesses: In der allgemeinen Formulierung $(X_t(\omega))_{t \in \mathbb{T}}$ kann zu jedem Zeitpunkt $t \in \mathbb{T}$ eine unterschiedliche Verteilung vorliegen. In so einem Fall ist eine Schätzung offenbar nicht möglich, wenn nur eine Realisation vorliegt. Nehmen wir dagegen an, dass der Prozess zeitlich homogen ist, dann liefert jeder Zeitpunkt gleichsam Informationen über die gleiche Verteilung.
- das Gedächtnis des Prozesses. Wenn die Werte des Prozesses über die Zeit hinweg zu stark verkoppelt sind, dann liefern die einzelnen Beobachtungen keine (oder keine ausreichenden) eigenständigen Informationen über die Verteilung. Zumindest weit auseinander liegende Zeitpunkte müssen in gewisser (noch zu definierender) Weise eigenständige Informationen liefern – sie dürfen nicht zu stark zusammenhängen.

4.2 Stationarität und Ergodizität

Zunächst betrachten wir Einschränkungen der zeitlichen Heterogenität, und zwar die Annahmen der starken und schwachen Stationarität. Anschließend betrachten wir mit der Ergodizität kurz Restriktionen, die das Gedächtnis des Prozesses betreffen.

Definition 4.3 (Starke Stationarität). *Sei* $(X_t)_{t \in \mathbb{T}}$ *ein stochastischer Prozess, und für* $n \in \mathbb{N}$ *seien die Zeitpunkte* $t_1, \ldots, t_n \in \mathbb{T}$ *gegeben.* $(X_t)_{t \in \mathbb{T}}$ *heißt stark stationär (oder strikt stationär), falls für beliebiges* $s \in \mathbb{T}$ *gilt:*

$$P(X_{t_1} \leq x_1, \ldots, X_{t_n} \leq x_n) = P(X_{t_1+s} \leq x_1, \ldots, X_{t_n+s} \leq x_n),$$

bzw. in etwas anderer Schreibweise

$$F_{X_{t_1}, \ldots, X_{t_n}}(x_1, \ldots, x_n) = F_{X_{t_1+s}, \ldots, X_{t_n+s}}(x_1, \ldots, x_n),$$

d.h. die gemeinsamen Verteilungen von $X_{t_1}, \ldots, X_{t_n}$ *und* $X_{t_1+s}, \ldots, X_{t_n+s}$ *sind gleich. Man sagt, die gemeinsame Verteilung von* $X_{t_1}, \ldots, X_{t_n}$ *ist invariant in Bezug auf die Verschiebung der Zeitpunkte um* s *Einheiten.*

Aus der Definition folgt:

- Die X_t sind identisch verteilt, insbesondere gilt $E(X_t) = \mu_t = \mu$ und $Var(X_t) = \sigma_t^2 = \sigma^2$ für alle $t \in \mathbb{T}$, falls sie definiert sind.
- Alle Kovarianzen sind (falls sie definiert sind) invariant in Bezug auf die Verschiebung um s Zeiteinheiten.

Starke Stationarität der Renditen bedeutet also, dass die „Struktur" der Renditeverteilung sich im Zeitablauf nicht ändert. Diese Annahme ist offensichtlich weitreichend (und zumindest für längere Zeiträume manchmal fragwürdig).

Definition 4.4 (Schwache Stationarität). *Der stochastische Prozess* $(X_t)_{t \in \mathbb{T}}$ *heißt schwach stationär, falls die ersten beiden Momente existieren und*

$$E(X_t) = \mu_t = \mu$$

für alle $t \in \mathbb{T}$ *gilt, und die Kovarianz*

$$Cov(X_{t_1}, X_{t_2}) = \gamma(t_1, t_2)$$

nur von $t_2 - t_1$ *abhängt, für alle* $t_1, t_2 \in \mathbb{T}$.

Offenbar gilt bei schwacher Stationarität

$$Cov(X_{t_1}, X_{t_2}) = Cov(X_{t_1+s}, X_{t_2+s})$$

für alle $s \in \mathbb{T}$. Die Kovarianz ist also invariant in Bezug auf die Verschiebung um s Zeiteinheiten. Man definiert deshalb eine neue Kovarianzfunktion mit nur einem Argument, nämlich

$$\gamma(s) = \gamma(t, t + s)$$

mit $s \in \mathbb{T}$. Es gilt $\gamma(s) = \gamma(-s)$ sowie $\gamma(0) = \sigma^2 = Var(X_t)$ für $t \in \mathbb{T}$. Schwache Stationarität impliziert also auch, dass die Varianzfunktion konstant ist. Auch die Korrelationsfunktion hat jetzt nur noch ein Argument:

$$\rho(s) = \frac{Cov(X_t, X_{t+s})}{\sqrt{Var(X_t)}\sqrt{Var(X_{t+s})}} = \frac{\gamma(s)}{\gamma(0)}$$

für $s \in \mathbb{T}$.

Aus der starken Stationarität folgt die schwache Stationarität, wenn die ersten beiden Momente existieren. Da dies aber nicht der Fall sein muss, kann ein stochastischer Prozess durchaus stark stationär sein, ohne schwach stationär zu sein.

Definition 4.5 (Gauß-Prozess). *Der stochastische Prozess $(X_t)_{t \in \mathbb{T}}$ heißt Gauß-Prozess, falls für n Zeitpunkte $t_1, \ldots, t_n$ die gemeinsame Verteilung von $X_{t_1}, \ldots, X_{t_n}$ eine multivariate Normalverteilung (mit nichtsingulärer Kovarianzmatrix) ist. Da die multivariate Normalverteilung schon durch die ersten beiden Momente festgelegt ist, fällt bei den Gauß-Prozessen starke und schwache Stationarität zusammen.*

Eine tatsächlich beobachtete Zeitreihe kann man mit einigem Recht als Realisierung eines stationären Prozesses ansehen, wenn ein Fenster geeigneter Breite, das über eine Grafik der Zeitreihe gleitet, immer ein qualitativ gleiches Bild zeigt. Wenn dagegen systematische Veränderungen zu erkennen sind, liegt Nichtstationarität vor. Abbildung 4.1 zeigt drei Fälle: Die obere Zeitreihe ist eine Realisation eines stationären Prozesses, während die beiden anderen Realisationen nichtstationärer Prozesse sind. In der mittleren Zeitreihe nimmt der Erwartungswert, in der unteren die Varianz im Laufe der Zeit zu. Viele statistische Verfahren sind nur bei stationären Prozessen sinnvoll einsetzbar.

Die intuitive Vorstellung von Stationarität im Sinne von Abbildung 4.1 ist zwar anschaulich, aber vage: Es wird nicht genau definiert, was ein Fenster geeigneter Breite ist und wann das Bild im Fenster sich qualitativ nicht ändert. Eine fundierte Kenntnis der formalen Definitionen 4.3 und 4.4 bleibt also unerlässlich.

Wie bereits erwähnt, ist die Datenlage bei der Schätzung der Mittelwertfunktion sowie der Varianz-, Kovarianz- und Korrelationsfunktionen ein Problem: Im Gegensatz zur üblichen Situation in der Statistik, in der man viele unabhängige Realisationen einer Zufallsvariablen hat (nämlich die Stichprobe), haben wir nur *eine* Realisation des stochastischen Prozesses. Das lässt sich etwa so veranschaulichen:

$X_1^{(1)}$	$X_1^{(2)}$	$\ldots$	$X_1^{(n)}$
$X_2^{(1)}$	$X_2^{(2)}$	$\ldots$	$X_2^{(n)}$
$X_3^{(1)}$	$X_3^{(2)}$	$\ldots$	$X_3^{(n)}$
$\vdots$	$\vdots$	$\ldots$	$\vdots$
$X_T^{(1)}$	$X_T^{(2)}$	$\ldots$	$X_T^{(n)}$

In dieser Abbildung stellt die erste Spalte den tatsächlich beobachteten Pfad dar, die restlichen Spalten sind hypothetische Pfade, die sich bei einer

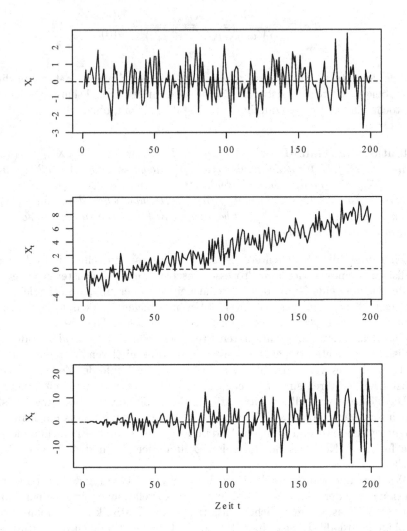

Abbildung 4.1. Stationarität (oben) und Nichtstationarität (Mitte und unten)

anderen „historischen Entwicklung" ergeben hätten (also bei einem anderen ω). Die einzelnen Spalten geben somit mehrere mögliche Realisationen des gesamten stochastischen Prozesses an. Innerhalb der i-ten Spalte dürfen die $X_t^{(i)}$ über die Zeit hinweg durchaus stochastisch abhängig sein. Den Erwartungswert von X_t würde man durch $\frac{1}{n}\sum_{i=1}^{n} X_t^{(i)}$ schätzen, also über den Zeilendurchschnitt. Das ist jedoch in der Praxis nicht möglich, da nur eine einzige Spalte bekannt ist. (Eine Ausnahme sind Simulationen, mit denen viele historische Entwicklungen durchgespielt werden können.)

Man kann jedoch eine Bedingung angeben, unter der die Kenntnis einer Spalte ausreicht, um Mittelwert-, Varianz-, Kovarianz- und Korrelationsfunktionen zu schätzen. Diese Bedingung nennt man die Ergodizitätsbedingung. Sie stellt eine Einschränkung des Gedächtnisses des Prozesses dar. Sofern sie erfüllt ist, kann man $E(X_t)$ anstatt durch $\frac{1}{n} \sum_{i=1}^{n} X_t^{(i)}$ auch durch $\frac{1}{T} \sum_{t=1}^{T} X_t^{(1)}$ schätzen, also durch den Spaltendurchschnitt. Ebenso gibt es Bedingungen für die Schätzung der anderen Momentfunktionen (Schlittgen und Streitberg 2001, Kap. 5.1).

Wir gehen im Folgenden von schwach stationären Prozessen aus. Wegen der schwachen Stationarität sind die Momente im Zeitablauf konstant. Die Ergodizitätsbedingung für den Erwartungswert lautet

$$\lim_{\tau \to \infty} \sum_{t=1}^{\tau} |\gamma(t)| < \infty. \tag{4.1}$$

Ist diese Bedingung erfüllt, so nennt man den Prozess mittelwert-ergodisch. Inhaltlich besagt diese Bedingung, dass die Abhängigkeit von weit auseinander liegenden Zeitpunkten ausreichend klein sein muss. Wir nehmen diese Bedingung im Folgenden durchweg als erfüllt an.

Der Mittelwert μ wird geschätzt durch

$$\hat{\mu} = \bar{X}_T = \frac{1}{T} \sum_{t=1}^{T} X_t. \tag{4.2}$$

Der Schätzer $\hat{\mu}$ ist erwartungstreu und konsistent, wenn (4.1) erfüllt ist.

Bei $\hat{\mu}$ handelt es sich um eine Zufallsvariable, da sie aus $X_1, \ldots, X_T$ berechnet wird. Im Gegensatz zur sonst üblichen Situation in der Statistik (und im Gegensatz zu Abschnitt 2.2.4) handelt es sich bei $X_1, \ldots, X_T$ jedoch nicht um eine einfache Stichprobe, sondern um einen stochastischen Prozess. Die Beobachtungen sind zwar wegen der Annahme der Stationarität gleich verteilt, aber sie sind nicht unabhängig. Die in Abschnitt 2.2.4 hergeleiteten Ergebnisse zu Tests und Konfidenzintervallen sind nun nicht mehr gültig. Wir werden im Folgenden die Verteilung von $\hat{\mu}$ im Zeitreihenkontext genauer untersuchen.

Der Erwartungswert der Zufallsvariablen $\hat{\mu}$ ist wegen der Annahme der (schwachen) Stationarität

$$E(\bar{X}_T) = \frac{1}{T} \sum_{t=1}^{T} E(X_t)$$
$$= \mu, \tag{4.3}$$

der Schätzer ist also erwartungstreu. Es gibt keinen Unterschied zur gewöhnlichen Stichproben-Situation. Die Varianz beträgt gemäß (3.19)

$$Var\left(\bar{X}_T\right) = Var\left(\frac{1}{T}\sum_{t=1}^{T} X_t\right)$$

$$= \frac{1}{T^2}\sum_{t=1}^{T}\sum_{s=1}^{T} Cov\left(X_t, X_s\right)$$

$$= \frac{1}{T^2}\sum_{t=1}^{T}\sum_{s=1}^{T} \gamma\left(t-s\right),$$

wobei die letzte Umformung aus der schwachen Stationarität folgt. Die Doppelsumme kann durch Umstellen der Ausdrücke in eine einfache Summe umgeformt werden,

$$Var\left(\bar{X}_T\right) = \frac{1}{T}\gamma\left(0\right) + \frac{2}{T^2}\sum_{i=1}^{T-1}(T-i)\,\gamma\left(i\right) \tag{4.4}$$

$$T\cdot Var\left(\bar{X}_T\right) = \gamma\left(0\right) + 2\sum_{i=1}^{T-1}\left(1-\frac{i}{T}\right)\gamma\left(i\right).$$

Wenn der Prozess ergodisch ist, konvergiert (4.4) für $T\to\infty$ gegen

$$T\cdot Var\left(\bar{X}_T\right) \to \gamma\left(0\right) + 2\sum_{i=1}^{\infty}\gamma\left(i\right). \tag{4.5}$$

Schließlich gilt wegen des zentralen Grenzwertsatzes, dass $\bar{X}_T$ für großes T approximativ normalverteilt ist. Diese Herleitungen sind jedoch nur dann gültig, wenn die Varianz und die Kovarianzen tatsächlich existieren. Im Falle stabil verteilter Renditen würde der zentrale Grenzwertsatz nicht gelten.

Aus der Erwartungstreue (4.3) und der asymptotisch verschwindenden Varianz (4.5) folgt, dass $\bar{X}_T$ ein konsistenter Schätzer für μ ist.

Im Folgenden gehen wir davon aus, dass der Prozess auch kovarianzergodisch ist. Die exakten Ergodizitätsbedingungen für allgemeine stochastische Prozesse sind nicht leicht herzuleiten. Praktisch gesehen ist die Ergodizitätsbedingung (4.1) bei den meisten in den Wirtschaftswissenschaften relevanten stochastischen Prozessen ausreichend für Kovarianz-Ergodizität, so auch bei Gauß-Prozessen (siehe Definition 4.5).

Die Kovarianzfunktion $\gamma(s)$ wird geschätzt durch

$$\hat{\gamma}(s) = \frac{1}{T}\sum_{t=1}^{T-s}(X_t - \bar{X}_T)(X_{t+s} - \bar{X}_T). \tag{4.6}$$

Aus der Kovarianzfunktion (4.6) ergibt sich unmittelbar die Varianzfunktion als $\hat{\sigma}^2 = \hat{\gamma}(0)$. Gelegentlich wird nicht durch T, sondern durch $(T-s)$ dividiert. Da die Schätzer aber ohnehin nur asymptotisch (für $T\to\infty$) betrachtet werden, ist der Unterschied vernachlässigbar.

Wie schon bei (4.2) handelt es sich auch bei (4.6) um eine Zufallsvariable. Ihr asymptotischer Erwartungswert ist (siehe Schlittgen und Streitberg 2001 für eine Herleitung)

$$\lim_{T \to \infty} E(\hat{\gamma}(s)) = \gamma(s).$$

Für $T \to \infty$ ist $\hat{\gamma}(s)$ also erwartungstreu, bei kleinen (endlichen) Stichproben liegt keine Erwartungstreue vor. Praktisch bedeutet dieses Ergebnis, dass wir bei einem ausreichend großen Stichprobenumfang mit $\hat{\gamma}(s)$ einen vernünftigen Schätzer für die Autokovarianz der s-ten Ordnung zur Verfügung haben.

Für die Varianzen der Schätzer $\hat{\gamma}(s)$, $s = 1, 2, \ldots$, und ihre Kovarianzen (die angeben, wie zwei Schätzer $\hat{\gamma}(s_1)$ und $\hat{\gamma}(s_2)$ miteinander zusammenhängen) gilt asymptotisch (siehe Schlittgen und Streitberg 2001 für eine Herleitung)

$$T \cdot Cov(\hat{\gamma}(s_1), \hat{\gamma}(s_2)) \approx \sum_{i=-\infty}^{\infty} \left(\gamma(i) \gamma(i + s_1 - s_2) + \gamma(i - s_2) \gamma(i + s_1) \right).$$

Außerdem sind die Autokovarianzschätzer (unter gewissen Bedingungen) asymptotisch normalverteilt. Ferner sind die Schätzer $\hat{\gamma}(s)$ konsistent für $\gamma(s)$.

Durch Normieren der geschätzten Autokovarianzfunktion erhält man einen Schätzer für die Autokorrelationsfunktion $\rho(s)$. Sie wird geschätzt durch

$$\hat{\rho}(s) = \frac{\hat{\gamma}(s)}{\hat{\gamma}(0)}. \tag{4.7}$$

Zur Berechnung der Korrelationsfunktion spielt es keine Rolle, ob die Kovarianz mit T oder mit $(T - s)$ berechnet wird, denn diese Terme kürzen sich weg. Die gemeinsame Verteilung der Korrelationsschätzer $\hat{\rho}(s)$, $s = 1, 2, \ldots$, lässt sich aus der Verteilung der $\hat{\gamma}(s)$, $s = 1, 2, \ldots$, herleiten. Die Schätzer sind ebenfalls konsistent und asymptotisch erwartungstreu.

In dem Spezialfall eines Gauß-Prozesses mit $\gamma(s) = 0$ für $s \geq 1$ ist die gemeinsame Verteilung von $\hat{\rho}(s_1)$ und $\hat{\rho}(s_2)$ für $s_1, s_2 \geq 1$ besonders einfach. Sie sind dann nämlich approximativ normalverteilt mit

$$E(\hat{\rho}(s_1)) \approx -1/T,$$
$$Var(\hat{\rho}(s_1)) \approx 1/T, \tag{4.8}$$
$$Cov(\hat{\rho}(s_1), \hat{\rho}(s_2)) \approx 0, \text{ für } s_1 \neq s_2.$$

Offensichtlich sind die Schätzer $\hat{\mu}$ und $\hat{\sigma}^2 = \hat{\gamma}(0)$ formal identisch mit den empirischen Mittelwerten (Abschnitt 2.2.1) und den empirischen Varianzen (Abschnitt 2.2.2). Die Schätzwerte $\bar{x}$ und s^2 können also nicht nur im deskriptiven Sinne, sondern auch als Schätzwerte für die Mittelwerte und Varianzen der stochastischen Renditeprozesse der DAX-Aktien interpretiert werden.

Beispiel 4.6. Die Schätzwerte für den Erwartungswert der Tagesrenditen der 30 DAX-Aktien $\hat{\mu}$ findet man in Tabelle 2.1; die Schätzwerte für die Varianzen $\hat{\gamma}(0)$ sind in Tabelle 2.2 angegeben.

Aus (4.6) errechnet man Autokovarianzen und anschließend gemäß (4.7) die Autokorrelationskoeffizienten. Für die Tagesrenditen des DAX-Indexes sind die Autokorrelationen der Ordnungen $s = 1, \ldots, 15$ in Abbildung 4.2 dargestellt. Die gestrichelten Linien sind kritische Grenzen, die aus (4.8) errechnet werden, und zwar $-1/T \pm 1.96 \cdot \sqrt{1/T}$. Wenn die Tagesrenditen einen White-Noise-Prozess vom Typ II bilden (siehe nachfolgenden Abschnitt 4.3), sollte die empirische Autokorrelation der Ordnung s die kritischen Grenzen nur mit einer Wahrscheinlichkeit von 5% verlassen.[1]

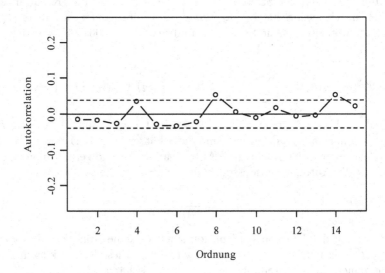

Abbildung 4.2. Empirische Autokorrelationsfunktion der Ordnungen $s = 1, \ldots, 15$ der Tagesrendite des DAX-Indexes

Die geschätzte Korrelationsfunktion nimmt meist Werte nahe bei 0 an. Bei Aktienrenditen tritt, im Gegensatz zum hier gezeigten Beispiel, oft eine (leicht) positive Autokorrelation erster Ordnung auf, $\hat{\rho}(1) > 0$. Der Wert von $\hat{\rho}(2)$ ist dagegen oft negativ. Korrelationen höherer Ordnung folgen im Allgemeinen keinem klar erkennbaren Muster.

Die Autokorrelationsfunktion $\rho(s)$ gibt an, wie stark der lineare Zusammenhang zwischen zwei Zeitpunkten ist, die s Perioden voneinander getrennt sind. Dabei wird nicht unterschieden, ob der Einfluss „direkt" oder „indirekt" ist. Zwischen $t - 2$ und t besteht selbst dann ein linearer Zusammenhang, wenn kein direkter Einfluss von $t - 2$ auf t wirkt. Durch den Einfluss von $t - 2$

---

[1] Da mehrere empirische Autokorrelationen gleichzeitig betrachtet werden, kann es natürlich auch bei einem White-Noise-Prozess passieren, dass einige empirische Autokorrelationen jenseits der kritischen Grenzen liegen.

auf $t-1$ und anschließend von $t-1$ auf t gibt es einen indirekten Zusammenhang, der durch die Autokorrelationsfunktion auch gemessen würde. Es gibt eine Möglichkeit, den direkten Einfluss zu ermitteln. Dazu wird der indirekte Einfluss quasi herausgerechnet. Das übliche Instrument dafür ist die partielle Autokorrelationsfunktion (PACF) für schwach stationäre Prozesse.

Definition 4.7 (Partielle Autokorrelationsfunktion). *Sei $(X_t)_{t\in\mathbb{Z}}$ ein schwach stationärer Prozess. Dann ist*

$$\pi(s) = \begin{cases} 1 & \text{für } s = 0, \\ \rho(s) & \text{für } s = 1, \\ \dfrac{Cov((X_t - \hat{X}_t), (X_{t+s} - \hat{X}_{t+s}))}{\sqrt{Var(X_t - \hat{X}_t)}\sqrt{Var(X_{t+s} - \hat{X}_{t+s})}} & \text{für } s \geq 2. \end{cases} \tag{4.9}$$

Hierbei sind $\hat{X}_t$ und $\hat{X}_{t+s}$ die besten linearen Approximationen von X_t und X_{t+s} durch die Zwischenbeobachtungen $X_{t+1}, ..., X_{t+s-1}$; es gilt

$$\hat{X}_t = a_1 X_{t+1} + a_2 X_{t+2} + ... + a_{s-1} X_{t+s-1},$$
$$\hat{X}_{t+s} = b_1 X_{t+1} + b_2 X_{t+2} + ... + b_{s-1} X_{t+s-1},$$

wobei die $a_1, ..., a_{s-1}$ und $b_1, ..., b_{s-1}$ nach der Methode der kleinsten Quadrate bestimmt sind, d.h.

$$a_1, ..., a_{s-1} = \arg\min E\left((X_t - a_1 X_{t+1} - ... - a_{s-1} X_{t+s-1})^2\right),$$
$$b_1, ..., b_{s-1} = \arg\min E\left((X_t - b_1 X_{t+1} - ... - b_{s-1} X_{t+s-1})^2\right).$$

Wir setzen weiterhin $\pi(s) = \pi(-s)$ für $s \leq -1$.

Die partiellen Autokorrelationskoeffizienten $\pi(s)$ messen den linearen Zusammenhang von X_t und X_{t+s} nachdem der Einfluss der dazwischenliegenden Variablen $X_{t+1}, ..., X_{t+s-1}$ auf X_t und X_{t+s} ausgeschaltet wurde. Zur Berechnung der partiellen Autokorrelationsfunktion $\pi(s)$ gibt es verschiedene Verfahren. Insbesondere lassen sich die $\pi(s)$ durch die Autokorrelationskoeffizienten $\rho(s)$ ausdrücken. Wir verweisen hierfür auf Schlittgen und Streitberg (2001).

Die zu (4.9) gehörige empirische partielle Autokorrelationsfunktion $\hat{\pi}(s)$ ergibt sich, indem die theoretischen Größen $\rho(s)$ etc. durch ihre empirischen Gegenstücke $\hat{\rho}(s)$ etc. ersetzt werden.

4.3 White-Noise-Prozesse und Random-Walks

Für den White-Noise-Prozess (auch weißes Rauschen oder reiner Zufallsprozess genannt) finden sich in der Literatur verschiedene Definitionen; auch die Bezeichnungsweise ist nicht einheitlich. Wir benutzen die folgenden Definitionen:

Definition 4.8 (White-Noise I). *Eine Folge von Zufallsvariablen* $(\varepsilon_t)_{t\in\mathbb{N}}$ *oder* $(\varepsilon_t)_{t\in\mathbb{Z}}$ *heißt White-Noise-Prozess vom Typ I, wenn die* ε_t *unabhängig und identisch verteilt sind und* $E(\varepsilon_t) = 0$ *und* $Var(\varepsilon_t) = \sigma_\varepsilon^2 > 0$ *für alle* $t \in \mathbb{N}$ *bzw. für alle* $t \in \mathbb{Z}$ *gilt.*

Die Unabhängigkeit und die Forderung der identischen Verteilung der ε_t kann man abschwächen:

Definition 4.9 (White-Noise II). *Eine Folge von Zufallsvariablen* $(\varepsilon_t)_{t\in\mathbb{N}}$ *oder* $(\varepsilon_t)_{t\in\mathbb{Z}}$ *heißt White-Noise-Prozess vom Typ II, wenn die* ε_t *paarweise unkorreliert sind und* $E(\varepsilon_t) = 0$ *und* $Var(\varepsilon_t) = \sigma_\varepsilon^2 > 0$ *für alle* $t \in \mathbb{N}$ *bzw. für alle* $t \in \mathbb{Z}$ *gilt.*

Der Unterschied zwischen Unabhängigkeit und Unkorreliertheit ist wichtig. Die Unabhängigkeit ist eine sehr viel restriktivere Annahme als die Unkorreliertheit. Zufallsvariablen die nur unkorreliert sind, können sehr wohl abhängig sein.

Definition 4.10 (Gaußscher White-Noise-Prozess). *Ein White-Noise-Prozess vom Typ I heißt Gaußscher White-Noise-Prozess, wenn die* ε_t *normalverteilt sind. Ist* $\sigma_\varepsilon^2 = 1$, *so heißt er reiner Gaußscher Standardzufallsprozess.*

White-Noise-Prozesse modellieren bei Finanzzeitreihen denjenigen Teil, der als zufällig angesehen wird. Die Momentfunktionen von White-Noise-Prozessen vom Typ I und II sind sehr einfach,

$$\mu(t) = 0,$$
$$\sigma^2(t) = \sigma_\varepsilon^2,$$
$$\gamma(s,t) = \begin{cases} \sigma_\varepsilon^2 & \text{für } s = t, \\ 0 & \text{sonst,} \end{cases}$$
$$\rho(s,t) = \begin{cases} 1 & \text{für } s = t, \\ 0 & \text{sonst.} \end{cases}$$

Die Momentfunktionen der beiden Typen von White-Noise-Prozessen unterscheiden sich nicht. White-Noise-Prozesse sind schwach stationär, denn die Momentfunktionen sind nicht abhängig von der Zeit t. Außerdem ist ein White-Noise-Prozess ergodisch, weil die Kovarianzen aller Ordnungen 0 sind (außer natürlich bei der Varianz). Eine Schätzung der Momentfunktionen kann also durch (4.2) und (4.6) erfolgen.

Bildet man aus einem White-Noise-Prozess $(\varepsilon_t)_{t\in\mathbb{N}}$ Partialsummen, so ergibt sich ein Random-Walk (Irrfahrt).

Definition 4.11 (Random-Walk). *Sei* $(\varepsilon_t)_{t\in\mathbb{N}}$ *ein White-Noise-Prozess vom Typ I oder II. Dann heißt*

$$S_n = \sum_{t=1}^{n} \varepsilon_t$$

für $n \in \mathbb{N}$ *Random-Walk vom Typ I oder II. Offensichtlich gilt* $S_n = S_{n-1}+\varepsilon_n$ *für* $n \in \mathbb{N}$ *(wobei* $S_0 = 0$ *gesetzt wird).*

Für einen Random–Walk-Prozess vom Typ I oder II sind die Momentfunktionen

$$\mu(n) = E(S_n) = 0, \tag{4.10}$$

$$\sigma^2(n) = n\sigma_\varepsilon^2, \tag{4.11}$$

$$\gamma(n,m) = \min(n,m)\,\sigma_\varepsilon^2, \tag{4.12}$$

$$\rho(n,m) = \begin{cases} \sqrt{n/m} & \text{für } n < m, \\ 1 & \text{für } n = m, \\ \sqrt{m/n} & \text{für } n > m. \end{cases} \tag{4.13}$$

Die Momentfunktionen eines Random-Walk-Prozesses sind von der Zeit (hier durch n indiziert) abhängig. Die Erwartungswertfunktion ist zwar konstant 0, aber die Varianz nimmt mit der Zeit zu. Die Kovarianz ist nicht nur vom Abstand der beiden Zeitpunkte n und m abhängig, sondern auch von ihrer Lage. Random-Walks sind also nicht stationär. Eine Schätzung der Momentfunktionen durch (4.2) und (4.6) ist also nicht möglich.

Abbildung 4.3 zeigt in der oberen Grafik eine Realisation eines White-Noise-Prozesses (vom Typ I mit $n = 25$ und $\sigma_\varepsilon^2 = 1$) und in der unteren Grafik die Realisation eines zugehörigen Random-Walk-Prozesses.

Unter einem Random-Walk (vom Typ I oder II) mit Drift μ versteht man den Prozess

$$S_n = S_{n-1} + \mu + \varepsilon_n$$

für $n \in \mathbb{N}$, wobei $(\varepsilon_t)_{t \in \mathbb{N}}$ ein White-Noise-Prozess vom Typ I oder II ist. Für den Random-Walk mit Drift gilt

$$\mu(n) = E(S_n) = n\mu;$$

die übrigen Momentfunktionen sind wie beim Random-Walk ohne Drift (siehe dazu auch Abschnitt 4.5.6). Random-Walks mit Drift haben also nicht einmal eine konstante Erwartungswertfunktion.

4.4 Martingale

Martingale und Martingaldifferenzenfolgen spielen im Zusammenhang mit Aktienkursen und Renditen eine wichtige Rolle. Um den Martingalbegriff in seiner einfachsten Form zu verstehen, muss man wissen, wie eine bedingte Erwartung $E(X_{t+1}|X_t, X_{t-1}, \ldots, X_1)$ definiert ist und wie man mit ihr rechnet. Darum folgt zunächst ein Exkurs zu bedingten Dichten, bedingten Erwartungen und bedingten Varianzen. Eine gründlichere und ausführlichere Darstellung findet man in vielen Büchern der Wahrscheinlichkeitsrechnung wie z.B. Spanos (1986). Wir betrachten zur Vereinfachung nur zwei stetige Zufallsvariablen X und Y mit einer gemeinsamen Dichte $f_{X,Y}(x,y)$.

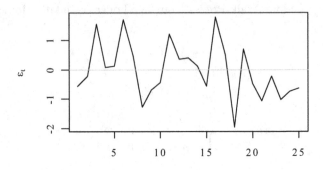

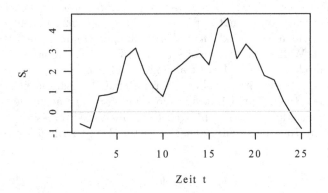

Abbildung 4.3. Pfad eines White-Noise-Prozesses mit $n = 25$ und $\sigma_\varepsilon^2 = 1$ sowie Pfad des zugehörigen Random-Walk-Prozesses

Die Randdichten von X und Y sind (vgl. Abschnitt 3.1.2)

$$f_X(x) = \int_{-\infty}^{\infty} f_{X,Y}(x,y)dy,$$

$$f_Y(y) = \int_{-\infty}^{\infty} f_{X,Y}(x,y)dx.$$

Die bedingte Dichte von X unter der Bedingung $Y = y$ ist

$$f_{X|Y=y}(x) = \begin{cases} \dfrac{f_{X,Y}(x,y)}{f_Y(y)}, & \text{falls } f_Y(y) > 0, \\ \\ 0 & \text{sonst.} \end{cases}$$

Die bedingte Dichte von Y für $X = x$ ist analog definiert. Wir können nun den bedingten Erwartungswert von X unter der Bedingung $Y = y$ definieren.

Definition 4.12 (Bedingter Erwartungswert, bedingte Erwartung). *Sei (X,Y) eine zweidimensionale Zufallsvariable. Dann heißt*

$$E(X|Y = y) = \int_{-\infty}^{\infty} x f_{X|Y=y}(x)dx$$

bedingter Erwartungswert von X unter der Bedingung Y = y. Mit E(X|Y) bezeichnen wir die Zufallsvariable, die den Wert E(X|Y = y) annimmt, wenn Y den Wert y annimmt. E(X|Y) heißt bedingte Erwartung von X unter der Bedingung Y. Der bedingte Erwartungswert von Y unter der Bedingung X = x sowie die bedingte Erwartung von Y unter der Bedingung X ist analog definiert.

Es ist wichtig, zwischen $E(X|Y = y)$ und $E(X|Y)$ zu unterscheiden: Der bedingte Erwartungswert $E(X|Y = y)$ ist bei festem y eine reelle Zahl, bei variablem y eine reellwertige Funktion von y. Demgegenüber ist die bedingte Erwartung $E(X|Y)$ eine Zufallsvariable und hat somit eine Verteilung.

Für den Erwartungswert der bedingten Erwartung $E(X|Y)$ gilt

$$E(E(X|Y)) = E(X), \tag{4.14}$$

da

$$E(E(X|Y)) = \int_{-\infty}^{\infty} E(X|Y = y) f_Y(y) dy$$

$$= \int_{-\infty}^{\infty} \left(\int_{-\infty}^{\infty} x f_{X|Y=y}(x) dx \right) f_Y(y) dy$$

$$= \int_{-\infty}^{\infty} x \left(\int_{-\infty}^{\infty} f_{X,Y}(x,y) dy \right) dx$$

$$= \int_{-\infty}^{\infty} x f_X(x) dx.$$

Die wichtige Formel (4.14) heißt auch Formel vom iterierten Erwartungswert. Weitere wichtige, mit Wahrscheinlichkeit 1 geltende Rechenregeln im Zusammenhang mit bedingten Erwartungen sind:

- Falls X und Y stochastisch unabhängig sind, gilt

$$E(X|Y) = E(X).$$

- Für reelle Zahlen a und b gilt

$$E(aX_1 + bX_2|Y) = aE(X_1|Y) + bE(X_2|Y).$$

- Aus der bedingten Erwartung können Zufallsvariablen herausgezogen werden, die in der Bedingung auftauchen,

$$E(X \cdot Y|Y) = Y \cdot E(X|Y).$$

- $E(X|Y)$ besitzt eine wichtige Minimaleigenschaft. Es gilt nämlich

$$E((X - E(X|Y))^2) \leq E((X - g(Y))^2)$$

für alle Funktionen g. Misst man also den Abstand zwischen X und $g(Y)$ mittels $E((X-g(Y))^2)$, so wird dieser Abstand minimal, wenn man $g(Y) = E(X|Y)$ bzw. $g(y) = E(X|Y = y)$ wählt. Approximiert man also X durch eine Funktion g von Y, so ist $g(Y) = E(X|Y)$ (bzw. $g(y) = E(X|Y = y)$) die beste Approximation im Sinne des kleinsten erwarteten quadrierten Abstandes.

Neben dem bedingten Erwartungswert von X unter der Bedingung $Y = y$ lässt sich auch eine bedingte Varianz von X unter der Bedingung $Y = y$ definieren, die wir später ebenfalls benötigen werden.

Definition 4.13 (Bedingte Varianz). *Sei (X,Y) eine zweidimensionale Zufallsvariable. Dann heißt*

$$Var(X|Y = y) = \int_{-\infty}^{\infty} (x - E(X|Y = y))^2 f_{X|Y=y}(x) dx$$

bedingte Varianz von X unter der Bedingung $Y = y$. Mit $Var(X|Y)$ bezeichnen wir die Zufallsvariable, die den Wert $Var(X|Y = y)$ annimmt, wenn Y den Wert y annimmt. $Var(X|Y)$ heißt bedingte Varianz von X unter der Bedingung Y. Die bedingte Varianz von Y unter der Bedingung $X = x$ bzw. unter der Bedingung X ist analog definiert.

Den bedingten Erwartungswert $E(X|Y = y)$ kann man leicht auf den Fall verallgemeinern, in dem Y ein h-dimensionaler Vektor $\mathbf{Y} = (Y_1, \ldots, Y_h)$ ist. Man erhält dann $E(X|\mathbf{Y} = \mathbf{y})$ als bedingten Erwartungswert sowie $E(X|\mathbf{Y})$ als bedingte Erwartung.

Mit diesen Definitionen und Rechenregeln ausgerüstet, können wir uns nun den Martingalen zuwenden. In der nachfolgenden Definition setzen wir $X = X_{t+1}$ für $t \in \mathbb{N}$ sowie $\mathbf{Y} = (Y_1, \ldots, Y_t) = (X_t, X_{t-1}, \ldots, X_1)$.

Definition 4.14 (Martingal). *Eine Folge $(X_t)_{t\in\mathbb{N}}$ von Zufallsvariablen heißt Martingal, falls*

$$E(X_{t+1}|X_t, X_{t-1}, \ldots, X_1) = X_t$$

für alle $t \in \mathbb{N}$ gilt.

Definition 4.15 (Martingaldifferenzenfolge). *Eine Folge $(\varepsilon_t)_{t\in\mathbb{N}}$ von Zufallsvariablen heißt Martingaldifferenzenfolge, falls*

$$E(\varepsilon_{t+1}|\varepsilon_t, \varepsilon_{t-1}, \ldots, \varepsilon_1) = 0$$

für alle $t \in \mathbb{N}$ gilt.

Zwischen Martingalen und Martingaldifferenzenfolgen gibt es folgenden Zusammenhang (wir setzen im Folgenden $X_0 = 0$):

- Ist $(\varepsilon_t)_{t \in \mathbb{N}}$ eine Martingaldifferenzenfolge, so ist

$$X_t = \sum_{i=1}^{t} \varepsilon_i, \quad t \in \mathbb{N}$$

ein Martingal.

- Ist $(X_t)_{t \in \mathbb{N}}$ ein Martingal, so ist

$$\varepsilon_t = X_t - X_{t-1}, \quad t \in \mathbb{N}$$

eine Martingaldifferenzenfolge.

Durch Anwendung der Rechenregeln für bedingte Erwartungen kann man folgern, dass auch die bedingten Erwartungen für weiter in der Zukunft liegende Größen X_{t+i} gleich X_t sind, d.h.

$$E(X_{t+i}|X_t, X_{t-1}, \ldots, X_1) = X_t$$

für alle $t \in \mathbb{N}$ und $i \in \mathbb{N}$. Entsprechend gilt für Martingaldifferenzenfolgen

$$E(\varepsilon_{t+i}|\varepsilon_t, \varepsilon_{t-1}, \ldots, \varepsilon_1) = 0$$

für alle $t \in \mathbb{N}$ und $i \in \mathbb{N}$. Weil die bedingten Erwartungswerte alle 0 sind, folgt, dass auch die unbedingten Erwartungswerte $E(\varepsilon_t) = 0$ sind für alle $t \in \mathbb{N}$.

Was kann man sich unter einem Martingal vorstellen? Es sei an folgendes Problem erinnert: Mit Hilfe von $X_1, \ldots, X_t$ soll X_{t+1} prognostiziert werden. Wir suchen also eine Funktion $g(X_t, \ldots, X_1)$, welche X_{t+1} „am besten" prognostiziert, d.h. den mittleren quadratischen Prognosefehler minimiert. Gemäß den Rechenregeln für bedingte Erwartungen gilt

$$\min_{g} E((g(X_t, \ldots, X_1) - X_{t+1})^2) = E((E(X_{t+1}|X_t, \ldots, X_1) - X_{t+1})^2),$$

d.h. die bedingte Erwartung $E(X_{t+1}|X_t, \ldots, X_1)$ ist die beste Prognose für X_{t+1} im Sinne des mittleren quadratischen Abstands. Bildet $(X_t)_{t \in \mathbb{N}}$ nun ein Martingal, so ist $E(X_{t+1}|X_t, \ldots, X_1) = X_t$; in diesem Fall ist also X_t die beste Prognose für X_{t+1}.

Wie ist das Verhältnis einer Martingaldifferenzenfolge zu einem White-Noise-Prozess? Falls die $(\varepsilon_t)_{t \in \mathbb{N}}$ einen White-Noise-Prozess vom Typ I bildet, so ist $(\varepsilon_t)_{t \in \mathbb{N}}$ auch eine Martingaldifferenzenfolge. Das Umgekehrte gilt aber nicht, denn die ε_t einer Martingaldifferenzenfolge müssen nicht unabhängig sein. Andererseits kann man zeigen, dass die ε_t einer Martingaldifferenzenfolge unkorreliert sind, denn es gilt

$$\begin{aligned}
Cov(\varepsilon_t, \varepsilon_{t-1}) &= E(\varepsilon_t \varepsilon_{t-1}) \\
&= E(E(\varepsilon_t \varepsilon_{t-1}|\varepsilon_{t-1}, \ldots, \varepsilon_1)) \\
&= E(\varepsilon_{t-1} E(\varepsilon_t|\varepsilon_{t-1}, \ldots, \varepsilon_1)) = 0
\end{aligned}$$

und allgemeiner
$$Cov\,(\varepsilon_t, \varepsilon_{t-i}) = 0$$
für $i = 1, \ldots, t - 1$.

Eine Martingaldifferenzenfolge steht also, was den Grad der Abhängigkeit anbetrifft, zwischen einem White-Noise-Prozess vom Typ I und einem White-Noise-Prozess vom Typ II.

Beispiel 4.16. Bilden die Kurse $(K_t)_{t\in\mathbb{N}}$ eines Wertpapiers ein Martingal? Falls dies zutrifft, so ist auf der Grundlage der Kenntnis der $K_0, K_1, \ldots, K_t$ der Kurs K_t die beste Prognose für K_{t+i}. Ferner ist dann

$$K_t = \sum_{i=1}^{t}(K_i - K_{i-1}) + K_0,$$

d.h. K_t ist gleich dem Ausgangskurs K_0 plus den t Kursdifferenzen, die eine Martingaldifferenzenfolge bilden, d.h.

$$E(K_i - K_{i-1}|K_{i-1}, \ldots, K_0) = 0$$

für $i \in \mathbb{N}$. Wie oben dargestellt, folgt daraus nicht, dass die absoluten Kursdifferenzen unabhängig sind. Sie sind jedoch unkorreliert.

Auch die Renditen $R_t = (K_t - K_{t-1})/K_{t-1}$ bilden eine Martingaldifferenzenfolge, denn

$$
\begin{aligned}
& E\left(R_t | R_{t-1}, \ldots, R_1\right) \\
&= E\left(\left.\frac{K_t - K_{t-1}}{K_{t-1}}\right| R_{t-1}, \ldots, R_1\right) \\
&= E\left(\left.\frac{K_t - K_{t-1}}{K_{t-1}}\right| K_{t-1}, \ldots, K_0\right) \\
&= \frac{1}{K_{t-1}} E\left(K_t - K_{t-1}|K_{t-1}, \ldots, K_0\right) = 0.
\end{aligned}
$$

Man beachte, dass K_{t-1} aus der bedingten Erwartung herausgezogen werden kann, da es in der Bedingung auftaucht.

4.5 ARMA-Prozesse

In diesem Kapitel wird eine Einführung in die Theorie der *ARMA*-Prozesse gegeben. Die *ARMA*-Prozesse sind relativ einfache Prozesse, die viele Phänomene gut beschreiben können. Die Hoffnung, dass auch Renditen sich durch *ARMA*-Prozesse beschreiben lassen, ist leider trügerisch. Trotzdem sind die *ARMA*-Prozesse für bestimmte Aspekte der empirischen Kapitalmarktforschung sehr wichtig, wie wir in Kapitel 6 noch sehen werden.

Dieser Abschnitt ist wie folgt gegliedert: Zunächst wird der Lag-Operator eingeführt, dann behandeln wir die Moving-Average-Prozesse, autoregressive Prozesse und *ARMA*-Prozesse. Schließlich gehen wir auf die statistische Schätzung der Parameter dieser Prozesse ein.

4.5.1 Der Lag-Operator

Der Lag-Operator oder Backshift-Operator setzt den Zeitindex um eine Zeiteinheit zurück:

$$L\varepsilon_t = \varepsilon_{t-1}$$
$$L^2\varepsilon_t = L(L\varepsilon_t) = L\varepsilon_{t-1} = \varepsilon_{t-2}$$
$$\vdots$$
$$L^n\varepsilon_t = \varepsilon_{t-n}$$
$$L^0\varepsilon_t = \varepsilon_t.$$

Der Lag-Operator ist für eine kompakte Schreibweise stochastischer Prozesse nützlich. Im Rahmen der *ARMA*-Prozesse wird der Lag-Operator auch als Bestandteil von Polynomen verwendet. Dadurch werden Ausdrücke mit verschiedenen Lag-Längen äußerst elegant notiert. Ein Lag-Operator-Polynom wird formal wie ein normales Polynom behandelt. So gilt beispielsweise für das Lag-Operator-Polynom $a(L)$ dritter Ordnung

$$a(L) = a_0 + a_1 L + a_2 L^2 + a_3 L^3, \tag{4.15}$$

dass

$$\left(a_0 + a_1 L + a_2 L^2 + a_3 L^3\right)\varepsilon_t = a_0\varepsilon_t + a_1\varepsilon_{t-1} + a_2\varepsilon_{t-2} + a_3\varepsilon_{t-3}.$$

Auch das Produkt von Polynomen wird wie gewöhnlich berechnet, so ist für die beiden Lag-Operator-Polynome $a(L)$ und $b(L)$ zweiter Ordnung

$$\begin{aligned}
a(L)b(L) &= \left(a_0 + a_1 L + a_2 L^2\right)\left(b_0 + b_1 L + b_2 L^2\right)\\
&= a_0 b_0 + (a_0 b_1 + a_1 b_0) L + (a_0 b_2 + a_1 b_1 + a_2 b_0) L^2\\
&\quad + (a_1 b_2 + a_2 b_1) L^3 + a_2 b_2 L^4.
\end{aligned}$$

Sogar unendliche Reihen sind definiert, z.B. gilt für die geometrische Reihe

$$\sum_{i=0}^{\infty} L^i = (1-L)^{-1}.$$

Für den Operator $(1-L)^{-1}$ gilt

$$(1-L)(1-L)^{-1}\varepsilon_t = (1-L)^{-1}(1-L)\varepsilon_t = \varepsilon_t.$$

4.5.2 Moving-Average-Prozesse

Definition 4.17 (Moving Average). *Ein stochastischer Prozess* $(X_t)_{t\in\mathbb{Z}}$ *heißt Moving-Average-Prozess der Ordnung q, kurz MA(q), wenn er sich in der Form*

$$X_t = \varepsilon_t - \beta_1\varepsilon_{t-1} - \ldots - \beta_q\varepsilon_{t-q} \tag{4.16}$$

mit $\beta_q \neq 0$ *darstellen lässt, wobei* $(\varepsilon_t)_{t\in\mathbb{Z}}$ *ein White-Noise-Prozess ist.*

MA-Prozesse werden gewöhnlich unter Verwendung des Lag-Operators L geschrieben. Sei $\beta(L)$ das Operator-Polynom q-ter Ordnung

$$\beta(L) = -\beta_0 L^0 - \beta_1 L^1 - \beta_2 L^2 - \ldots - \beta_q L^q$$

mit $\beta_0 \equiv -1$. Die Verwendung der Minuszeichen für die Koeffizienten des Polynoms ist natürlich willkürlich und in der Literatur auch nicht immer üblich. Sie macht die restliche Darstellung jedoch übersichtlicher. Gleichung (4.16) vereinfacht sich in der Schreibweise dann zu

$$\begin{aligned}
X_t &= \beta(L)\varepsilon_t \\
&= -\beta_0 \varepsilon_t - \beta_1 \varepsilon_{t-1} - \beta_2 \varepsilon_{t-2} - \ldots - \beta_q \varepsilon_{t-q}.
\end{aligned}$$

Für die Erwartungswertfunktion eines $MA(q)$ gilt:

$$\begin{aligned}
\mu_X(t) &= E(X_t) \\
&= \beta(L)E(\varepsilon_t) = 0, \qquad\qquad (4.17)
\end{aligned}$$

da $E(\varepsilon_t) = 0$ für alle t. Der Erwartungswert hängt also nicht von t ab. Für die Varianzfunktion eines $MA(q)$ gilt wegen der Unabhängigkeit der ε_t

$$\begin{aligned}
\sigma_X^2(t) &= Var(X_t) \\
&= \sigma_\varepsilon^2 \left(\sum_{i=0}^{q} \beta_i^2 \right).
\end{aligned}$$

Für die Kovarianzfunktion gilt:

$$\gamma(s) = \begin{cases} \sigma_\varepsilon^2 \left(\sum_{i=0}^{q-s} \beta_i \beta_{i+s} \right) & \text{für } 0 \leq s \leq q, \\ 0 & \text{für } s > q, \\ \gamma(-s) & \text{für } s < 0. \end{cases} \qquad (4.18)$$

Beispielsweise ist die Kovarianz für $s = 1$ im Falle eines $MA(q)$-Prozesses

$$\begin{aligned}
\gamma(1) &= Cov(X_t, X_{t+1}) \\
&= Cov(\varepsilon_t - \beta_1 \varepsilon_{t-1} - \ldots - \beta_q \varepsilon_{t-q}, \varepsilon_{t+1} - \beta_1 \varepsilon_t - \ldots - \beta_q \varepsilon_{t-q+1}) \\
&= E((\varepsilon_t - \beta_1 \varepsilon_{t-1} - \ldots - \beta_q \varepsilon_{t-q})(\varepsilon_{t+1} - \beta_1 \varepsilon_t - \ldots - \beta_q \varepsilon_{t-q+1})) \\
&= -\beta_1 \sigma_\varepsilon^2 + \beta_1 \beta_2 \sigma_\varepsilon^2 + \ldots + \beta_{q-1} \beta_q \sigma_\varepsilon^2,
\end{aligned}$$

wobei sich die letzte Gleichung aus $E(\varepsilon_t \varepsilon_{t+s}) = 0$ für $s \neq 0$ ergibt. $MA(q)$-Prozesse sind immer schwach stationär, da sowohl (4.17) als auch (4.18) zeit-invariant sind.

Für die Korrelationsfunktion gilt:

$$\rho(s) = \begin{cases} \left(\sum_{i=0}^{q-s} \beta_i \beta_{i+s} \right) / \left(\sum_{i=0}^{q} \beta_i^2 \right) & \text{für } 0 \leq s \leq q, \\ 0 & \text{für } s > q, \\ \rho(-s) & \text{für } s < 0. \end{cases}$$

Der einfachste MA-Prozess ist der $MA(1)$-Prozess

$$X_t = \varepsilon_t - \beta_1 \varepsilon_{t-1}. \tag{4.19}$$

Für ihn ergibt sich

$$\rho(1) = \frac{-\beta_1}{1 + \beta_1^2} = \frac{-(1/\beta_1)}{1 + (1/\beta_1)^2}; \tag{4.20}$$

die Autokorrelation erster Ordnung ist also für die beiden Parameter β_1 und $1/\beta_1$ identisch. Mit anderen Worten, der Parameter β_1 steht nicht in einer Eins-zu-eins-Beziehung zu $\rho(1)$. Dieses sogenannte Identifikationsproblem wird später bei der statistischen Schätzung der Parameter eine Rolle spielen.

Die partiellen Autokorrelationskoeffizienten $\pi(s)$ eines $MA(q)$ Prozesses sind ungleich null für alle s. Sie klingen jedoch exponentiell ab und gehen für $s \to \infty$ gegen null.

Beispiel 4.18. Sei $(X_t)_{t \in \mathbb{Z}}$ ein $MA(1)$-Prozess mit den Parametern $\sigma_\varepsilon^2 = 1$ und β_1. Um eine Vorstellung über das Verhalten dieses Prozesses zu bekommen, zeigt Abbildung 4.4 drei Pfade von $(X_t)_{t=1,\dots,200}$ für verschiedene Werte des Parameters β_1. Im oberen Teil ist $\beta_1 = 0.9$, im mittleren Teil ist $\beta_1 = -0.5$, und im unteren Teil ist $\beta_1 = -0.95$.

4.5.3 Autoregressive Prozesse

Definition 4.19 (Autoregressiver Prozess). *Ein stochastischer Prozess $(X_t)_{t \in \mathbb{Z}}$ heißt autoregressiver Prozess der Ordnung p, kurz $AR(p)$, wenn er sich in der Form*

$$X_t = \alpha_1 X_{t-1} + \alpha_2 X_{t-2} + \dots + \alpha_p X_{t-p} + \varepsilon_t \tag{4.21}$$

mit $\alpha_p \neq 0$ darstellen lässt, wobei $(\varepsilon_t)_{t \in \mathbb{Z}}$ ein White-Noise-Prozess ist.

Wir setzen zusätzlich voraus, dass ε_t stochastisch unabhängig ist von den vorhergegangenen $X_{t-1}, X_{t-2}, \dots$ Die ε_t werden in der ökonomischen und ökonometrischen Literatur oft auch als Innovationen bezeichnet.

Auch AR-Prozesse werden gewöhnlich unter Verwendung des Lag-Operators geschrieben. Sei $\alpha(L)$ das Operator-Polynom p-ten Grades

$$\alpha(L) = -\alpha_0 L^0 - \alpha_1 L^1 - \alpha_2 L^2 - \dots - \alpha_p L^p$$

mit $\alpha_0 \equiv -1$. Gleichung (4.21) vereinfacht sich zu

$$\alpha(L) X_t = \varepsilon_t$$
$$-\alpha_0 X_t - \alpha_1 X_{t-1} - \dots - \alpha_p X_{t-p} = \varepsilon_t$$
$$X_t = \alpha_1 X_{t-1} + \dots + \alpha_p X_{t-p} + \varepsilon_t.$$

Autoregressive Prozesse sind etwas schwieriger zu behandeln als MA-Prozesse, denn sie sind nur unter bestimmten Bedingungen stationär. Aus diesem Grund untersuchen wir zunächst den einfacheren Fall eines $AR(1)$-Prozesses.

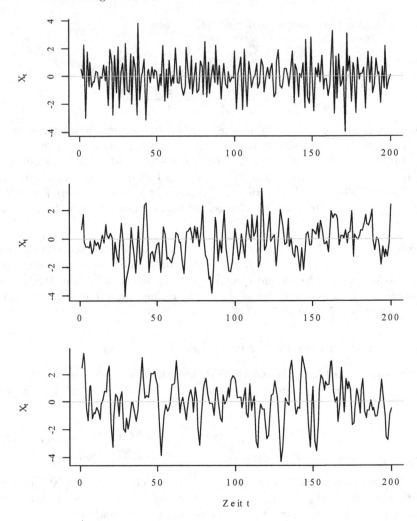

Abbildung 4.4. Pfade von $MA(1)$-Prozessen

4.5.3.1 $AR(1)$-Prozesse

Der $AR(1)$-Prozess mit Parameter α_1 lautet

$$X_t = \alpha_1 X_{t-1} + \varepsilon_t.$$

Für die Erwartungswertfunktion gilt

$$\begin{aligned}
\mu_X(t) &= E(X_t) \\
&= \alpha_1 E(X_{t-1}) + 0 \\
&= \alpha_1 \mu_X(t-1)
\end{aligned}$$

für $t \in \mathbb{Z}$. Offenbar kann $\mu_X(t)$ für $\alpha_1 \neq 1$ nur dann konstant sein, wenn $\mu_X(t) = 0$ für $t \in \mathbb{Z}$ gilt.

Für die Varianzfunktion gilt

$$\sigma_X^2(t) = Var(X_t)$$
$$= \alpha_1^2 Var(X_{t-1}) + \sigma_\varepsilon^2,$$

Falls $\sigma_X^2(t) = \sigma_X^2$ konstant ist, folgt

$$\sigma_X^2 = \alpha_1^2 \sigma_X^2 + \sigma_\varepsilon^2.$$

Daraus folgt

$$\sigma_X^2 = \frac{\sigma_\varepsilon^2}{1 - \alpha_1^2}, \tag{4.22}$$

d.h. $\alpha_1^2 < 1 \Leftrightarrow |\alpha_1| < 1$. Der $AR(1)$-Prozess kann also nur dann schwach stationär sein, wenn $|\alpha_1| < 1$ ist. Diese Bedingung heißt Stationaritätsbedingung. Für den Fall $\alpha_1 = 1$ ergibt sich gerade ein Random-Walk (vom gleichen Typ wie der White-Noise-Prozess ε_t).

Sei $(X_t)_{t \in \mathbb{Z}}$ ein stationärer $AR(1)$-Prozess. Die Kovarianzfunktion $\gamma(s) = Cov(X_t, X_{t-s})$ ist dann für $s \geq 1$

$$\gamma(s) = E(X_t X_{t-s})$$
$$= E((\alpha_1 X_{t-1} + \varepsilon_t) X_{t-s})$$
$$= \alpha_1 E(X_{t-1} X_{t-s}) + 0$$
$$= \alpha_1 \gamma(s - 1).$$

Daraus folgt

$$\gamma(s) = \alpha_1^s \gamma(0)$$
$$= \alpha_1^s \frac{\sigma_\varepsilon^2}{1 - \alpha_1^2}$$

für $s \geq 0$. Für die Korrelationsfunktion gilt dann

$$\rho(s) = \frac{\gamma(s)}{\gamma(0)} = \alpha_1^s. \tag{4.23}$$

Die Autokorrelation eines stationären $AR(1)$-Prozesses fällt also exponentiell ab. Damit ist auch die Ergodizitätsbedingung (4.1) erfüllt.

Beispiel 4.20. Um das Verhalten eines AR(1)-Prozesses zu illustrieren, zeigt Abbildung 4.5 drei Pfade der Länge $T = 200$ eines AR(1)-Prozesses mit $\sigma_\varepsilon^2 = 1$ und verschiedenen Parametern α_1. Als Startwert wurde $X_0 = 0$ gesetzt. Im oberen Teil der Abbildung ist $\alpha_1 = 0.9$, im mittleren Teil ist $\alpha_1 = -0.9$, und im unteren Teil ist $\alpha_1 = 1.02$, so dass sich dort ein nichtstationärer, explosiver Verlauf ergibt. Ob der explosive Verlauf nach oben oder nach unten gerichtet ist, hängt von den Realisationen ε_t ab; beides ist möglich.

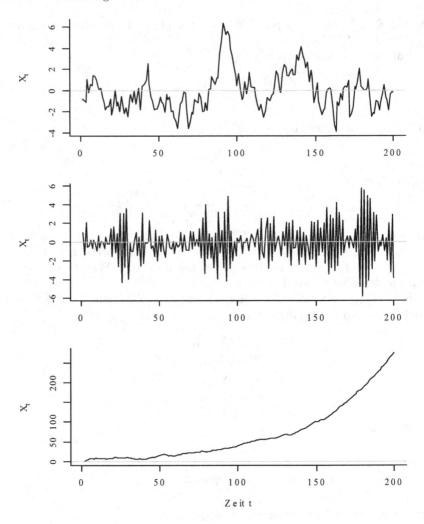

Abbildung 4.5. Pfade von $AR(1)$-Prozessen

4.5.3.2 $AR(p)$-Prozesse

Sei X_t ein $AR(p)$-Prozess gemäß (4.21). Ersetzt man den Lag-Operator in $\alpha(L)$ durch eine komplexe Variable z, so erhält man das Polynom

$$\alpha(z) = 1 - \alpha_1 z - \alpha_2 z^2 - \ldots - \alpha_p z^p.$$

Es heißt das zu $(X_t)_{t \in \mathbb{Z}}$ gehörige charakteristische Polynom. Die Gleichung

$$1 - \alpha_1 z - \alpha_2 z^2 - \ldots - \alpha_p z^p = 0$$

heißt charakteristische Gleichung. Man kann zeigen (Schlittgen und Streitberg 2001, Kap. 2.3), dass für einen stationären $AR(p)$-Prozess die (möglicherweise komplexen) Nullstellen $z_1, \ldots, z_p$ der charakteristischen Gleichung betragsmäßig größer als 1 sind: $|z_i| > 1$ für $i = 1, \ldots, p$. In diesem Zusammenhang nennt man die Nullstellen oft auch Wurzeln der charakteristischen Gleichung. Folglich ist nicht jeder $AR(p)$-Prozess schwach stationär.

Die partiellen Autokorrelationskoeffizienten $\pi(s)$ eines $AR(p)$-Prozesses sind gleich Null für $s > p$.

Beispiel 4.21. Sei

$$X_t = 0.4X_{t-1} - 0.2X_{t-2} + \varepsilon_t. \tag{4.24}$$

Die charakteristische Gleichung lautet $1 - 0.4z + 0.2z^2 = 0$. Auflösen dieser quadratischen Gleichung führt auf die beiden komplexen Nullstellen $z = 1 \pm 2i$. Beide Nullstellen sind vom Betrag her größer als 1. Der $AR(2)$-Prozess erfüllt also die Stationaritätsbedingung. Abbildung 4.6 zeigt im oberen Teil einen Pfad der Länge $T = 200$ des Prozesses (4.24) mit Startwerten $X_0 = X_{-1} = 0$. Im unteren Teil der Abbildung ist die empirische partielle Autokorrelationsfunktion gezeigt; man erkennt deutlich, dass sie für $s > 2$ abfällt und nahe null ist.

4.5.4 Invertierbarkeit

AR- und MA-Prozesse kann man unter bestimmten Bedingungen ineinander überführen (invertieren). Beispielhaft sei das am $AR(1)$-Prozess mit $|\alpha_1| < 1$ gezeigt. Durch wiederholtes Einsetzen erhält man

$$
\begin{aligned}
X_t &= \alpha_1 X_{t-1} + \varepsilon_t \\
&= \alpha_1(\alpha_1 X_{t-2} + \varepsilon_{t-1}) + \varepsilon_t \\
&= \alpha_1^2 X_{t-2} + \alpha_1 \varepsilon_{t-1} + \varepsilon_t \\
&\ \ \vdots \\
&= \alpha_1^n X_{t-n} + \alpha_1^{n-1} \varepsilon_{t-(n-1)} + \ldots + \alpha_1^2 \varepsilon_{t-2} + \alpha_1 \varepsilon_{t-1} + \varepsilon_t.
\end{aligned}
$$

Wegen $|\alpha_1| < 1$ folgt, dass $\beta_i = -\alpha_1^i$ endlich ist für alle $i \in \mathbb{N}$ und der folgende Ausdruck gilt:

$$
\begin{aligned}
X_t &= \sum_{i=0}^{\infty} \alpha_1^i \varepsilon_{t-i} \\
&= \varepsilon_t - \beta_1 \varepsilon_{t-1} - \beta_2 \varepsilon_{t-2} - \ldots
\end{aligned}
$$

Der $AR(1)$-Prozess kann also als $MA(\infty)$-Prozess dargestellt werden, wenn $|\alpha_1| < 1$ ist.

Allgemein gilt Folgendes: Sei $X_t = \alpha_1 X_{t-1} + \ldots + \alpha_p X_{t-p} + \varepsilon_t$ ein $AR(p)$-Prozess. X_t lässt sich genau dann als $MA(\infty)$-Prozess in der Form

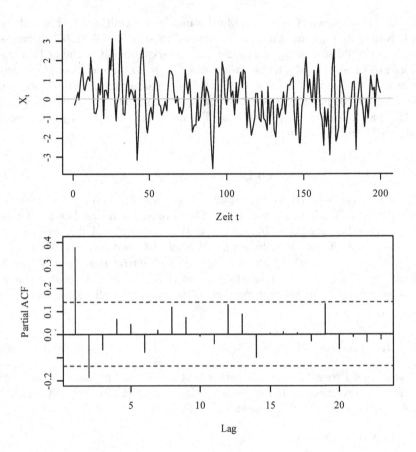

Abbildung 4.6. Pfad eines $AR(2)$-Prozesses (oben) und die zugehörige partielle Autokorrelationsfunktion (unten)

$$X_t = \varepsilon_t + \beta_1 \varepsilon_{t-1} + \beta_2 \varepsilon_{t-2} + \dots$$

darstellen (wobei die β_i absolut summierbar sind, d.h. $\sum_{i=0}^{\infty} |\beta_i| < \infty$), wenn (X_t) die Stationaritätsbedingung erfüllt. Folgende Schreibweise ist einprägsam:

$$\alpha(L)X_t = \varepsilon_t$$
$$X_t = (\alpha(L))^{-1}\varepsilon_t$$
$$= \beta(L)\varepsilon_t,$$

wobei $\alpha(L) = 1 - \alpha_1 L - \dots - \alpha_p L^p$ und $\beta(L) = 1 - \beta_1 L - \beta_2 L^2 - \dots$

Umgekehrt kann man einen $MA(q)$-Prozess als $AR(\infty)$-Prozess darstellen: Sei $X_t = \varepsilon_t - \beta_1 \varepsilon_{t-1} - \dots - \beta_q \varepsilon_{t-q} = \beta(L)\varepsilon_t$ ein $MA(q)$-Prozess. Falls alle Nullstellen des charakteristischen Polynoms $1 - \beta_1 z - \dots - \beta_q z^q$ betragsmäßig größer als 1 sind, so lässt sich X_t als $AR(\infty)$-Prozess darstellen, d.h. es gibt Koeffizienten $\alpha_1, \alpha_2, \ldots$, die absolut summierbar sind, und es gilt

$$X_t = \sum_{i=1}^{\infty} \alpha_i X_{t-i} + \varepsilon_t.$$

In diesem Fall nennt man X_t invertierbar. In der kompakteren Schreibweise ergibt sich

$$\varepsilon_t = (\beta(L))^{-1} X_t$$
$$= \alpha(L) X_t$$

mit $\alpha(L) = 1 - \alpha_1 L - \alpha_2 L^2 - \ldots$ und $\beta(L) = 1 - \beta_1 L - \ldots - \beta_q L^q$.

Am Beispiel eines $MA(1)$-Prozesses lässt sich dieser Zusammenhang leicht veranschaulichen: Schreibt man die Definitionsgleichung eines $MA(1)$-Prozesses und dieselbe Gleichung um eine Zeiteinheit verzögert sowie mit β_1 durchmultipliziert, so erhält man

$$X_t = \varepsilon_t - \beta_1 \varepsilon_{t-1}$$
$$\beta_1 X_{t-1} = \beta_1 \varepsilon_{t-1} - \beta_1^2 \varepsilon_{t-2}.$$

Addieren der beiden Gleichungen und Umstellen ergibt

$$X_t = -\beta_1 X_{t-1} + \varepsilon_t - \beta_1^2 \varepsilon_{t-2}.$$

Führt man dieses Vorgehen immer weiter, gelangt man schließlich zu

$$X_t = \sum_{i=1}^{\infty} -\beta_1^i X_{t-i} + \varepsilon_t. \tag{4.25}$$

Setzt man $\alpha_i = -\beta_1^i$, so entspricht (4.25) einem $AR(\infty)$-Prozess:

$$X_t = \sum_{i=1}^{\infty} \alpha_i X_{t-i} + \varepsilon_t.$$

4.5.5 ARMA-Prozesse und ARIMA-Prozesse

Definition 4.22 (ARMA). *Ein stochastischer Prozess $(X_t)_{t \in \mathbb{Z}}$ heißt autoregressiver Moving-Average-Prozess der Ordnung p und q, kurz $ARMA(p,q)$, wenn er sich in der Form*

$$X_t = \alpha_1 X_{t-1} + \alpha_2 X_{t-2} + \ldots + \alpha_p X_{t-p} + \varepsilon_t - \beta_1 \varepsilon_{t-1} - \ldots - \beta_q \varepsilon_{t-q} \tag{4.26}$$

mit $\alpha_p \neq 0$ und $\beta_q \neq 0$ darstellen lässt, wobei $(\varepsilon_t)_{t \in \mathbb{Z}}$ ein White-Noise-Prozess ist.

$ARMA(p, q)$-Prozesse haben die gleiche Stationaritätsbedingung wie $AR(p)$-Prozesse: alle Wurzeln der charakteristischen Gleichung des AR-Teils müssen außerhalb des Einheitskreises liegen, d.h. betragsmäßig größer als 1 sein. Die β_i, $i = 1, \ldots, q$, unterliegen keinen Beschränkungen, was die Stationarität des Prozesses angeht.

Bei den $ARMA$-Prozessen ist die kompaktere Schreibweise mit dem Lag-Operator-Polynom besonders vorteilhaft und elegant. Man schreibt

$$\alpha(L)X_t = \beta(L)\varepsilon_t \tag{4.27}$$

mit $\alpha(L) = 1 - \alpha_1 L - \ldots - \alpha_p L^p$ und $\beta(L) = 1 - \beta_1 L - \ldots - \beta_q L^q$.

$ARMA$-Prozesse lassen sich sowohl als unendliche AR-Prozesse als auch als unendliche MA-Prozesse darstellen. Wenn $\alpha(L)$ die Stationaritätsbedingung erfüllt, ist

$$X_t = (\alpha(L))^{-1}\beta(L)\varepsilon_t$$

die $MA(\infty)$-Darstellung. Dieser Ausdruck ist eine rein formale Umformung. Inhaltlich besagt es, dass man ein unendliches Lag-Polynom (nennen wir es z.B. $\delta(L)$) finden kann, dass die gewünschte $MA(\infty)$-Darstellung liefert. Wenn $\beta(L)$ die Invertierbarkeitsbedingung erfüllt, ist

$$(\beta(L))^{-1}\alpha(L)X_t = \varepsilon_t$$

die $AR(\infty)$-Darstellung. Dieses Ergebnis ist sehr wichtig, denn es besagt, dass man einen AR-Prozess mit unendlichem Lag-Polynom durch einen geeigneten $ARMA$-Prozess mit kurzen Lag-Polynomen modellieren kann. Die Herleitung der Autokorrelationsfunktion ist für $s = 1, \ldots, q$ umständlich. Für $s > q$ verhalten sich $ARMA(p, q)$-Prozesse wieder wie $AR(p)$-Prozesse.

Für die Definition der $ARIMA$-Prozesse benötigt man den Differenzenoperator $\Delta := 1 - L$. Anwenden von Δ auf einen Prozess $(X_t)_{t \in \mathbb{Z}}$ bedeutet, zu den Differenzen von $(X_t)_{t \in \mathbb{Z}}$ überzugehen. Also ist

$$\Delta X_t = X_t - X_{t-1}.$$

Der Differenzenoperator lässt sich auch mehrfach anwenden, so ist etwa

$$\begin{aligned}
\Delta^2 X_t &= \Delta\left(\Delta X_t\right) \\
&= \Delta X_t - \Delta X_{t-1} \\
&= X_t - X_{t-1} - (X_{t-1} - X_{t-2}) \\
&= X_t - 2X_{t-1} + X_{t-2}.
\end{aligned}$$

Man beachte, dass $\Delta^d \neq 1 - L^d$, sondern $\Delta^d = (1 - L)^d$.

Definition 4.23 (ARIMA). *Ein stochastischer Prozess* $(X_t)_{t \in \mathbb{Z}}$ *heißt integrierter autoregressiver Moving-Average-Prozess der Ordnungen* p, d *und* q, *kurz* $ARIMA(p, d, q)$, *wenn* $\Delta^d X_t$ *ein* $ARMA(p, q)$-*Prozess ist.*

Bei empirischen Anwendungen kommt man fast immer mit $d = 0$ (also ohne Differenzenbildung) oder $d = 1$ aus. Bei der statistischen Behandlung von $ARIMA$-Prozessen ist Vorsicht geboten, da sie, falls $d > 0$, nicht stationär sind.

4.5.6 Behandlung deterministischer Komponenten

Bislang haben wir nur AR-, MA- und $ARMA$-Prozesse betrachtet, die eine Mittelwertfunktion von konstant null hatten. Viele Prozesse setzen sich jedoch aus einer rein stochastischen Komponente (mit Mittelwertfunktion null) und einer deterministischen Komponente (nennen wir sie z.B. D_t) zusammen. Denkbare deterministische Komponenten sind etwa lineare Trends, $D_t = a + bt$, oder exponentielle Trends, $D_t = ab^t$.

Substituiert man $Y_t := X_t - D_t$, so ist offenbar Y_t ein stochastischer Prozess mit Erwartungswert 0. Die Kovarianzfunktion (und damit auch die Korrelationsfunktion) von Y_t entspricht derjenigen von X_t, denn

$$
\begin{aligned}
Cov\,(Y_t, Y_s) &= E\,[(Y_t - E\,(Y_t))\,(Y_s - E\,(Y_s))] \\
&= E\,[(X_t - D_t - E\,(X_t - D_t))\,(X_s - D_s - E\,(X_s - D_s))] \\
&= E\,[(X_t - E\,(X_t))\,(X_s - E\,(X_s))] \\
&= Cov\,(X_t, X_s)\,.
\end{aligned}
$$

Deterministische Komponenten bewirken also eine Veränderung der Erwartungswertfunktion, aber sie lassen die Varianz- und Kovarianzfunktionen unverändert.

Wir betrachten im Folgenden eine sehr einfache deterministische Komponente (so einfach, dass sie kaum als solche bezeichnet werden kann), nämlich $D_t = \mu_t = \mu$. Ein $ARMA(p, q)$-Prozess mit konstantem, von null verschiedenen Mittelwert lässt sich analog zu (4.27) bzw. (4.26) schreiben als

$$
\begin{aligned}
\alpha(L)\,(X_t - \mu) &= \beta(L)\varepsilon_t \qquad\qquad\qquad (4.28) \\
X_t - \mu &= \alpha_1(X_{t-1} - \mu) + \ldots + \alpha_p(X_{t-p} - \mu) \\
&\quad + \varepsilon_t - \beta_1\varepsilon_{t-1} - \ldots - \beta_q\varepsilon_{t-q}\,.
\end{aligned}
$$

4.6 Statistische Schätzung von ARMA-Prozessen

Die Koeffizienten eines AR-, MA- oder $ARMA$-Prozesses sind bei empirischen Anwendungen nicht bekannt, sondern müssen aus einer begrenzten Zahl von Beobachtungen geschätzt werden. Seien $X_1, \ldots, X_T$ die zur Verfügung stehenden Beobachtungen. Wie kann man auf Grundlage eines Pfades $X_1, \ldots, X_T$ die Parameter $\alpha_1, \ldots, \alpha_p$ bzw. $\beta_1, \ldots, \beta_q$ und σ_ε^2 schätzen? Es gibt im Wesentlichen drei Standardansätze für die Schätzung der Parameter, die wir bereits aus Abschnitt 2.3.1 kennen, und zwar

- die Methode der kleinsten Quadrate (KQ-Methode),
- die Methode der Momente,
- die Maximum-Likelihood-Methode.

Wir zeigen im Folgenden, wie diese drei Schätzmethoden zur Schätzung von *ARMA*-Modellen der Form (4.28), also mit konstanter Erwartungswertfunktion μ, genutzt werden können. Dabei gehen wir zunächst davon aus, dass die Lag-Längen p und q bekannt sind. Die allgemeinen Schätzansätze werden nicht in allen Details dargestellt, sondern anhand von Spezialfällen illustriert.

Die Verteilung der Punktschätzer ist in kleinen (endlichen) Stichproben schwierig zu bestimmen. Wenn der Stichprobenumfang hingegen groß ist, kann man die Verteilung der Schätzer gut durch ihre asymptotische Verteilung approximieren. Wir werden darauf jedoch nicht näher eingehen. Die asymptotischen Verfahren zur statistischen Inferenz sind in praktisch allen gängigen Statistik-Programmen implementiert; eine Darstellung der Theorie findet man in Schlittgen und Streitberg (2001).

Da die Lag-Längen in praktischen Anwendungen normalerweise nicht bekannt sind, stellen wir in Abschnitt 4.6.4 einen einfachen Ansatz zur Bestimmung der Lag-Längen vor.

In Abschnitt 4.6.5 schätzen wir ein *ARMA*-Modell für die Tagesrenditen des DAX sowie für die Differenz zwischen kurz- und langfristigen Zinssätzen in Deutschland.

4.6.1 Methode der kleinsten Quadrate

Löst man (4.28) nach dem Störterm ε_t auf, so erhält man

$$\varepsilon_t = (X_t - \mu) - \alpha_1(X_{t-1} - \mu) - \ldots - \alpha_p(X_{t-p} - \mu)$$
$$+ \beta_1 \varepsilon_{t-1} + \ldots + \beta_q \varepsilon_{t-q}. \tag{4.29}$$

Für die Methode der kleinsten Quadrate ersetzt man in (4.29) die Störterme durch die Residuen $\hat{\varepsilon}_t$ und interpretiert diese als Funktion der unbekannten Parameter $(\mu, \alpha_1, \ldots, \alpha_p, \beta_1, \ldots, \beta_q)$. Die Parameter sind nun so zu bestimmen, dass die Summe der quadrierten Residuen minimal wird. Die Zielfunktion lautet also

$$S(\mu, \alpha_1, \ldots, \alpha_p, \beta_1, \ldots, \beta_q) = \sum_{t=1}^{T} (\hat{\varepsilon}_t(\mu, \alpha_1, \ldots, \alpha_p, \beta_1, \ldots, \beta_q))^2. \tag{4.30}$$

Wegen der rekursiven Form von (4.29) ist die Berechnung der Zielfunktion aufwendig, jedoch mit Computern leicht zu bewältigen. Zu beachten ist allerdings, dass man für die ersten $\hat{\varepsilon}_t$ und X_t Startwerte $\hat{\varepsilon}_0, \ldots, \hat{\varepsilon}_{-q+1}$ und $X_0, \ldots, X_{-p+1}$ benötigt. Setzt man diese auf Null, so nennt man die Schätzer „bedingte Schätzer". Näheres zu den Anfangswerten siehe Schlittgen und Streitberg (2001, Kap. 6.1.6).

Die Minimierung der Zielfunktion kann nicht analytisch erfolgen, sondern nur numerisch. Die Werte, an denen (4.30) das Minimum annimmt, sind die Schätzer (oder Schätzwerte) $\hat{\mu}, \hat{\alpha}_1, \ldots, \hat{\alpha}_p, \hat{\beta}_1, \ldots, \hat{\beta}_q$.

Im Folgenden betrachten wir einen einfachen Spezialfall, nämlich die KQ-Methode zur Schätzung eines $AR(1)$-Prozesses. Im Fall $p = 1$ und $q = 0$ kann man die Gleichung (4.28) als Regressionsgleichung

$$(X_t - \mu) = \alpha_1(X_{t-1} - \mu) + \varepsilon_t$$

auffassen, in der die Parameter μ, α_1 und σ_ε^2 zu schätzen sind. Die Zielfunktion nach der Methode der kleinsten Quadrate ist

$$S(\alpha_1, \mu) = \sum_{t=2}^{T}((X_t - \mu) - \alpha_1(X_{t-1} - \mu))^2,$$

wobei wir die Summation erst in $t = 2$ beginnen lassen und X_1 als Startwert verwenden. Diese Funktion ist bezüglich α_1 und μ zu minimieren. Die notwendigen Bedingungen für ein Minimum sind

$$\frac{\partial S}{\partial \mu} = \sum_{t=2}^{T} 2((X_t - \mu) - \alpha_1(X_{t-1} - \mu))(-1 + \alpha_1) = 0, \qquad (4.31)$$

$$\frac{\partial S}{\partial \alpha_1} = \sum_{t=2}^{T} 2((X_t - \mu) - \alpha_1(X_{t-1} - \mu))(-X_{t-1} + \mu) = 0. \qquad (4.32)$$

Aus (4.32) folgt:

$$\hat\alpha_1 = \frac{\sum_{t=2}^{T}(X_t - \hat\mu)(X_{t-1} - \hat\mu)}{\sum_{t=2}^{T}(X_{t-1} - \hat\mu)^2}. \qquad (4.33)$$

Falls $\hat\alpha_1 \neq 1$ ist (und das ist mit Wahrscheinlichkeit 1 der Fall), kann (4.31) durch $2(-1 + \hat\alpha_1)$ dividiert werden, und es ergibt sich

$$\hat\mu = \frac{\sum_{t=2}^{T} X_t - \hat\alpha_1 \sum_{t=2}^{T} X_{t-1}}{(T - 1)(1 - \hat\alpha_1)}. \qquad (4.34)$$

Für große T gilt näherungsweise $\frac{1}{T-1}\sum_{t=2}^{T} X_t \approx \frac{1}{T-1}\sum_{t=2}^{T} X_{t-1} \approx \bar X_T$. Daraus folgt

$$\hat\mu \approx \frac{1}{1 - \hat\alpha_1}(\bar X_T - \hat\alpha_1 \bar X_T) = \bar X_T.$$

Wenn diese Approximation nicht gewünscht wird, müssen die Gleichungen (4.33) und (4.34) simultan gelöst werden, was mit numerischen Verfahren möglich ist. Die Varianz σ_ε^2 schätzt man durch

$$\hat\sigma_\varepsilon^2 = \frac{1}{T - 1} \sum_{t=2}^{T} ((X_t - \hat\mu) - \hat\alpha_1(X_{t-1} - \hat\mu))^2.$$

Eine Beispiel-Schätzung zeigen wir am Ende von Abschnitt 4.6.3, wenn neben der Methode der kleinsten Quadrate auch die Momentenmethode und die Maximum-Likelihood-Methode eingeführt sind.

4.6.2 Methode der Momente

Die Methode der Momente ist für allgemeine $ARMA(p,q)$-Prozesse nicht praktikabel. Wir stellen nur zwei Spezialfälle vor, und zwar die Schätzung eines $AR(1)$- und eines $MA(1)$-Prozesses nach der Momentenmethode.

Das $AR(1)$-Modell

$$X_t - \mu = \alpha_1 \left(X_{t-1} - \mu \right) + \varepsilon_t$$

hat drei zu schätzende Parameter, nämlich μ, α_1 und σ_ε^2. Wir wissen bereits (vgl. (4.2)), dass der Mittelwert durch $\hat\mu = \bar{X}_T = (1/T) \sum_t X_t$ geschätzt werden kann. Ferner wissen wir (vgl. (4.23)), dass $\rho(1) = \alpha_1$ ist und dass $\rho(1)$ gemäß (4.7) geschätzt werden kann. Der Schätzer nach der Momentenmethode ist also

$$\hat\alpha_1 = \hat\rho(1) = \frac{\sum_{t=1}^{T-1}(X_t - \bar{X}_T)(X_{t+1} - \bar{X}_T)}{\sum_{t=1}^{T}(X_t - \bar{X}_T)^2}.$$

Zur Schätzung von σ_ε^2 benutzt man die Relation (4.22). Auflösen nach σ_ε^2 und Ersetzen von σ_X^2 durch $\hat\gamma(0)$ sowie von α_1^2 durch $\hat\rho(1)^2$ ergibt

$$\hat\sigma_\varepsilon^2 = \hat\gamma(0)(1 - \hat\rho(1)^2).$$

Betrachten wir nun den zweiten Spezialfall, den $MA(1)$-Prozess. Sei $X_t - \mu = \varepsilon_t - \beta_1 \varepsilon_{t-1}$ mit $|\beta_1| < 1$ (d.h. die Nullstelle des charakteristischen Polynoms $1 - \beta_1 z$ ist betragsmäßig größer als 1 und damit ist der Prozess invertierbar). Der Parameter μ wird natürlich wiederum durch $\bar{X}_T$ geschätzt. Wir wissen (vgl. (4.20)), dass

$$\rho(1) = \frac{-\beta_1}{1 + \beta_1^2}.$$

Auflösen dieser quadratischen Gleichung nach β_1 führt auf

$$\beta_1^{(1,2)} = \frac{-1 \pm \sqrt{1 - 4\rho(1)^2}}{2\rho(1)}.$$

Es gilt $\beta_1^{(1)} \beta_1^{(2)} = 1$, d.h. nur eine der beiden Lösungen erfüllt die Invertierbarkeitsbedingung $|\beta_1| < 1$, nämlich wenn im Zähler das Pluszeichen steht. Als Momentenschätzer für β_1 ergibt sich also

$$\hat\beta_1 = \frac{-1 + \sqrt{1 - 4\hat\rho(1)^2}}{2\hat\rho(1)}.$$

Der Momentenschätzer ist nicht definiert, wenn $|\hat\rho(1)| \geq 0.5$ ist, was durchaus möglich ist, selbst wenn $|\rho(1)| \lesssim 0.5$. Aus (4.18) folgt für einen $MA(1)$-Prozess als Schätzer für die Varianz σ_ε^2

$$\hat\sigma_\varepsilon^2 = \hat\gamma(0) / \left(1 + \hat\beta_1^2 \right).$$

4.6.3 Maximum-Likelihood-Schätzung

Wir gehen davon aus, dass die Störterme ε_t normalverteilt sind, so dass es sich bei dem *ARMA*-Prozess (4.28) um einen stationären Gauß-Prozess im Sinne der Definition 4.5 handelt. Die Verteilung von $X_1, \ldots, X_T$ sei multivariat normal mit Erwartungswertvektor

$$\boldsymbol{\mu} = E\left(\begin{bmatrix} X_1 \\ \vdots \\ X_T \end{bmatrix}\right) = \begin{pmatrix} \mu \\ \vdots \\ \mu \end{pmatrix}$$

und Kovarianzmatrix

$$\boldsymbol{\Sigma} = Cov\left(\begin{bmatrix} X_1 \\ X_2 \\ \vdots \\ X_T \end{bmatrix}\right) = \begin{pmatrix} \gamma(0) & \gamma(1) & \ldots \gamma(T-1) \\ \gamma(1) & \gamma(0) & \ldots \gamma(T-2) \\ \vdots & \vdots & \ddots & \vdots \\ \gamma(T-1) & \gamma(T-2) & \ldots & \gamma(0) \end{pmatrix}.$$

In die Kovarianzmatrix $\boldsymbol{\Sigma}$ gehen sämtliche unbekannten Parameter (außer μ) ein, nämlich $\alpha_1, \ldots, \alpha_p, \beta_1, \ldots, \beta_q$ sowie σ_ε^2. Die Log-Likelihood-Funktion lautet (vgl. (3.29))

$$\ln L\left(\alpha_1, \ldots, \alpha_p, \beta_1, \ldots, \beta_q, \mu, \sigma_\varepsilon^2\right) = -\frac{T}{2}\ln(2\pi) - \frac{T}{2}\ln(\det \boldsymbol{\Sigma})$$

$$-\frac{1}{2}\sum_{t=1}^{T}(\mathbf{X}_t - \boldsymbol{\mu})'\,\boldsymbol{\Sigma}^{-1}(\mathbf{X}_t - \boldsymbol{\mu}).$$

Sie wird mit numerischen Verfahren bezüglich der unbekannten Parameter maximiert. Die Stelle, an der das Maximum erreicht wird, bezeichnet die Maximum-Likelihood-Schätzer (ML-Schätzer). Dieser Schätzansatz ist in praktisch allen statistischen Programmpaketen implementiert. Eine ausführlichere theoretische Darstellung findet man in Schlittgen und Streitberg (2001).

Die Schätzer für $\alpha_1, \ldots, \alpha_p$ und $\beta_1, \ldots, \beta_q$ sind asymptotisch multivariat normalverteilt mit einer Kovarianzmatrix, die man konsistent aus den Daten schätzen kann. Folglich lässt sich statistische Inferenz betreiben: Man kann beispielsweise feststellen, ob der Parameter eines $AR(1)$-Prozesses signifikant von Null verschieden ist oder nicht. Wir gehen jedoch nicht näher auf die Einzelheiten der asymptotischen Verteilungen ein, sie sind in allen gängigen Statistik-Programmen implementiert.

Beispiel 4.24. In Beispiel 4.20 wurden zwei stationäre und ein instationärer AR(1)-Prozess mit T = 200 simuliert. Wir schätzen nun die eigentlich bekannten Parameter der beiden stationären AR(1)-Prozesse aus den in Abbildung 4.5 dargestellten Daten nach der KQ-Methode, der Momentenmethode und der ML-Methode. Außerdem schätzen wir die Parameter der drei MA(1)-Prozesse aus den in Abbildung 4.4 dargestellten Daten (siehe Beispiel 4.18).

Die Schätzwerte $\hat{\beta}_1$ und $\hat{\sigma}_\varepsilon^2$ ließen sich nach der Momentenmethode nur im zweiten MA-Fall bestimmen, da im ersten und dritten Fall die empirische Autokorrelation erster Ordnung $\hat{\rho}(1)$ betragsmäßig größer als 0.5 war. Tabelle 4.2 zeigt die (in dieser Simulation ausnahmsweise bekannten) wahren Parameterwerte sowie die Schätzwerte.

Para-	Wahrer	Schätzmethode		
meter	Wert	KQ	MM	ML
$AR(1)$				
α_1	0.900	0.849	0.849	0.846
μ	0.000	−0.093	−0.112	−0.132
σ_ε^2	1.000	0.917	0.915	0.913
$AR(1)$				
α_1	−0.900	−0.863	−0.848	−0.860
μ	0.000	−0.075	−0.081	−0.074
σ_ε^2	1.000	1.128	1.180	1.124
$MA(1)$				
β_1	0.900	0.953		0.954
μ	0.000	0.002	0.003	−0.000
σ_ε^2	1.000	0.929		0.911
$MA(1)$				
β_1	−0.500	−0.589	−0.618	−0.587
μ	0.000	−0.191	−0.196	−0.190
σ_ε^2	1.000	1.146	1.115	1.145
$MA(1)$				
β_1	−0.950	−0.899		−0.934
μ	0.000	0.066	0.010	0.016
σ_ε^2	1.000	1.086		1.041

Tabelle 4.2. Vergleich der Schätzergebnisse

4.6.4 Bestimmung der Lag-Länge

Bei einer empirischen Anwendung ist normalerweise nicht bekannt, welche Ordnungen p und q ein $ARMA$-Modell hat. Die Lag-Längen müssen aus den Daten heraus bestimmt werden. Es gibt verschiedene Methoden zur Bestimmung der Lag-Längen. Ein besonders einfaches Verfahren stellen wir nun vor:

Bei der Anpassung eines parametrischen Modells an eine Zeitreihe gibt es zwei sich widerstreitende Ziele: Zum einen möchte man gerne eine möglichst gute Anpassung des Modells an die Daten erreichen, zum anderen soll das Modell möglichst wenige Parameter enthalten. Ein sparsam parametrisiertes Modell lässt sich präziser schätzen und ist meist auch besser interpretierbar.

Sowohl das Kleinste-Quadrate-Schätzverfahren als auch die Maximum-Likelihood-Methode haben eine explizite Maßzahl für die Anpassungsgüte:

beim KQ-Verfahren ist es die Summe der quadrierten Residuen, beim ML-Verfahren die maximale (Log-)Likelihood. Je kleiner die Summe der quadrierten Residuen bzw. je größer die maximale Likelihood, desto besser die Anpassung des Modells an die Daten. Nun ist es aber offensichtlich so, dass durch eine Erhöhung der Anzahl der Parameter die Anpassungsgüte nur verbessert werden kann (genauer gesagt: zumindest nicht verschlechtert), denn jeder zusätzliche Parameter kann schließlich so gesetzt werden, dass sich wieder das sparsamere Modell ergibt.

Beispiel 4.25. Das AR(1)-Modell enthält die Parameter μ, α_1 und σ_ε^2. Eine mögliche Erweiterung des AR(1)-Modells wäre ein AR(2)-Modell mit dem zusätzlichen Parameter α_2. Setzt man $\alpha_2 = 0$, ergibt sich jedoch wieder das AR(1)-Modell. Folglich kann sich ein AR(2)-Modell an eine Zeitreihe nie schlechter anpassen als ein AR(1)-Modell. Entsprechendes gilt für andere Erweiterungen wie etwa ein ARMA(1,1)-Modell.

Als Anwender muss man zwischen den beiden Zielen „Anpassungsgüte" und „Sparsamkeit" abwägen. Das kann rein subjektiv geschehen, aber es gibt auch objektive Kriterien (sogenannte Informationskriterien). Die Informationskriterien basieren auf dem ML-Verfahren, als Zielfunktion dient die maximale Log-Likelihood, jedoch korrigiert um einen Strafterm, der um so größer ist, je mehr Parameter es gibt. Das bekannteste Informationskriterium ist von Akaike (Akaike's information criterion, *AIC*); es wird von den meisten Statistik-Programmen automatisch berechnet. Das *AIC* ist für das Modell (4.28) definiert als

$$AIC = -2 \cdot \ln L + 2 \cdot (p + q + 2).$$

Der Strafterm besteht offenbar in dem Ausdruck $2 \cdot (p + q + 2)$. Man wählt dasjenige Modell aus, das den kleinsten *AIC*-Wert aufweist.

Ein anderes, weit verbreitetes Informationskriterium ist das Bayesianische Informationskriterium *BIC*, es ist definiert als

$$BIC = -2 \cdot \ln L + (p + q + 2) \cdot \ln T.$$

Auch hier wählt man dasjenige Modell mit dem kleinsten *BIC* aus.

Für die Lag-Längen-Bestimmung eines *ARMA*-Modells wählt man zunächst maximale Lag-Längen p_{max} und q_{max}. Anschließend schätzt man alle *ARMA*-Modelle der Ordnungen $0 \leq p \leq p_{max}$ und $0 \leq q \leq q_{max}$ und berechnet jedes Mal den *AIC*-Wert.

Beispiel 4.26. Für die Daten des AR(1)-Modells mit $\alpha_1 = 0.9$ aus Beispiel 4.20 seien $p_{max} = 2$ und $q_{max} = 3$. Tabelle 4.3 zeigt für alle 12 möglichen ARMA(p,q)-Modelle die maximale Loglikelihood, den AIC-Wert und den BIC-Wert. Als bestes Modell wählt man gemäß beider Kriterien $p = 1$ und $q = 0$, also das korrekte Modell. Die für das ARMA(1,0)-Modell geschätzten Parameter sind in Tabelle 4.2 (oberstes Modell) ablesbar.

Ordnung				
p	q	$\ln L$	AIC	BIC
0	0	−402.52	809.04	815.64
0	1	−332.76	671.52	681.42
0	2	−305.08	618.17	631.36
0	3	−290.90	591.79	608.29
1	0	−275.33	556.66	566.55
1	1	−275.21	558.43	571.62
1	2	−275.21	560.43	576.92
1	3	−275.15	562.31	582.10
2	0	−275.21	558.43	571.62
2	1	−275.21	560.43	576.92
2	2	−274.66	561.32	581.11
2	3	−274.47	562.94	586.03

Tabelle 4.3. Bestimmung der Lag-Längen nach AIC und BIC

4.6.5 Empirische Beispiele

Zwei empirische Fragestellungen werden wir im Folgenden untersuchen: Erstens, lässt sich die Zeitreihe der Tagesrenditen des DAX-Indexes als $AR(1)$-Prozess, $MA(1)$-Prozess oder $ARMA(p,q)$-Prozess höherer Ordnung modellieren? Es wird sich leider zeigen, dass $ARMA$-Modelle (und damit auch AR- und MA-Modelle) nicht gut geeignet sind für die Beschreibung von Renditen.

Zweitens, lässt sich der Abstand der kurzfristigen Zinsen von den langfristigen Zinsen durch ein $ARMA$-Modell erfassen? Dies ist das einzige Beispiel, in dem Zinsdaten eine Rolle spielen – der Grund dafür ist, dass hier $ARMA$-Modelle tatsächlich erfolgreich eingesetzt werden können.

4.6.5.1 DAX-Tagesrenditen als $ARMA$-Prozess

Wir betrachten die Tagesrenditen des DAX-Indexes vom 3.1.1995 bis zum 31.12.2004 mit $T = 2526$. Da alle drei Schätzmethoden nahezu identische Schätzwerte ergaben, zeigen wir im Folgenden nur die ML-Schätzwerte. Die Schätzung eines $AR(1)$-Modells ergab

$$\hat{\alpha}_1 = -0.0164,$$
$$\hat{\mu} = 0.0284,$$
$$\sigma_\varepsilon^2 = 2.5985,$$

und eine $MA(1)$-Schätzung führt auf

$$\hat{\beta}_1 = -0.0170,$$
$$\hat{\mu} = 0.0284,$$
$$\sigma_\varepsilon^2 = 2.5985.$$

Für diese beiden Modelle haben wir angenommen, dass die Ordnungen $p = 1, q = 0$ bzw. $p = 0, q = 1$ bekannt sind. Wenn man die Ordnungen eines allgemeinen $ARMA(p, q)$-Modells aus den Daten bestimmt, ergeben sich für $p_{max} = 3$ und $q_{max} = 3$ die in Tabelle 4.4 gezeigten AIC- und BIC-Werte.

Ordnung			
p	q	AIC	BIC
0	0	9585.35	9597.01
0	1	9586.64	9604.14
0	2	9587.83	9611.17
0	3	9587.75	9616.92
1	0	9586.66	9604.17
1	1	9586.95	9610.29
1	2	9588.79	9617.96
1	3	9585.61	9620.62
2	0	9587.87	9611.21
2	1	9588.78	9617.95
2	2	9590.80	9625.81
2	3	9587.19	9628.03
3	0	9587.86	9617.03
3	1	9585.54	9620.55
3	2	9587.16	9628.00
3	3	9589.24	9635.92

Tabelle 4.4. Lag-Längen für die Tagesrendite des DAX-Indexes nach AIC und BIC

Beide Informationskriterien treffen die gleiche Wahl: Das beste Modell hat die Ordnung $p = q = 0$. Mit anderen Worten: Ein $ARMA$-Prozess ist nicht in der Lage, die Zeitreihe der DAX-Tagesrenditen besser zu modellieren als ein White-Noise-Prozess. Dieses Ergebnis ist einerseits enttäuschend, aber andererseits nicht überraschend: Wäre es anders, dann könnte man die Höhe der morgigen Rendite zumindest tendenziell voraussagen. Das widerspricht der Informationseffizienz der Märkte, wir gehen in Kapitel 5 näher auf dieses Thema ein.

4.6.5.2 Zinsstruktur

Es gibt andere Finanzzeitreihen als Aktienrenditen, bei denen eine $ARMA$-Modellierung erfolgversprechend ist. In Anlehnung an Mills (1993, S. 26ff) untersuchen wir, ob sich die Spanne zwischen kurz- und langfristigen Zinssätzen durch ein $ARMA$-Modell beschreiben lässt. Als kurzfristigen Zinssatz verwenden wir den Interbanken-Fibor-Satz für 3 Monate (FIBOR3M), und für den langfristigen Zinssatz die 10-Jahres-Staatsanleihen der Bundesrepublik Deutschland (BDBRYLD). Für beide Zeitreihen liegen Monatswerte von

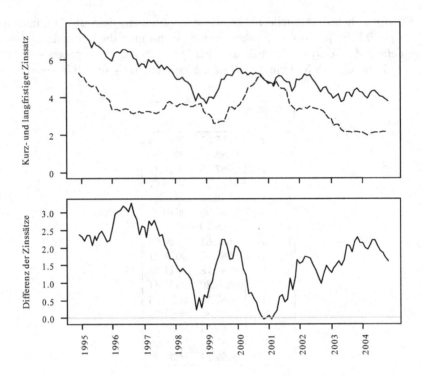

Abbildung 4.7. Kurz- und langfristige Zinssätze (oben) sowie ihre Differenz (unten)

Januar 1995 bis Dezember 2004 vor, die Anzahl der Beobachtungen beträgt $T = 120$. Datenquelle ist die Datenbank Datastream der Firma Thomson. Abbildung 4.7 zeigt den Verlauf der beiden Zeitreihen (oben) sowie ihre Differenz (unten). Für gewöhnlich liegt der kurzfristige Zinssatz (gestrichelte Linie) niedriger als der langfristige (durchgezogene Linie). Die Spanne zwischen den beiden Sätzen schwankt im Zeitablauf stark, es gibt sogar Monate, in denen der kurzfristige Zinssatz (marginal) höher als der langfristige liegt.

Kann die Spanne zwischen kurz- und langfristigen Zinssätzen durch ein *ARMA*-Modell geeigneter Ordnung modelliert werden? Um diese Frage zu beantworten, berechnen wir für $p_{max} = q_{max} = 3$ die Informationskriterien *AIC* und *BIC*. Die Ergebnisse sind in Tabelle 4.5 gezeigt. Das beste Modell ist gemäß *AIC* ein *ARMA*(2, 2)-Modell und gemäß *BIC* ein *AR*(1)-Modell. Da der *AIC*-Wert des *ARMA*(2, 2)-Modells nur wenig unter dem des *AR*(1)-Modells liegt, wählen wir das sparsamere *AR*(1)-Modell. Die Schätzung des Modells führt auf

Ordnung			
p	q	AIC	BIC
0	0	293.12	298.70
0	1	172.60	180.96
0	2	103.94	115.09
0	3	66.82	80.75
1	0	−14.58	−6.22
1	1	−13.34	−2.19
1	2	−12.81	1.13
1	3	−12.17	4.56
2	0	−13.54	−2.39
2	1	−10.64	3.30
2	2	−14.90	1.82
2	3	−13.25	6.27
3	0	−13.63	0.30
3	1	−14.75	1.97
3	2	−9.60	9.91
3	3	−14.17	8.13

Tabelle 4.5. Lag-Längen für die Differenz zwischen lang- und kurzfristigen Zinssätzen nach AIC und BIC

$$\hat{\alpha}_1 = 0.9581,$$
$$\hat{\mu} = 1.7610,$$
$$\sigma_{\varepsilon}^2 = 0.0483.$$

4.7 Literaturhinweise

Einführungen in die stochastischen Prozesse geben Papoulis (1991), Grimmett und Stirzaker (2001), Cox und Miller (1965), Taylor und Karlin (1975) und Taylor und Karlin (1981), und Ross (1996). Stochastische Prozesse werden auch in den meisten Büchern zur Zeitreihenanalyse behandelt; wir verweisen auf Schlittgen und Streitberg (2001), Hannan (1963), Rinne und Specht (2002), Stier (2001), Hamilton (1994), Tsay (2002) und Mills (1999). Martingale werden speziell in Neveu (1975) und Williams (1991) behandelt.

5

Die Random-Walk-Hypothese

Der Begriff der Informationseffizienz und die damit verbundene Random-Walk-Hypothese ist grundlegend für die Kapitalmarkttheorie. Wir behandeln sie in Abschnitt 5.1. In den nachfolgenden Abschnitten werden dann verschiedene Tests vorgestellt, mit denen die Random-Walk-Hypothese empirisch überprüft werden kann.

5.1 Informationseffizienz und Random-Walk-Hypothese

Ein Kapitalmarkt wird ganz allgemein als informationseffizient bezeichnet, wenn sich der jeweils gegebene Informationsstand in den Preisen der Finanztitel widerspiegelt. Nach der Art des gegebenen Informationsstandes werden drei verschiedene Grade der Informationseffizienz unterschieden:

- Informationseffizienz im strengen Sinne liegt vor, wenn in den Preisen jederzeit alle verfügbaren Informationen enthalten sind.
- Informationseffizienz im mittelstrengen Sinne besteht, wenn sich in den Preisen jederzeit alle öffentlich verfügbaren Informationen ausdrücken.
- Informationseffizienz im schwachen Sinne liegt dann vor, wenn die Preise jederzeit alle Informationen über das Marktgeschehen in der Vergangenheit, also die historischen Kursinformationen, zum Ausdruck bringen.

Im Folgenden beschränken wir uns auf die Informationseffizienz im schwachen Sinne. Zu ihrer Operationalisierung wurden verschiedene Modelle vorgeschlagen, die alle annehmen, dass gewisse einschränkende Bedingungen über das Funktionieren des Kapitalmarktes erfüllt sind, z.B. die Nichtexistenz von Transaktionskosten, die kostenlose Verfügbarkeit aller Informationen für alle Interessenten, homogene Erwartungen der Anleger über die Implikationen der Informationen für den gegenwärtigen Kurs und die zukünftigen Kurse, etc.

Das Martingal-Modell für den Aktienkurs K_t zum Zeitpunkt t besagt, dass

$$E\left(K_{t+1}|K_t, K_{t-1}, \dots, K_1\right) = K_t$$

bzw.

$$E\left(K_{t+1} - K_t | K_t, K_{t-1}, \ldots, K_1\right) = 0$$

gilt. Die Kurse bilden also ein Martingal und die absoluten Kursdifferenzen $K_{t+1} - K_t$ eine Martingaldifferenzenfolge. Insbesondere ist der Erwartungswert der Kursdifferenz gleich null. Wie in Kapital 4 gezeigt, bilden dann auch die (diskreten) Renditen

$$R_{t+1} = \frac{K_{t+1} - K_t}{K_t}$$

eine Martingaldifferenzenfolge und die erwarteten Renditen sind gleich null.

Es ist jedoch nicht einfach, einen Test für die Nullhypothese, dass der Kursprozess ein Martingal ist, zu konstruieren. Aus diesem Grunde spezialisiert man den Kursprozess weiter und kommt zum Random-Walk-Modell vom Typ I. Bei diesem Modell sind die absoluten Kursdifferenzen $K_{t+1} - K_t$ unabhängig und identisch verteilt, mit $E(K_{t+1} - K_t) = 0$ und $Var(K_{t+1} - K_t) = \sigma^2$; sie bilden also einen White-Noise-Prozess vom Typ I.

Um die Gültigkeit des Random-Walk-Modells vom Typ I zu überprüfen, benötigt man einen Test für die Nullhypothese

$$H_0^{(1)} : (K_t)_{t\in\mathbb{N}} \text{ ist ein Random-Walk vom Typ I.}$$

Ein Random-Walk-Modell vom Typ I kann sich auch auf die logarithmierten Kurse $\ln K_t$ beziehen. Um seine Gültigkeit zu überprüfen, ist

$$H_0^{(2)} : (\ln K_t)_{t\in\mathbb{N}} \text{ ist ein Random-Walk vom Typ I}$$

zu testen. Man beachte, dass $H_0^{(1)}$ und $H_0^{(2)}$ nicht äquivalent sind: Aus $H_0^{(1)}$ folgt nicht $H_0^{(2)}$, und aus $H_0^{(2)}$ folgt nicht $H_0^{(1)}$. Die Gültigkeit von $H_0^{(2)}$ hat zwei Konsequenzen: Erstens, die stetigen Renditen

$$r_t = \ln \frac{K_t}{K_{t-1}} = \ln K_t - \ln K_{t-1}$$

sind unabhängig und identisch verteilt mit $E(r_t) = 0$. Zweitens folgt aus $H_0^{(2)}$ wegen $R_t = \exp(r_t) - 1$, dass auch die diskreten Renditen R_t unabhängig und identisch verteilt sind, allerdings mit $E(R_t) \neq 0$.

Die im Folgenden dargestellten Tests lassen sich sowohl auf $H_0^{(1)}$ als auch auf $H_0^{(2)}$ anwenden. Wir formulieren deshalb neutral für eine Folge $(Y_t)_{t\in\mathbb{N}}$ von Zufallsvariablen

$H_0 : (Y_t)_{t\in\mathbb{N}}$ ist ein Random-Walk vom Typ I, d.h.
$\varepsilon_t = Y_t - Y_{t-1}$ ist unabhängig und identisch
verteilt mit $E(\varepsilon_t) = 0$ und $Var(\varepsilon_t) = \sigma_\varepsilon^2$ für $t \in \mathbb{N}$.
Außerdem sei $Y_0 \equiv 0$.

Der stochastische Prozess $(Y_t)_{t \in \mathbb{N}}$ steht also entweder für die Kurse selber oder für die logarithmierten Kurse. Wenn $Y_t = \ln K_t$ ist, entspricht ε_t gerade der Rendite im Sinne der Renditedefinition (1.5). Dass an dieser Stelle $E(\varepsilon_t) = 0$ vorausgesetzt wird, ist offenbar unrealistisch, denn eine erwartete Rendite von null würde keinen risikoscheuen Investor zu einer unsicheren Anlage reizen. Wir machen diese Annahme trotzdem, da sich die Testideen dann viel einfacher darstellen lassen. Später sehen wir dann, dass die Annahme einer Nullrendite eigentlich nicht notwendig ist.

Die Random-Walk-Eigenschaft hat eine Reihe von Implikationen für das Verhalten der Kurszeitreihe unter Gültigkeit der Nullhypothese. Wenn die tatsächlich beobachtete Kurszeitreihe sich „ganz anders" verhält, so spricht das gegen die Nullhypothese. Wir werden im Folgenden einige Tests kennen lernen, die auf verschiedenen Implikationen aufbauen.

5.2 Cowles-Jones-Test

Für den Cowles-Jones-Test benötigt man Indikatorvariablen, die angeben, in welche Richtung sich der stochastische Prozess bewegt. Sei

$$I_t = \begin{cases} 1, & \text{falls } Y_t - Y_{t-1} > 0 \text{ (positive Rendite)}, \\ 0, & \text{falls } Y_t - Y_{t-1} \leq 0 \text{ (negative Rendite oder Nullrendite)}. \end{cases}$$

Um die Notation zu erleichtern, nehmen wir an, dass es Werte $Y_0, Y_1, \ldots, Y_T$, Y_{T+1} gibt, so dass insgesamt $T + 2$ Kurse und damit $T + 1$ Renditen und Indikatorvariablen vorliegen. Man zählt nun ab, wie oft aufeinanderfolgende Differenzen $Y_t - Y_{t-1}$ das gleiche Vorzeichen haben („sequences"). Dazu definiert man eine Hilfsvariable Z_t, die angibt, ob eine Sequenz auftritt:

$$Z_t = I_t I_{t+1} + (1 - I_t)(1 - I_{t+1}). \tag{5.1}$$

Offenbar ist $Z_t = 1$, wenn $I_t = I_{t+1}$ ist (egal, ob es zweimal nach oben oder zweimal nach unten geht), und $Z_t = 0$ sonst. Die Anzahl der Sequenzen ist

$$N_S = \sum_{t=1}^{T} Z_t;$$

und $N_R = T - N_S$ ist die Anzahl der „reversals" (Anzahl der aufeinanderfolgenden Differenzen mit unterschiedlichen Vorzeichen). Wenn die Anzahl der Sequenzen ungewöhnlich groß ist, spricht das für eine positive zeitliche Abhängigkeit („geht es heute rauf, dann wohl auch morgen"). Eine ungewöhnlich kleine Anzahl von Sequenzen spricht dagegen für eine negative zeitliche Abhängigkeit. Als Testgröße schlagen Cowles und Jones (1937)

$$\widehat{CJ} = \frac{N_S}{N_R}$$

vor. Falls H_0 richtig ist (d.h. die Kurse folgen tatsächlich einem Random-Walk vom Typ I) und die Wahrscheinlichkeit $P(I_t = 1) = \pi = 0.5$ beträgt, wird $\widehat{CJ}$ in der Nähe von 1 sein. Man wird H_0 also ablehnen, wenn $\widehat{CJ}$ zu stark von 1 abweicht. Um die kritischen Werte zu bestimmen, benötigt man die (asymptotische) Verteilung von $\widehat{CJ}$ unter H_0. Um diese Verteilung herzuleiten, brauchen wir zunächst die (asymptotische) Verteilung von N_S. Sie soll für den allgemeinen Fall mit $\pi = P(I_t = 1)$ untersucht werden. Da (5.1) offensichtlich Bernoulli-verteilt ist, gilt (wegen der Unabhängigkeit der Renditen unter H_0)

$$
\begin{aligned}
\pi_S &= P\left(Z_t = 1\right) \\
&= P((I_t I_{t+1} + (1 - I_t)(1 - I_{t+1})) = 1) \\
&= \pi^2 + (1 - \pi)^2, \\
Var(Z_t) &= \pi_S \left(1 - \pi_S\right).
\end{aligned}
$$

Gesucht ist der Erwartungswert und die Varianz von $N_S = \sum Z_t$. Da die Z_t zwar Bernoulli-verteilt, aber nicht unabhängig sind, ist N_S nicht binomialverteilt. Der Erwartungswert ist

$$
E(N_S) = T\pi_S.
$$

Für die Berechnung der Varianz ist es nützlich, sich zuerst klar zu machen, dass nur zwischen direkt benachbarten Z_t Abhängigkeit besteht. Also ist

$$
\begin{aligned}
Var\left(N_S\right) &= Var\left(\sum_{t=1}^{T} Z_t\right) \\
&= \sum_{t=1}^{T} Var\left(Z_t\right) + 2 \sum_{t=1}^{T-1} \overset{\smallfrown}{C}ov\left(Z_t, Z_{t+1}\right).
\end{aligned}
$$

Nun gilt aber

$$
\begin{aligned}
Cov\left(Z_t, Z_{t+1}\right) &= E\left(Z_t Z_{t+1}\right) - E\left(Z_t\right) E\left(Z_{t+1}\right) \\
&= E\left(Z_t Z_{t+1}\right) - \pi_S^2;
\end{aligned}
$$

für den Erwartungswert $E\left(Z_t Z_{t+1}\right)$ gilt

$$
\begin{aligned}
&E\left(Z_t Z_{t+1}\right) \\
&= E\left[(I_t I_{t+1} + (1 - I_t)(1 - I_{t+1}))\left(I_{t+1} I_{t+2} + (1 - I_{t+1})(1 - I_{t+2})\right)\right] \\
&= E[I_t I_{t+1} I_{t+1} I_{t+2} + I_t I_{t+1}(1 - I_{t+1})(1 - I_{t+2}) \\
&\quad + (1 - I_t)(1 - I_{t+1}) I_{t+1} I_{t+2} \\
&\quad + (1 - I_t)(1 - I_{t+1})(1 - I_{t+1})(1 - I_{t+2})] \\
&= \pi^3 + (1 - \pi)^3,
\end{aligned}
$$

so dass

$$Cov\left(Z_t, Z_{t+1}\right) = \pi^3 + (1-\pi)^3 - \pi_S^2.$$

Für die Varianz von N_S ergibt sich damit approximativ

$$Var\left(N_S\right) = T\pi_S\left(1-\pi_S\right) + 2\left(T-1\right)\left(\pi^3 + (1-\pi)^3 - \pi_S^2\right).$$

Wegen des zentralen Grenzwertsatzes gilt für große T

$$N_S \overset{appr}{\sim} N\left(T\pi_S,\ T\pi_S(1-\pi_S) + 2\left(T-1\right)(\pi^3 + (1-\pi)^3 - \pi_S^2)\right),$$

wobei „$\overset{appr}{\sim}$" für „ist approximativ verteilt wie" steht. Mittels der sogenannten Delta-Methode (Spanos 1986, Kap. 10.5) kann man zeigen, dass

$$\widehat{CJ} \overset{appr}{\sim} N\left(\frac{\pi_S}{1-\pi_S}, \frac{\pi_S(1-\pi_S) + 2(\pi^3 + (1-\pi)^3 - \pi_S^2)}{T(1-\pi_S)^4}\right).$$

Die Verteilung vereinfacht sich, wenn $\pi = 1/2$ ist. Man beachte jedoch, dass $\pi = 1/2$ eine zusätzliche Annahme ist und nicht aus $E(Y_t - Y_{t-1}) = 0$ folgt. Wenn $\pi = 1/2$, dann ist

$$\widehat{CJ} \overset{appr}{\sim} N\left(1, \frac{4}{T}\right).$$

Man lehnt also H_0 ab, falls

$$\left|\sqrt{T}\frac{\left(\widehat{CJ}-1\right)}{\sqrt{4}}\right| > c$$

mit $c = \Phi^{-1}\left(1 - \frac{\alpha}{2}\right)$.

Wir führen den Cowles-Jones-Test für die Kursentwicklung aller 30 DAX-Aktien gemeinsam mit weiteren Testverfahren am Ende von Abschnitt 5.4 durch.

5.3 Runs-Test

Unter einem Run von „1"- oder „0"-Zeichen versteht man eine Folge von gleichen Zeichen. Beispielsweise enthält die Zeichenfolge

$$1001110100$$

drei Runs von „1" (der Längen 1, 3 und 1) sowie drei Runs von „0" (der Längen 2, 1 und 2). Insgesamt gibt es also in dieser Folge sechs Runs. Dagegen enthält die Folge

$$0000011111$$

nur zwei Runs.

Wir betrachten im Folgenden Runs der Variable

$$I_t = \begin{cases} 1, & \text{falls } Y_t - Y_{t-1} > 0, \\ 0, & \text{falls } Y_t - Y_{t-1} \leq 0. \end{cases}$$

Sei für $I_1, \ldots, I_T$

$$N_{Run}(1) = \text{Anzahl der Runs von „1",}$$
$$N_{Run}(0) = \text{Anzahl der Runs von „0"}$$

und $N_{Run} = N_{Run}(1) + N_{Run}(0)$. Wir beschränken uns zur Vereinfachung auf den Fall

$$P(I_t = 1) = P(Y_t - Y_{t-1} > 0) = \frac{1}{2}.$$

Es gilt in diesem Fall unter H_0 (d.h. wenn die Kurse einem Random-Walk vom Typ I folgen)

$$E(N_{Run}) = \frac{T}{2},$$

$$Var(N_{Run}) = \left(2\sqrt{T\frac{1}{4}\left(1 - \frac{3}{4}\right)} \right)^2$$

$$= \left(2\sqrt{\frac{T}{16}} \right)^2.$$

Außerdem ist (für große T) N_{Run} näherungsweise normalverteilt

$$\frac{N_{Run} - \frac{T}{2}}{2\sqrt{\frac{T}{16}}} \overset{appr}{\sim} N(0,1).$$

Der Test wird folgendermaßen durchgeführt: Man lehnt H_0 ab, falls

$$\left| \frac{N_{Run} - \frac{T}{2}}{2\sqrt{\frac{T}{16}}} \right| > c = \Phi^{-1}\left(1 - \frac{\alpha}{2}\right).$$

Zwischen dem Runs-Test und dem Cowles-Jones-Test besteht eine enge Beziehung, denn $N_{Run} + N_S = T$. Im Grunde genommen basieren beide Tests auf derselben Idee.

5.4 Portmanteau-Test

Sowohl der Cowles-Jones-Test als auch der Runs-Test haben einen schwerwiegenden Nachteil: Von $Y_t - Y_{t-1}$ wird nur das Vorzeichen betrachtet, nicht der Wert selbst. Dies hat zur Folge, dass der Test schlechte Power hat: die Wahrscheinlichkeit, dass der Test eine falsche Nullhypothese als falsch erkennt, ist gering. Selbst wenn sich die Kurse anders als ein Random-Walk verhalten, haben die Tests kaum Chancen dies aufzudecken.

Der im Folgenden beschriebene Test basiert nicht nur auf der Richtung der Kursveränderungen, sondern auch auf der Höhe der Kursveränderung bzw. im Fall von $Y_t = \ln K_t$ auf der Höhe der Rendite, die hier mit ε_t bezeichnet wird. Wir wählen diese Notation für die Renditen, um deutlich zu machen, dass sie unter der Nullhypothese ein White-Noise-Prozess sind. Grundbausteine der Portmanteau-Teststatistik sind die empirischen Autokorrelationskoeffizienten (4.7) der Renditen für $s = 1, 2, \ldots$

Unter Gültigkeit von H_0 sowie einiger weiterer Bedingungen, die sich auf die Existenz der Momente von ε_t beziehen, gilt für $T \to \infty$ (siehe auch (4.8))

$$\sqrt{T}\hat{\rho}(s) \overset{appr}{\sim} N(0,1) \qquad \text{für } s = 1, 2, \ldots \qquad (5.2)$$

Außerdem sind die geschätzten Autokorrelationen asymptotisch unabhängig. Da die Summe quadrierter unabhängiger standardnormalverteilter Zufallsvariablen einer χ^2-Verteilung folgt, gilt unter H_0 approximativ

$$Q_m = T \sum_{s=1}^{m} \hat{\rho}^2(s) \overset{appr}{\sim} \chi_m^2,$$

$$Q_m' = T(T+2) \sum_{s=1}^{m} \frac{\hat{\rho}^2(s)}{T-s} \overset{appr}{\sim} \chi_m^2.$$

Die Größe Q_m heißt Box-Pierce-Statistik. Die Größe Q_m' heißt Ljung-Box-Statistik und unterscheidet sich von der Box-Pierce-Statistik durch eine sogenannte „endliche Stichprobenkorrektur", die die Anpassung an die asymptotische χ_m^2-Verteilung verbessert. Man lehnt H_0 ab, wenn Q_m bzw. $Q_m' > c$ ist mit $c = F_{\chi_m^2}^{-1}(1 - \alpha)$.

Wenn die Nullhypothese dahingehend verletzt ist, dass die Autokorrelation $\rho(s)$ für ein oder mehrere s mit $1 \leq s \leq m$ von null verschieden ist, dann wird auch die empirische Autokorrelation von null abweichen. Wenn diese Abweichung stark genug ist, erkennt der Test, dass die Nullhypothese verletzt ist. Natürlich werden die empirischen Autokorrelationen auch dann etwas von null verschieden sein, wenn in Wirklichkeit $\rho(s) = 0$ für alle $s = 1, \ldots, m$ ist. Die kritische Grenze ist aber so festgelegt, dass dieses zufällige Rauschen (mit hoher Wahrscheinlichkeit) nicht zu einer Ablehnung der Nullhypothese führt.

Vor der Durchführung des Tests muss m festgesetzt werden, d.h. die Anzahl der Korrelationen, die man in den Test einbeziehen will. Wählt man m zu klein, so übersieht man unter Umständen Korrelationen höherer Ordnung. Wählt man m zu groß, so verliert der Test an Power.

Beispiel 5.1. Für die Tagesrenditen aller 30 DAX-Aktien und für den DAX-Index führen wir den Cowles-Jones-Test, den Runs-Test sowie beide Versionen des Portmanteau-Tests auf die Random-Walk-Eigenschaft der Kurse durch.

Für den Cowles-Jones-Test wurde $\pi = 0.5$ angenommen. Die maximale Ordnung im Portmanteau-Test betrug $m = 10$ (also zwei Börsenwochen). Die Anzahl der Beobachtungen ist unterschiedlich groß, da nicht alle Aktien durchgängig im DAX-Index enthalten waren (siehe Tabelle 2.1). In Tabelle 5.1 sind die p-Werte der vier Testverfahren angegeben. Wie man sieht, sind die p-

	CJ	Runs	Box-Pierce	Ljung-Box
DAX-Index	0.1370	0.0945	0.0305	0.0299
Adidas	0.0134	0.0188	0.0097	0.0094
Allianz	0.0630	0.0533	0.0505	0.0497
Altana	0.2620	0.4887	0.2113	0.2096
BASF	0.0286	0.0230	0.0811	0.0799
HypoVereinsbank	0.9523	0.9470	0.0061	0.0060
BMW	0.9841	0.9683	0.0190	0.0187
Bayer	0.4305	0.4282	0.4737	0.4713
Commerzbank	0.6785	0.6822	0.1192	0.1179
Continental	0.1580	0.1508	0.4302	0.4283
DaimlerChrysler	0.3518	0.3603	0.0035	0.0033
Deutsche Bank	0.3016	0.3190	0.0040	0.0039
Deutsche Börse	0.6836	0.7030	0.3201	0.3123
Deutsche Post	0.7823	0.7599	0.0804	0.0779
Deutsche Telekom	0.4728	0.5076	0.0067	0.0066
Eon	0.6785	0.6873	0.0000	0.0000
Fresenius	0.5339	0.6185	0.0488	0.0477
Henkel	0.1813	0.1890	0.0584	0.0574
Infineon	0.1708	0.2048	0.0007	0.0006
Linde	0.0743	0.0626	0.0006	0.0005
Lufthansa	0.4921	0.4350	0.8352	0.8338
MAN	0.2673	0.2110	0.5235	0.5207
Metro	0.7766	0.7875	0.4611	0.4579
Münchener Rück	0.0294	0.0459	0.0025	0.0025
RWE	0.0743	0.0727	0.0034	0.0034
SAP	0.9645	0.9154	0.0061	0.0058
Schering	0.2073	0.2172	0.0001	0.0001
Siemens	0.8574	0.8471	0.0140	0.0137
Thyssen	0.7969	0.7877	0.0861	0.0852
TUI	0.2293	0.3370	0.1120	0.1106
Volkswagen	0.0495	0.0512	0.0000	0.0000

Tabelle 5.1. Tests auf die Random-Walk-Eigenschaft der Kurse (p-Werte)

Werte des CJ- und des Runs-Tests von ähnlicher Größe. Die Nullhypothese kann mit diesen Tests auf einem Niveau von $\alpha = 0.05$ nur für Adidas, BASF, Münchener Rück und VW abgelehnt werden (letzteres nur mit dem CJ-Test).

Die p-Werte des Box-Pierce- und Ljung-Box-Tests sind sehr ähnlich. Sie sind mit 5 Ausnahmen kleiner, z.T. sogar viel kleiner, als diejenigen der CJ-

und Runs-Tests. Die Nullhypothese wird auf einem Niveau von $\alpha = 0.05$ immerhin 17 Mal abgelehnt. Nur für BASF kann die Nullhypothese mit dem CJ− und Runs-Test abgelehnt werden und mit den Box-Pierce- und Ljung-Box-Tests nicht.

5.5 Varianz-Quotienten-Test

Um die Grundidee des Varianz-Quotienten-Tests vorzustellen, betrachten wir die Folge der (logarithmierten) Kurse $(Y_t)_{t\in\mathbb{N}}$ mit

$$Y_t = Y_{t-1} + \varepsilon_t$$
$$= \sum_{i=1}^{t} \varepsilon_i,$$

wobei der Renditeprozess $(\varepsilon_t)_{t=1,2,\ldots}$ ein White-Noise-Prozess vom Typ II ist, wenn die Nullhypothese stimmt, dass der (logarithmierte) Kursprozess ein Random-Walk ist. Offensichtlich gilt wegen der Stationarität und Unkorreliertheit der ε_i (vgl. auch (4.11))

$$Var(Y_t) = Var\left(\sum_{i=1}^{t} \varepsilon_i\right)$$
$$= t \cdot Var(\varepsilon_1)$$
$$= t \cdot \sigma_\varepsilon^2.$$

Die mit der Zeit linear zunehmende Varianz ist Ausgangspunkt des Testverfahrens. Wären die Renditen miteinander korreliert, käme es nicht zu einer linearen Zunahme der Varianz. Wir definieren nun eine Rendite über $q > 1$ Perioden,

$$\varepsilon_t(q) = Y_t - Y_{t-q}$$
$$= \varepsilon_t + \varepsilon_{t-1} + \cdots + \varepsilon_{t-q+1}.$$

Beispielsweise wäre $\varepsilon_t(5)$ die Wochenrendite, die sich durch Addition der fünf Tagesrenditen einer Woche ergibt. Für die Varianz von $\varepsilon_t(q)$ gilt

$$Var(\varepsilon_t(q)) = q \cdot Var(\varepsilon_t).$$

Schätzt man nun $Var(\varepsilon_t(q))$ und $Var(\varepsilon_t)$ aus den Daten, so wird für die Schätzer $\widehat{Var}(\varepsilon_t(q))$ und $\widehat{Var}(\varepsilon_t)$

$$\frac{\widehat{Var}(\varepsilon_t(q))}{q \cdot \widehat{Var}(\varepsilon_t)} \approx 1$$

gelten, falls H_0 zutrifft. Größere Abweichungen von dem Wert 1 können als Verletzung von H_0 interpretiert werden. Zu klären ist jedoch zum einen, wie man die beiden Varianzen schätzt, und zum anderen, wie man die kritischen Grenzen bestimmt: Welche Abweichungen vom Wert 1 können nicht mehr als zufällig angesehen werden?

Zur Vereinfachung der Notation gehen wir davon aus, dass sich der gesamte Stichprobenumfang T in n Perioden der Länge q unterteilen lässt und dass es zusätzlich einen Startwert gibt, $T = nq + 1$. Wir schätzen $Var(\varepsilon_t(q))$ und $Var(\varepsilon_t)$ mittels

$$\widehat{Var}(\varepsilon_t(q)) = \frac{1}{n} \sum_{t=1}^{n} (\varepsilon_{qt}(q))^2 \,, \tag{5.3}$$

$$\widehat{Var}(\varepsilon_t) = \frac{1}{nq} \sum_{t=1}^{nq} \varepsilon_t^2. \tag{5.4}$$

Der Varianzschätzer (5.4) entspricht dem üblichen Schätzer der Renditevarianz, wobei jedoch in (5.4) die Annahme $E(\varepsilon_t) = 0$ implizit enthalten ist. Der Schätzer für die Varianz der q-Perioden-Rendite ergibt sich aus den n Renditen $\varepsilon_{qt}(q)$.[1]

Als Testgröße dient

$$\tau = \frac{\widehat{Var}(\varepsilon_t(q))}{q \cdot \widehat{Var}(\varepsilon_t)} - 1.$$

Für große n ist die Teststatistik τ unter der Nullhypothese approximativ normalverteilt,

$$\tau \sim N\left(0, \frac{2(q-1)}{nq}\right).$$

Man lehnt also H_0 ab, falls

$$\frac{|\tau|}{\sqrt{\dfrac{2(q-1)}{nq}}} > c,$$

wobei $c = \Phi^{-1}(1 - \alpha/2)$ ist. Von diesem Test gibt es verschiedene Modifikationen, die insbesondere das Ziel haben, die Approximation durch die Normalverteilung zu verbessern.

Beispiel 5.2. In Tabelle 5.2 sind die p-Werte des Varianz-Quotienten-Tests für $q = 2, 3, 5, 20$ aufgeführt. Bei rund einem Viertel aller betrachteten Zeitreihen decken die Varianz-Quotienten-Tests (für gegebenes q) Verletzungen der Nullhypothese auf. Jedoch wird die Nullhypothese nur in einem einzigen Fall (nämlich bei der Commerzbank) für alle vier Werte von q verworfen. Die p-Werte ändern sich mit der Wahl von q oft drastisch.

---

[1] Ein alternatives Vorgehen wäre die Schätzung der q-Perioden-Rendite aus überlappenden Perioden der Länge q (Campbell et al. 1997, Kap. 2.4.3).

	$VR(2)$	$VR(3)$	$VR(5)$	$VR(20)$
DAX-Index	0.3485	0.7805	0.8750	0.7325
Adidas	0.2130	0.7038	0.4124	0.0872
Allianz	0.1767	0.6749	0.8822	0.4664
Altana	0.2104	0.0016	0.0209	0.0537
BASF	0.7853	0.0196	0.9488	0.0594
HypoVereinsbank	0.0035	0.0239	0.7469	0.0434
BMW	0.0601	0.2581	0.6701	0.1596
Bayer	0.4817	0.3161	0.6189	0.3613
Commerzbank	0.0001	0.0332	0.0004	0.0005
Continental	0.4521	0.0497	0.1316	0.2419
DaimlerChrysler	0.9630	0.2826	0.5526	0.8085
Deutsche Bank	0.1424	0.3446	0.3944	0.7800
Deutsche Börse	0.7560	0.2930	0.3179	0.7307
Deutsche Post	0.5316	0.8685	0.9898	0.7673
Deutsche Telekom	0.6816	0.5928	0.0131	0.0602
Eon	0.8904	0.0251	0.0412	0.0000
Fresenius	0.7402	0.3985	0.1385	0.6850
Henkel	0.6395	0.8563	0.7301	0.0042
Infineon	0.0121	0.7566	0.8163	0.8864
Linde	0.0643	0.0052	0.0112	0.0811
Lufthansa	0.0068	0.0828	0.5363	0.3206
MAN	0.0974	0.3841	0.2568	0.8341
Metro	0.2628	0.3944	0.3748	0.4064
Münchener Rück	0.0012	0.3399	0.1098	0.7279
RWE	0.2182	0.0142	0.0433	0.0640
SAP	0.1186	0.8878	0.3472	0.8915
Schering	0.9972	0.1600	0.2067	0.0190
Siemens	0.1713	0.3485	0.7067	0.2086
Thyssen	0.0078	0.0844	0.0050	0.4118
TUI	0.4847	0.0254	0.0032	0.0512
Volkswagen	0.0594	0.0943	0.4221	0.7198

Tabelle 5.2. Varianz-Quotienten-Tests auf die Random-Walk-Eigenschaft der Kurse

Die Logik des Varianz-Verhältnis-Tests lässt sich übrigens auch anwenden, um zu entscheiden, ob die Rendite von einem Freitag auf einen Montag trotz des Wochenendes genauso behandelt werden sollte wie beispielsweise von einem Dienstag auf einen Mittwoch. Wenn Samstag und Sonntag normale Tage wären, an denen bloß keine Kurse beobachtet werden können, müsste die Rendite von einem Freitag auf einen Montag einer üblichen Drei-Tage-Rendite entsprechen. Ihre Varianz wäre (unter Gültigkeit von H_0) dreimal so hoch wie die der anderen Wochentage. Wie in Tabelle 5.3 aufgeführt, sind die Unterschiede in den Standardabweichungen jedoch meist vernachlässigbar. Die gängige Praxis, alle Börsentage gleich zu behandeln, ist demnach durchaus berechtigt.

	Montag	Nicht-Mo		Montag	Nicht-Mo
DAX-Index	1.749	1.577	Fresenius	2.265	2.483
Adidas	2.161	2.314	Henkel	1.947	1.886
Allianz	2.502	2.395	Infineon	3.890	3.968
Altana	2.409	2.406	Linde	1.928	1.923
BASF	1.882	1.886	Lufthansa	2.406	2.352
HypoVereinsbank	2.810	2.631	MAN	2.377	2.269
BMW	2.268	2.282	Metro	2.449	2.340
Bayer	2.174	2.197	Münchener Rück	2.799	2.560
Commerzbank	2.370	2.203	RWE	1.897	1.902
Continental	2.184	2.109	SAP	3.164	3.486
DaimlerChrysler	2.300	2.254	Schering	1.895	1.868
Deutsche Bank	2.345	2.204	Siemens	2.426	2.374
Deutsche Börse	1.839	1.835	Thyssen	2.169	2.182
Deutsche Post	2.102	2.072	TUI	2.551	2.241
Deutsche Telekom	2.995	2.857	Volkswagen	2.288	2.238
Eon	1.799	1.883			

Tabelle 5.3. Standardabweichungen der Montagsrenditen sowie der Renditen der übrigen Wochentage

5.6 Einheitswurzel-Test

Eine weitere Möglichkeit, auf Vorliegen eines Random-Walks vom Typ I zu testen, sind die Einheitswurzel-Tests (Unit-Root-Tests), die wir hier in ihrer einfachsten Form darstellen. Wenn es sich bei $(Y_t)_{t\in\mathbb{N}\cup\{0\}}$ um einen Random-Walk handelt, gilt für $t \in \mathbb{N}$

$$Y_t = Y_{t-1} + \varepsilon_t.$$

Wir betrachten die Regressionsbeziehung

$$Y_t = aY_{t-1} + \varepsilon_t$$

mit einem Parameter a mit $|a| \leq 1$. Dieser Parameter kann aus $Y_0, Y_1, \ldots, Y_T$ nach der Methode der kleinsten Quadrate geschätzt werden, wobei sich als Schätzer

$$\hat{a} = \frac{\sum_{t=1}^{T} Y_t Y_{t-1}}{\sum_{t=1}^{T} Y_{t-1}^2}$$

ergibt. Ist H_0 richtig, so ist $a = 1$ und der Wert des Schätzers $\hat{a}$ wird im Allgemeinen nahe bei 1 liegen. Stellt man jedoch fest, dass der Wert des Schätzers $\hat{a}$ deutlich unter 1 liegt, so deutet dies an, dass H_0 nicht zutrifft. In diesem Fall lehnt man H_0 zugunsten von $H_1 : a < 1$ ab. H_1 besagt, dass $(Y_t)_{t\in\mathbb{N}}$ ein AR(1)-Prozess ist. Anstatt $\hat{a}$ selbst als Teststatistik zu benutzen, ist es vorteilhafter die Testgröße

$$\tau = \frac{(\hat{a} - 1)}{\hat{se}(\hat{a})} \tag{5.5}$$

zu verwenden, wobei

$$\hat{se}(\hat{a}) = \sqrt{\frac{\frac{1}{T}\sum_{t=1}^{T}(Y_t - \hat{a}\,Y_{t-1})^2}{\sum_{t=1}^{T}Y_{t-1}^2}}.$$

Die Teststatistik τ ist nichts anderes als die aus der Regressionsanalyse bekannte t-Statistik, die Computerprogramme standardmäßig ausgeben. Zu beachten ist jedoch, dass τ bei Gültigkeit von H_0 keine t-Verteilung besitzt. Die kritischen Werte dürfen also nicht einer t-Verteilung (und bei großem T nicht der Standardnormalverteilung) entnommen werden. Die korrekten kritischen Werte wurden von verschiedenen Autoren mittels Simulationen bestimmt, so von Dickey und Fuller (1979) (der Test wird deshalb auch Dickey-Fuller-Test genannt). Man lehnt die Nullhypothese ab, falls $\tau < c$ ist, wobei c das α-Quantil der Verteilung von τ unter H_0 ist.

Die Anwendung des Einheitswurzeltests als Test für die Random-Walk-Hypothese ist problematisch, denn die Hypothese, dass die Kurse eine Einheitswurzel aufweisen, ist umfassender als die Random-Walk-Hypothese: Selbst wenn die Kurse eine Einheitswurzel aufweisen, müssen die ε_t (also die Renditen) nicht unbedingt ein White-Noise-Prozess sein. Sie können unter der Einheitswurzelhypothese durchaus autokorreliert sein. Trotz dieser Defizite der Einheitswurzeltests zum Testen der Random-Walk-Eigenschaft illustrieren wir das Vorgehen im folgenden Beispiel.

Beispiel 5.3. Berechnet man die Teststatistik (5.5) für die Tagesrenditen der 30 DAX-Aktien und des DAX-Indexes (3.1.1995 bis 31.12.2004), so erhält man die in Tabelle 5.4 angegebenen Werte. Der kritische Wert auf einem Niveau von 5% beträgt -1.94; folglich wird die Nullhypothese $H_0 : a = 1$ in keinem einzigen Fall verworfen. Die Existenz einer Einheitswurzel kann für die logarithmierten Kurse nicht widerlegt werden.

5.7 Ergänzungen

Die oben beschriebenen Testverfahren beziehen sich auf einen Random-Walk vom Typ I ohne Drift. Die Abwesenheit eines Drifts bedeutet, dass die erwartete Rendite null beträgt – eine langfristig gesehen unrealistische Annahme. Unter Umständen ist es daher sinnvoll, auf einen Random-Walk mit Drift,

$$Y_t = \mu + Y_{t-1} + \varepsilon_t,$$

zu testen. Für $Y_t = \ln K_t$ ist dann μ die erwartete Rendite. Alle obigen Tests können so erweitert werden, dass sie zum Testen auf Random-Walk mit Drift

	τ		τ
DAX-Index	0.8024	Fresenius	−0.1564
Adidas	0.5414	Henkel	0.6592
Allianz	−0.1693	Infineon	−1.8971
Altana	0.8999	Linde	−0.0124
BASF	1.0608	Lufthansa	−0.1387
HypoVereinsbank	−0.2285	MAN	0.0657
BMW	0.6311	Metro	0.1850
Bayer	0.0873	Münchener Rück	−0.0051
Commerzbank	−0.2505	RWE	0.4731
Continental	1.2356	SAP	0.6008
DaimlerChrysler	−0.8365	Schering	1.0437
Deutsche Bank	0.3840	Siemens	0.6608
Deutsche Börse	0.3960	Thyssen	−0.1235
Deutsche Post	−0.4717	TUI	−0.3730
Deutsche Telekom	−0.2103	Volkswagen	0.2074
Eon	0.8026		

Tabelle 5.4. Werte der Dickey-Fuller-Teststatistik

geeignet sind. Hierzu muss μ vorab geschätzt werden. Es empfiehlt sich, zuvor mit dem gewöhnlichen Mittelwerttest die Nullhypothese $H_0 : \mu = 0$ zu testen. Falls H_0 abgelehnt wird, sollte auf jeden Fall auf Random-Walk *mit* Drift getestet werden.

Ein weiterer wichtiger Punkt ist die unbefriedigende Güte der obigen Tests. Sie hat zur Folge, dass eine falsche Nullhypothese im Allgemeinen nur mit geringer Wahrscheinlichkeit aufgedeckt wird. Besonders schlecht ist die Güte des Cowles-Jones-Tests und des Runs-Tests. Die Güte des Varianz-Quotienten-Tests ist besser. Für viele Alternativhypothesen zu H_0 ist demnach als Folge der schlechten Güte die Wahrscheinlickeit, die Nullhypothese H_0 nicht abzulehnen, sehr hoch.

Ein besonders wichtiger Punkt ist, dass sich die obigen Tests nur auf die Nullhypothese

$$H_0 : (Y_t)_{t \in \mathbb{N}} \text{ ist ein Random-Walk vom Typ I}$$

beziehen. Die Renditen müssen also unter H_0 unabhängig sein. Im Hinblick auf die Frage der Informationseffizienz auf Kapitalmärkten wären Tests für die Nullhypothese

$$H_0^* : (Y_t)_{t \in \mathbb{N}} \text{ ist ein Random-Walk vom Typ II}$$

interessanter. In diesem Fall müssen die Renditen zwar unkorreliert sein, aber sie dürfen durchaus (nichtlineare) Abhängigkeiten aufweisen. Die Ablehnung von H_0 ist mit der Gültigkeit von H_0^* durchaus verträglich.

Häufig wird auch die Hypothese H_0^* mit den oben behandelten Tests getestet. Diese Vorgehensweise ist aber nicht immer korrekt, denn die Verteilung der Testgrößen stimmt unter H_0^* nicht unbedingt mit derjenigen unter H_0 überein. Als Beispiel sei hier der empirische Korrelationskoeffizient (4.7) erwähnt. Unter H_0 (sowie unter einigen weiteren Bedingungen, die sich auf die Existenz der Momente der Renditen beziehen) gilt für große T approximativ

$$\sqrt{T}\hat{\rho}(s) \sim N(0,1).$$

Unter H_0^* gilt diese Beziehung jedoch im Allgemeinen nicht. Insbesondere muss die Varianz nicht von der Ordnung $1/T$ sein (Taylor 1986, Kap. 6). Bestimmt man den kritischen Bereich aus der oben angegebenen Normalverteilung, so kann die Fehlerwahrscheinlichkeit 1. Art beim Test auf H_0^* erheblich vom vorgegebenen Niveau α abweichen. Analoges gilt für den Portmanteau-Test, der ja auf den empirischen Autokorrelationen beruht.

Die Testverfahren, die auf Autokorrelationskoeffizienten beruhen, setzen voraus, dass die Varianz der Rendite existiert. Wenn diese Annahme nicht erfüllt ist (weil beispielsweise die Renditen eine stabile Verteilung aufweisen, siehe Abschnitt 2.3.5), gelten die in diesem Kapitel hergeleiteten kritischen Grenzen nicht mehr. In manchen Fällen lassen sich jedoch modifizierte kritische Grenzen finden, siehe Runde (1997). Der Cowles-Jones-Test und der Runs-Test sind in jedem Fall anwendbar, unabhängig davon, ob die Varianz der Renditen existiert oder nicht.

5.8 Literaturhinweise

Die Informationseffizienz eines Kapitalmarktes wird in den Lehrbüchern der Finanzwirtschaft behandelt; wir verweisen auf Franke und Hax (1999) und Jarrow (1992). Grundlegende Arbeiten sind Fama (1965) und Fama (1970). Statistische Aspekte der Informationseffizienz werden in Franke et al. (2004) und Shiryaev (1999) behandelt.

6

Volatilität

Bei Finanzzeitreihen beobachtet man im Zeitablauf wechselnde Volatilitäten: Phasen hoher Volatilität wechseln sich ab mit Phasen geringer Volatilität. Man bezeichnet diese Eigenschaft auch als bedingte Heteroskedastizität. Mit den in Kapitel 4 eingeführten linearen *ARMA*-Prozessen kann man sie nicht modellieren, vielmehr sind nichtlineare Prozesse wie *ARCH*- und *GARCH*-Prozesse oder Prozesse mit stochastischer Volatilität erforderlich. In diesem Abschnitt werden zunächst einige Eigenschaften empirischer Renditezeitreihen vorgestellt, die sich auf die Volatilität beziehen. Anschließend werden die *ARCH*- und *GARCH*-Prozesse eingeführt und gezeigt, wie man ihre Parameter schätzen kann. Schließlich stellen wir ein einfaches Modell mit stochastischer Volatilität vor.

6.1 Volatilitäten empirischer Renditezeitreihen

In Abbildung 1.1 konnte man bereits mit bloßem Auge erkennen, dass es Phasen hoher und Phasen niedriger Volatilität gibt. Abbildung 6.1 zeigt, dass dieses Phänomen nicht nur für die Tagesrenditen des DAX-Indexes, sondern auch für einzelne Aktien auftritt. In der Abbildung sind die Tagesrenditen der Aktien Allianz, BASF, Bayer, BMW, Siemens und Volkswagen vom 3. Januar 1995 bis zum 30. Dezember 2004 aufgezeichnet; Renditen, die betraglich größer sind als 15%, sind in der Grafik abgeschnitten.

Offensichtlich gibt es sogenannte Volatilitätscluster. Dies deutet schon die Möglichkeit an, die Volatilität der Rendite (anders als die Rendite selbst) mit einigem Erfolg prognostizieren zu können: Ist die Volatilität am Tage t hoch und befindet man sich in einer Phase hoher Volatilität, so ist es naheliegend, auch für den Tag $t+1$ eine hohe Volatilität anzunehmen. Für die Bewertung von Optionen spielt das eine außerordentlich wichtige Rolle.

Eine eng mit den Volatilitätsclustern zusammenhängende Eigenschaft von Renditezeitreihen ist die hohe Autokorreliertheit von $|r_t|$ bzw. r_t^2, sowie deren

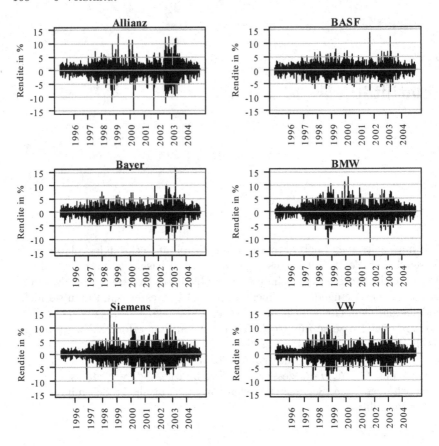

Abbildung 6.1. Zeitreihen der Tagesrenditen (in %) der Aktien von Allianz, BASF, Bayer, BMW, Siemens und Volkswagen

langsames Abklingen. Abbildung 6.2 zeigt die Autokorrelationen der quadrierten DAX-Tagesrenditen bis zur Ordnung $k = 150$. Die entsprechende Grafik für die (hier nicht extra aufgeführten) absoluten Tagesrenditen sieht nahezu gleich aus.

Volatilitätscluster und bedingte Heteroskedastizität lassen sich nicht mit den in Kapitel 4 behandelten *ARMA*-Prozessen modellieren. Wir wollen dies am Beispiel eines $AR(1)$-Prozesses demonstrieren: Sei $X_t = \alpha_1 X_{t-1} + \varepsilon_t$, $t \in \mathbb{Z}$ mit $|\alpha_1| < 1$ und $(\varepsilon_t)_{t \in \mathbb{Z}}$ ein White-Noise-Prozess. Dann ist die unbedingte Varianz von X_t

$$Var(X_t) = \sigma_X^2 = \frac{\sigma_\varepsilon^2}{1 - \alpha_1^2}$$

mit $t \in \mathbb{Z}$. Die bedingte Varianz ist

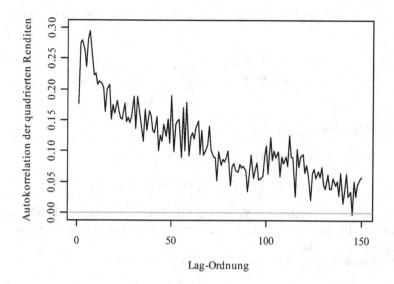

Abbildung 6.2. Autokorrelationen der quadrierten Tagesrenditen des DAX-Indexes

$$Var(X_t|X_{t-1}) = E((\alpha X_{t-1} + \varepsilon_t - \underbrace{E(X_t|X_{t-1})}_{=\alpha X_{t-1}})^2|X_{t-1})$$

$$= E(\varepsilon_t^2|X_{t-1})$$

$$= E(\varepsilon_t^2)$$

$$= \sigma_\varepsilon^2.$$

Sowohl die unbedingte Varianz von X_t als auch die bedingte Varianz von X_t sind im Zeitablauf konstant. Analoge Ergebnisse gelten für allgemeine *ARMA*-Prozesse. Volatilitätscluster erfordern aber gerade eine sich im Zeitablauf ändernde bedingte Varianz. In den folgenden Abschnitten führen wir Modelle ein, in denen zwar die unbedingte Varianz konstant ist, aber nicht die bedingte Varianz.

6.2 ARCH-Prozesse

6.2.1 Definition und Eigenschaften

Eine Möglichkeit, die bedingten Varianzen $Var(X_t|X_{t-1})$ von X_{t-1} abhängig zu machen, bieten die sogenannten *ARCH*-Modelle (AutoRegressive Conditional Heteroskedasticity), die von Engle (1982) eingeführt wurden. Wir beginnen mit dem *ARCH*(1)-Prozess, an dem sich das Wesentliche leicht darstellen lässt. Anschließend verallgemeinern wir das Modell.

Definition 6.1 (ARCH(1)). *Ein Prozess* $(X_t)_{t\in\mathbb{Z}}$ *heißt ARCH(1)-Prozess, wenn*

$$E(X_t|X_{t-1}) = 0,$$
$$Var(X_t|X_{t-1}) = \sigma_t^2$$
$$= \alpha_0 + \alpha_1 X_{t-1}^2,$$

für alle $t \in \mathbb{Z}$, *wobei* $\alpha_0, \alpha_1 > 0$.

Gelegentlich wird zusätzlich gefordert, dass

$$X_t \,|\, (X_{t-1} = x_{t-1}) \sim N(0, \sigma_t^2) = N(0, \alpha_0 + \alpha_1 x_{t-1}^2).$$

Die unbedingte Verteilung von X_t ist eine Mischungsverteilung und nicht normal, sondern leptokurtisch. Insbesondere ist sie an den Flanken stärker besetzt als die Normalverteilung.

Das einfachste Beispiel für einen $ARCH(1)$-Prozess ist

$$X_t = \varepsilon_t \sigma_t,$$

wobei $(\varepsilon_t)_{t\in\mathbb{Z}}$ ein White-Noise-Prozess vom Typ I mit $\sigma_\varepsilon^2 = 1$ ist sowie $\sigma_t = \sqrt{\alpha_0 + \alpha_1 X_{t-1}^2}$. Man beachte, dass die (bedingte) Varianz σ_t^2 eine Zufallsvariable ist, da sie von der Zufallsvariablen X_{t-1} abhängt. In der Notation wird das üblicherweise nicht ausgewiesen. Mit den Rechenregeln für bedingte Erwartungswerte und Varianzen zeigt man, dass für $t \in \mathbb{Z}$ gilt

$$E(X_t|X_{t-1}) = 0,$$
$$E(X_t) = 0, \tag{6.1}$$
$$Var(X_t|X_{t-1}) = \alpha_0 + \alpha_1 X_{t-1}^2,$$
$$Var(X_t) = \sigma_X^2$$
$$= \frac{\alpha_0}{1 - \alpha_1}, \tag{6.2}$$
$$Cov(X_t, X_{t-i}) = 0 \qquad \text{für } i = 1, 2, \dots \tag{6.3}$$

Offensichtlich ist für schwache Stationarität erforderlich, dass $0 < \alpha_1 < 1$ gilt. Man kann zeigen, dass die (unbedingte) Kurtosis

$$\gamma_2 = 3\frac{1 - \alpha_1^2}{1 - 3\alpha_1^2} \tag{6.4}$$

beträgt, wenn $\varepsilon_t \sim N(0,1)$ verteilt ist. Falls $\alpha_1 > \sqrt{1/3} = 0.57735$ ist, existiert die Kurtosis nicht. Für $0 < \alpha_1 < \sqrt{1/3}$ ist die Kurtosis größer als bei der Normalverteilung (also größer als 3).

Es gilt ferner

$$X_t^2 = \alpha_0 + \alpha_1 X_{t-1}^2 + v_t \tag{6.5}$$

mit $t \in \mathbb{Z}$, wobei $v_t = \sigma_t^2(\varepsilon_t^2 - 1)$ ist. Die Quadrate des $ARCH(1)$-Prozesses bilden also einen $AR(1)$-Prozess. Die Folge $(v_t)_{t \in \mathbb{Z}}$ ist ein White-Noise-Prozess vom Typ II, sofern die unbedingte Kurtosis von X_t existiert (also sofern α_1 ausreichend klein ist). Man kann ferner zeigen, dass $(v_t)_{t \in \mathbb{Z}}$ eine Martingal-differenzenfolge (siehe Definition 4.15) bildet,

$$E(v_t | v_{t-1}, v_{t-2}, \ldots) = 0 \qquad \text{für } t \in \mathbb{Z}.$$

Insbesondere gilt für v_t

$$E(v_t) = 0,$$
$$Var(v_t) = E(v_t^2) = \text{const.},$$
$$Cov(v_t, v_{t-i}) = 0 \qquad \text{für } i = 1, 2, \ldots$$

Außerdem ist v_t unkorreliert mit $X_{t-1}, X_{t-2}, \ldots$ Die Folge $(X_t^2)_{t \in \mathbb{Z}}$ ist schwach stationär mit Autokorrelationsfunktion

$$\rho_{X_t^2}(s) = \alpha_1^s > 0 \qquad \text{für } s = 0, 1, 2, \ldots$$

Die Störterme v_t haben zwar formal die Eigenschaften, die wir für einen White-Noise-Prozess vom Typ II vorausgesetzt haben, sie sind aber keinesfalls normalverteilt, sondern sehr schief.

Beispiel 6.2. Um einen Eindruck vom Verhalten eines $ARCH(1)$-Prozesses zu gewinnen, zeigt Abbildung 6.3 einen simulierten Pfad der Länge $T = 250$ eines $ARCH(1)$-Prozesses mit den Parametern $\alpha_0 = 0.1$ und $\alpha_1 = 0.7$. Man erkennt deutlich, dass es Phasen hoher und Phasen niedriger Volatilität gibt.

6.2.2 Schätzung eines $ARCH(1)$-Prozesses

Im Allgemeinen sind die Parameter α_0 und α_1 des $ARCH(1)$-Modells natürlich nicht bekannt. Sie lassen sich jedoch schätzen, wenn man Beobachtungen $X_0, X_1, \ldots, X_T$ zur Verfügung hat. Die Regressionsdarstellung (6.5) legt es nahe, die Parameter α_0 und α_1 nach der Methode der kleinsten Quadrate zu schätzen. Von Interesse ist in erster Linie der Paramter α_1, da er das Ausmaß der bedingten Heteroskedastizität steuert. Es ergibt sich der Punktschätzer (vgl. (4.33))

$$\hat{\alpha}_1 = \frac{\sum_{t=2}^{T} \left(X_t^2 - \overline{X^2} \right) \left(X_{t-1}^2 - \overline{X^2} \right)}{\sum_{t=2}^{T} \left(X_{t-1}^2 - \overline{X^2} \right)^2} \approx \hat{\rho}(X_t^2, X_{t-1}^2),$$

wobei $\overline{X^2} = T^{-1} \sum_{t=1}^{T} X_t^2$ der Durchschnitt der quadrierten Renditen ist. Der Achsenabschnitt α_0 wird auf die übliche Weise nach der Methode der kleinsten Quadrate geschätzt. Aus $\hat{\alpha}_0$ und $\hat{\alpha}_1$ ergibt sich gemäß (6.2) der Schätzer

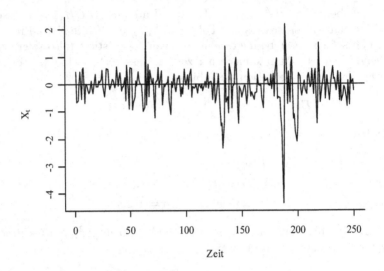

Abbildung 6.3. Pfad eines $ARCH(1)$-Prozesses

$$\hat{\sigma}_X^2 = \frac{\hat{\alpha}_0}{1 - \hat{\alpha}_1} \tag{6.6}$$

für die unbedingte Varianz des Prozesses. Die KQ-Schätzer sind nur dann konsistent, wenn α_1 ausreichend klein ist, so dass die unbedingte Kurtosis der X_t existiert.

Eine bessere Schätzmethode, die für alle α_1 mit $0 < \alpha_1 < 1$ konsistente Schätzer liefert, ist die Maximum-Likelihood-Schätzung. Seien $X_0, X_1, \ldots, X_T$ die Beobachtungen. Ganz allgemein gilt für die gemeinsame Dichte von (möglicherweise abhängigen) Zufallsvariablen $X_0, X_1, \ldots, X_T$

$$f_{X_0, X_1, \ldots, X_T}(x_0, x_1, \ldots, x_T) = \prod_{t=0}^{T} f_{X_t | X_{t-1}, \ldots, X_0}(x_t | x_{t-1}, \ldots, x_0).$$

Man beachte, dass die sonst meist übliche Faktorisierung (vgl. Abschnitt 2.3.1.3)

$$f_{X_0, X_1, \ldots, X_T}(x_0, x_1, \ldots, x_T) = \prod_{t=0}^{T} f_{X_t}(x_t)$$

bei $ARCH$-Prozessen wegen der Abhängigkeit der Beobachtungen nicht möglich ist. Für einen $ARCH(1)$-Prozess mit bedingter Normalverteilung gilt

$$f_{X_0, X_1, \ldots, X_T}(x_0, x_1, \ldots, x_T) = f_{X_0}(x_0) \prod_{t=1}^{T} \frac{1}{\sqrt{2\pi}\sigma_t} \exp\left(-\frac{1}{2}\left(\frac{x_t}{\sigma_t}\right)^2\right)$$

mit $\sigma_t^2 = \alpha_0 + \alpha_1 x_{t-1}^2$. Die Dichte von X_0 ist eine komplizierte Mischung über Normalverteilungen und deshalb schwierig zu bestimmen. Da sie bei zunehmendem Stichprobenumfang in der Dichtefunktion jedoch eine immer kleinere Rolle spielt, kann sie im Folgenden vernachlässigt werden. Die Log-Likelihood-Funktion ist für eine Stichprobe $X_0, X_1, \ldots, X_T$ und unter Vernachlässigung der Startdichte

$$\ln L(\alpha_0, \alpha_1 | X_0, X_1, \ldots, X_T) = -\frac{T}{2}\ln 2\pi - \frac{1}{2}\sum_{t=1}^{T}\ln \sigma_t^2 - \frac{1}{2}\sum_{t=1}^{T}\left(\frac{X_t}{\sigma_t}\right)^2.$$

Die ML-Schätzer $\hat\alpha_0$ und $\hat\alpha_1$ erhält man durch Maximieren der Likelihood-Funktion über α_0 und α_1. Dies ist mit numerischen Verfahren möglich und in vielen Statistik-Programmen bereits implementiert (z.B. EViews, R, S-Plus). Wie man aus der Theorie der ML-Schätzung weiß, sind die Schätzer konsistent, asymptotisch (gemeinsam) normalverteilt und asymptotisch effizient. Ein Vorteil der ML-Schätzung besteht darin, dass die Standardfehler als Nebenprodukt der numerischen Optimierung mitgeliefert werden; die üblichen Statistik-Programme geben sie zusätzlich zum Punktschätzer an.

Ein Test auf Existenz von $ARCH(1)$-Effekten ist

$$H_0 : \alpha_1 = 0$$
$$H_1 : \alpha_1 > 0.$$

Die Nullhypothese wird verworfen, wenn der t-Wert (also $\hat\alpha_1/\widehat{se}(\hat\alpha_1)$) größer ist als das $(1-\alpha)$-Quantil der Standardnormalverteilung.

Beispiel 6.3. Schätzt man die Parameter α_0 und α_1 eines $ARCH(1)$-Prozesses mit den simulierten $T = 250$ Daten aus Abbildung 6.3, so erhält man die Schätzwerte $\hat\alpha_0 = 0.106$ und $\hat\alpha_1 = 0.894$. Die Standardfehler sind $\widehat{se}(\hat\alpha_0) = 0.016$ und $\widehat{se}(\hat\alpha_1) = 0.159$. Ein Test auf $ARCH(1)$-Effekte lehnt wegen $\hat\alpha_1/\widehat{se}(\hat\alpha_1) = 5.6$ die Nullhypothese, dass $\alpha_1 = 0$ ist, klar ab (auf jedem üblichen Signifikanzniveau).

6.2.3 Der $ARCH(p)$-Prozess

Der $ARCH(1)$-Prozess lässt sich leicht verallgemeinern.

Definition 6.4 (ARCH(p)). *Ein Prozess $(X_t)_{t\in\mathbb{Z}}$ heißt $ARCH(p)$-Prozess, falls*

$$E(X_t | X_{t-1}, \ldots X_{t-p}) = 0,$$
$$Var(X_t | X_{t-1}, \ldots, X_{t-p}) = \sigma_t^2$$
$$= \alpha_0 + \alpha_1 X_{t-1}^2 + \ldots + \alpha_p X_{t-p}^2,$$

für $t \in \mathbb{Z}$, wobei $\alpha_i \geq 0$ für $i = 0, 1, \ldots, p-1$ und $\alpha_p > 0$.

Das einfachste Beispiel für einen $ARCH(p)$-Prozess ist

$$X_t = \varepsilon_t \sigma_t,$$

wobei $(\varepsilon_t)_{t \in \mathbb{Z}}$ ein White-Noise-Prozess vom Typ I mit $\sigma_\varepsilon^2 = 1$ ist sowie

$$\sigma_t = \sqrt{\alpha_0 + \alpha_1 X_{t-1}^2 + \ldots + \alpha_p X_{t-p}^2}.$$

Ein $ARCH(p)$-Prozess ist genau dann schwach stationär, falls die zugehörige charakteristische Gleichung

$$1 - \alpha_1 z - \alpha_2 z^2 - \ldots - \alpha_p z^p = 0$$

nur Wurzeln außerhalb des Einheitskreises hat. Dann gilt für alle $t \in \mathbb{Z}$

$$E(X_t) = 0, \tag{6.7}$$
$$Var(X_t) = \sigma_X^2$$
$$= \frac{\alpha_0}{1 - \sum_{i=1}^{p} \alpha_i}, \tag{6.8}$$
$$Cov(X_t, X_{t-i}) = 0 \qquad \text{für } i = 1, 2, \ldots \tag{6.9}$$

Ist $(X_t)_{t \in \mathbb{Z}}$ ein stationärer $ARCH(p)$-Prozess, so ist $(X_t^2)_{t \in \mathbb{Z}}$ unter gewissen Regularitätsbedingungen ein $AR(p)$-Prozess der folgenden Form:

$$X_t^2 = \alpha_0 + \alpha_1 X_{t-1}^2 + \ldots + \alpha_p X_{t-p}^2 + v_t \tag{6.10}$$

für $t \in \mathbb{Z}$. Hierbei gilt für den Störterm

$$E(v_t) = 0,$$
$$Var(v_t) = \text{const.},$$
$$Cov(v_t, v_{t-i}) = 0 \qquad \text{für } i = 1, 2, \ldots$$

Außerdem ist v_t mit $X_{t-1}^2, X_{t-2}^2, \ldots$ unkorreliert; die Folge $(v_t)_{t \in \mathbb{T}}$ ist also ein White-Noise-Prozess vom Typ II, wobei wieder vorausgesetzt werden muss, dass die Varianz überhaupt existiert. Wie schon im $ARCH(1)$-Fall ist $(v_t)_{t \in \mathbb{Z}}$ zwar ein White-Noise-Prozess, aber die v_t sind nicht normalverteilt und sehr schief.

Zum Schätzen der Parameter kann wieder die Methode der kleinsten Quadrate verwendet werden. In der Regressionsdarstellung (6.10) sind die verzögerten Werte der quadrierten Residuen die Erklärenden und X_t^2 die zu Erklärende. Besser geeignet ist jedoch die Maximum-Likelihood-Methode. Für die Ordnung p benötigt man nun $X_0, X_{-1}, \ldots, X_{-p+1}$ als Startwerte, deren Verteilungen bei der Maximierung der Log-Likelihood-Funktion allesamt vernachlässigt werden.

Aus den Schätzern $\hat{\alpha}_0, \ldots, \hat{\alpha}_p$ errechnet man entsprechend (6.8)

$$\hat{\sigma}_X^2 = \frac{\hat{\alpha}_0}{1 - \hat{\alpha}_1 - \ldots - \hat{\alpha}_p} \tag{6.11}$$

als Schätzer für die unbedingte Volatilität.

Die in Definition 6.4 eingeführten *ARCH*-Prozesse werden gelegentlich unmittelbar zur Modellierung von Renditezeitreihen verwendet. Die Prozesse können jedoch wegen (6.7) nur dann sinnvoll als Modell eingesetzt werden, wenn die Annahme einer erwarteten Rendite von null plausibel ist, was üblicherweise nicht der Fall ist. Daher werden *ARCH*-Modelle meist durch eine Gleichung ergänzt, die den Erwartungswert der Rendite beschreibt (die sogenannte mean equation). Der *ARCH*-Prozess erfasst dann nur die Abweichungen vom Erwartungswert. Im einfachsten Fall wird die erwartete Rendite als konstant μ angenommen. Wenn der Renditeprozess durch den stochastischen Prozess $(R_t)_{t\in N}$ bezeichnet wird, lautet das allgemeinere *ARCH*-Modell mit konstanter Erwartungswertgleichung

$$R_t = \mu + X_t,$$

wobei $(X_t)_{t\in N}$ ein *ARCH*-Prozess ist. Im Folgenden werden wir die Erwartungswertgleichung jedoch nicht weiter betrachten.

Beispiel 6.5. Für die 30 DAX-Aktien und den DAX-Index schätzen wir für den Zeitraum 3.1.1995 bis 31.12.2004 jeweils ein ARCH(1)-Modell, und ein ARCH(3)-Modell nach der ML-Methode. Es stehen maximal $T = 2526$ Renditen pro Aktie als Beobachtungen zur Verfügung. Tabelle 6.1 zeigt die Schätzergebnisse für die mittelwertbereinigten Renditen. Die unbedingte Varianz σ_X^2 wurde gemäß (6.6) bzw. (6.11) geschätzt. Die meisten Statistik-Programme geben neben den Punktschätzern auch ihre Standardfehler aus (in der Tabelle sind sie nicht aufgeführt). Alle ARCH-Effekte sind signifikant auf einem Niveau von 1%. Die Daten weisen eine deutliche bedingte Heteroskedastizität auf.

6.3 GARCH-Prozesse

6.3.1 Definition und Eigenschaften

In einem $ARCH(p)$-Prozess sind $p + 1$ Parameter zu schätzen. Die Anzahl der Parameter kann also sehr leicht groß werden, wenn man eine gute Anpassung des *ARCH*-Modells an die Daten haben möchte. Eine Alternative mit weniger Parametern, aber meist dennoch guter Datenanpassung sind die $GARCH(p, q)$-Prozesse (Generalized ARCH).

Definition 6.6 (GARCH(p,q)). *Ein Prozess $(X_t)_{t\in\mathbb{Z}}$ heißt $GARCH(p, q)$-Prozess, wenn*

	T	ARCH(1)			ARCH(3)				
		$\hat{\alpha}_0$	$\hat{\alpha}_1$	$\hat{\sigma}_X^2$	$\hat{\alpha}_0$	$\hat{\alpha}_1$	$\hat{\alpha}_2$	$\hat{\alpha}_3$	$\hat{\sigma}_X^2$
DAX-Index	2526	1.889	0.296	2.68	0.900	0.117	0.326	0.250	2.93
Adidas	2195	3.807	0.274	5.25	3.065	0.249	0.106	0.078	5.40
Allianz	2526	4.302	0.281	5.98	1.927	0.207	0.324	0.217	7.64
Altana	2253	4.722	0.196	5.88	3.912	0.177	0.055	0.123	6.06
BASF	2526	2.698	0.254	3.62	1.760	0.186	0.162	0.173	3.67
HypoVereinsbank	2526	4.711	0.385	7.66	1.949	0.289	0.254	0.309	13.22
BMW	2526	3.604	0.360	5.63	2.023	0.287	0.235	0.181	6.82
Bayer	2526	4.014	0.169	4.83	2.292	0.102	0.305	0.163	5.34
Commerzbank	2526	2.806	0.565	6.45	1.363	0.372	0.215	0.281	10.29
Continental	2526	3.417	0.282	4.76	2.562	0.171	0.139	0.147	4.72
DaimlerChrysler	1567	4.162	0.198	5.19	2.510	0.125	0.191	0.211	5.31
Deutsche Bank	2526	3.332	0.377	5.35	2.000	0.223	0.195	0.239	5.84
Deutsche Börse	992	2.816	0.126	3.22	2.244	0.115	0.108	0.089	3.26
Deutsche Post	1044	3.666	0.158	4.36	2.226	0.161	0.152	0.190	4.48
Deutsche Telekom	2051	5.936	0.326	8.80	3.164	0.177	0.284	0.235	10.40
Eon	2526	2.742	0.230	3.56	1.518	0.167	0.229	0.232	4.08
Fresenius	2083	4.426	0.285	6.19	3.436	0.210	0.123	0.121	6.30
Henkel	2526	2.639	0.301	3.78	1.696	0.229	0.189	0.152	3.94
Infineon	1219	11.970	0.239	15.72	6.133	0.197	0.212	0.245	17.72
Linde	2526	2.988	0.209	3.77	1.964	0.172	0.172	0.176	4.10
Lufthansa	2526	4.585	0.193	5.68	2.750	0.157	0.159	0.244	6.25
MAN	2526	4.171	0.221	5.35	2.730	0.150	0.211	0.154	5.64
Metro	2126	4.303	0.249	5.73	3.018	0.145	0.119	0.213	5.78
Münchener Rück	2260	4.839	0.313	7.04	2.870	0.189	0.211	0.214	7.43
RWE	2526	2.699	0.257	3.63	1.445	0.169	0.281	0.213	4.29
SAP	2029	8.448	0.329	12.60	4.734	0.253	0.185	0.236	14.54
Schering	2526	2.697	0.249	3.59	1.943	0.190	0.168	0.112	3.67
Siemens	2526	4.155	0.316	6.07	1.554	0.281	0.330	0.314	20.77
Thyssen	2526	3.590	0.278	4.97	2.148	0.205	0.219	0.189	5.55
TUI	2526	3.430	0.397	5.69	1.918	0.312	0.120	0.301	7.19
Volkswagen	2526	3.528	0.345	5.38	1.928	0.228	0.232	0.234	6.29

Tabelle 6.1. Maximum-Likelihood-Schätzung von $ARCH(1)$- und $ARCH(3)$-Prozessen

$$E(X_t|X_{t-1}, X_{t-2}, \ldots) = 0,$$
$$Var(X_t|X_{t-1}, X_{t-2}, \ldots) = \sigma_t^2$$
$$= \alpha_0 + \alpha_1 X_{t-1}^2 + \ldots + \alpha_p X_{t-p}^2$$
$$+ \beta_1 \sigma_{t-1}^2 + \ldots + \beta_q \sigma_{t-q}^2,$$

für $t \in \mathbb{Z}$, *wobei* $\alpha_i \geq 0$ *für* $i = 0, 1, \ldots, p-1$ *und* $\alpha_p > 0$ *sowie* $\beta_i \geq 0$ *für* $i = 1, \ldots, q-1$ *und* $\beta_q > 0$.

Häufig wird zusätzlich angenommen, dass

$$X_t | (X_{t-1} = x_{t-1}, X_{t-2} = x_{t-2}, \ldots) \sim N(0, \sigma_t^2)$$

gilt. Diese Annahme wird vor allem für die Parameterschätzung benötigt. Im Gegensatz zu den $ARCH(p)$-Prozessen wird nicht nur auf die letzten p-Werte des Prozesses, sondern auf seine gesamte Vergangenheit bedingt.

Notwendige Bedingung für die schwache Stationarität eines $GARCH(p, q)$-Prozesses ist

$$\sum_{i=1}^{p} \alpha_i + \sum_{j=1}^{q} \beta_j < 1. \tag{6.12}$$

In diesem Fall ist die unbedingte Varianz

$$Var(X_t) = \frac{\alpha_0}{1 - \sum_{i=1}^{p} \alpha_i - \sum_{j=1}^{q} \beta_j}.$$

Weiter gilt natürlich $E(X_t) = 0$. Die X_t sind unkorreliert, denn

$$
\begin{aligned}
E(X_t X_{t-1}) &= E\left[E\left(X_t X_{t-1} | X_{t-1}, X_{t-2}, \ldots\right)\right] \\
&= E\left[X_{t-1} E\left(X_t | X_{t-1}, X_{t-2}, \ldots\right)\right] \\
&= 0,
\end{aligned}
$$

und entsprechend sind auch die Autokorrelationen höherer Ordnung null. Die unbedingte Kurtosis untersuchen wir nur für den $GARCH(1, 1)$-Prozess

$$X_t = \varepsilon_t \sigma_t,$$

wobei $(\varepsilon_t)_{t \in \mathbb{Z}}$ ein White-Noise-Prozess vom Typ I mit $\sigma_\varepsilon^2 = 1$ ist, sowie

$$\sigma_t = \sqrt{\alpha_0 + \alpha_1 X_{t-1}^2 + \beta_1 \sigma_{t-1}^2}.$$

Wichtigster Bestandteil der Kurtosis ist das unbedingte vierte Moment

$$E\left(X_t^4\right) = E\left(\varepsilon_t^4 \sigma_t^4\right) = \underbrace{E\left(\varepsilon_t^4\right)}_{=3} E\left(\sigma_t^4\right) = 3E\left(\sigma_t^4\right)$$

$$= 3E\left[\left(\alpha_0 + \alpha_1 X_{t-1}^2 + \beta_1 \sigma_{t-1}^2\right)^2\right]$$

$$= 3E[\alpha_0^2 + \alpha_1^2 X_{t-1}^4 + \beta_1^2 \sigma_{t-1}^4 + 2\alpha_0 \alpha_1 X_{t-1}^2$$
$$\qquad + 2\alpha_0 \beta_1 \sigma_{t-1}^2 + 2\alpha_1 \beta_1 X_{t-1}^2 \sigma_{t-1}^2]$$

$$= 3\big(\alpha_0^2 + \alpha_1^2 \underbrace{E\left(X_{t-1}^4\right)}_{=E(X_t^4)} + \beta_1^2 \underbrace{E\left(\sigma_{t-1}^4\right)}_{=\frac{1}{3}E(X_t^4)} + 2\alpha_0 \alpha_1 \underbrace{E\left(X_{t-1}^2\right)}_{=\frac{\alpha_0}{1-\alpha_1-\beta_1}}$$

$$\qquad + 2\alpha_0 \beta_1 \underbrace{E\left(\sigma_{t-1}^2\right)}_{=\frac{\alpha_0}{1-\alpha_1-\beta_1}} + 2\alpha_1 \beta_1 \underbrace{E\left(X_{t-1}^2 \sigma_{t-1}^2\right)}_{=\frac{1}{3}E(X_t^4)}\big).$$

Wegen

$$E\left(X_{t-1}^2 \sigma_{t-1}^2\right) = E\left(X_t^2 \sigma_t^2\right) = E\left(\varepsilon_t^2 \sigma_t^2 \sigma_t^2\right) = \underbrace{E\left(\varepsilon_t^2\right)}_{=1} E\left(\sigma_t^4\right) = E\left(\sigma_t^4\right)$$

gilt weiter

$$E\left(X_t^4\right) = 3\left(\alpha_0^2 + \alpha_1^2 E\left(X_t^4\right) + \beta_1^2 \frac{1}{3} E\left(X_t^4\right) + 2\alpha_0\alpha_1 \frac{\alpha_0}{1 - \alpha_1 - \beta_1}\right.$$

$$\left. +2\alpha_0\beta_1 \frac{\alpha_0}{1 - \alpha_1 - \beta_1} + 2\alpha_1\beta_1 \frac{1}{3} E\left(X_t^4\right)\right).$$

Zusammenfassung aller $E(X_t^4)$-Terme führt auf

$$E\left(X_t^4\right)\left(1 - 3\alpha_1^2 - \beta_1^2 - 2\alpha_1\beta_1\right)$$

$$= 3\left(\alpha_0^2 + 2\alpha_0\left(\alpha_1 + \beta_1\right)\frac{\alpha_0}{1 - \alpha_1 - \beta_1}\right)$$

$$= 3\left(\frac{\alpha_0^2\left(1 - \alpha_1 - \beta_1\right) + 2\alpha_0^2\left(\alpha_1 + \beta_1\right)}{1 - \alpha_1 - \beta_1}\right)$$

$$= \frac{3\alpha_0^2\left(1 + \alpha_1 + \beta_1\right)}{1 - \alpha_1 - \beta_1},$$

so dass

$$E\left(X_t^4\right) = \frac{3\alpha_0^2\left(1 + \alpha_1 + \beta_1\right)}{\left(1 - \alpha_1 - \beta_1\right)\left(1 - 3\alpha_1^2 - \beta_1^2 - 2\alpha_1\beta_1\right)}. \tag{6.13}$$

Der Zähler in (6.13) ist positiv; im Nenner ist $1 - \alpha_1 - \beta_1$ positiv, wenn die Stationaritätsbedingung (6.12) gilt. Für die Existenz des vierten Moments muss also

$$3\alpha_1^2 + \beta_1^2 + 2\alpha_1\beta_1 < 1 \tag{6.14}$$

gelten. Die Kurtosis ist das normierte vierte Moment, also

$$\frac{E\left(X_t^4\right)}{\left(E\left(X_t^2\right)\right)^2} = \frac{3\alpha_0^2\left(1 + \alpha_1 + \beta_1\right)}{\left(1 - \alpha_1 - \beta_1\right)\left(1 - 3\alpha_1^2 - \beta_1^2 - 2\alpha_1\beta_1\right)}\frac{\left(1 - \alpha_1 - \beta_1\right)^2}{\alpha_0^2}$$

$$= \frac{3\left(1 + \alpha_1 + \beta_1\right)\left(1 - \alpha_1 - \beta_1\right)}{\left(1 - 3\alpha_1^2 - \beta_1^2 - 2\alpha_1\beta_1\right)}$$

$$= \frac{3\left(1 - \alpha_1^2 - \beta_1^2 - 2\alpha_1\beta_1\right)}{\left(1 - 3\alpha_1^2 - \beta_1^2 - 2\alpha_1\beta_1\right)}$$

$$= 3 + \frac{6\alpha_1^2}{\left(1 - 3\alpha_1^2 - \beta_1^2 - 2\alpha_1\beta_1\right)}. \tag{6.15}$$

Schwach stationäre $GARCH(1,1)$-Prozesse sind also wegen (6.14) immer leptokurtisch.

Für die bedingte Varianz eines $GARCH(1,1)$-Prozesses gilt

$$Var(X_t|X_{t-1}, X_{t-2}, \ldots) = \sigma_t^2$$

$$= \alpha_0 + \alpha_1 X_{t-1}^2 + \beta_1 \sigma_{t-1}^2$$

$$= \frac{\alpha_0}{1 - \beta_1} + \alpha_1 \sum_{i=1}^{\infty} \beta_1^{i-1} X_{t-i}^2,$$

wobei $0 < \beta_1 < 1$ ist. Die bedingte Varianz σ_t^2 hängt also beim $GARCH(1,1)$-Prozess von allen vergangenen Beobachtungen ab, wobei die zugehörigen Gewichte exponentiell abnehmen.

$GARCH(p,q)$-Prozesse lassen sich als $ARMA(\max(p,q),q)$-Prozesse in den Quadraten schreiben. Für den $GARCH(1,1)$-Prozess gilt

$$
\begin{aligned}
X_t^2 &= \sigma_t^2 \varepsilon_t^2 \\
&= \sigma_t^2 + \sigma_t^2 \left(\varepsilon_t^2 - 1 \right) \\
&= \alpha_0 + \alpha_1 X_{t-1}^2 + \beta_1 \sigma_{t-1}^2 + \sigma_t^2 (\varepsilon_t^2 - 1) \\
&= \alpha_0 + \alpha_1 X_{t-1}^2 + \beta_1 \sigma_{t-1}^2 - \beta_1 X_{t-1}^2 + \beta_1 X_{t-1}^2 + \sigma_t^2 (\varepsilon_t^2 - 1) \\
&= \alpha_0 + \alpha_1 X_{t-1}^2 + \beta_1 \sigma_{t-1}^2 - \beta_1 \sigma_{t-1}^2 \varepsilon_{t-1}^2 + \beta_1 X_{t-1}^2 + \sigma_t^2 (\varepsilon_t^2 - 1) \\
&= \alpha_0 + \alpha_1 X_{t-1}^2 - \beta_1 \sigma_{t-1}^2 \left(\varepsilon_{t-1}^2 - 1 \right) + \beta_1 X_{t-1}^2 + \sigma_t^2 (\varepsilon_t^2 - 1) \\
&= \alpha_0 + (\alpha_1 + \beta_1) X_{t-1}^2 - \beta_1 v_{t-1} + v_t,
\end{aligned}
$$

wobei $v_t = \sigma_t^2 (\varepsilon_t^2 - 1)$ für $t \in \mathbb{Z}$ wie bei den $ARCH$-Prozessen eine Martingaldifferenzenfolge bildet.

Mit einem stationären $GARCH(1,1)$-Prozess kann man eine bedingte h-Schritt-Prognose für die Volatilität σ_{t+h}^2 auf der Basis von Beobachtungen $X_t, X_{t-1}, \dots$ machen. Für $h > 1$ ist

$$
\begin{aligned}
&E\left(\sigma_{t+h}^2 | X_t, X_{t-1}, \dots \right) \\
&= \alpha_0 + \alpha_1 E\left(X_{t+h-1}^2 | X_t, X_{t-1}, \dots \right) + \beta_1 E\left(\sigma_{t+h-1}^2 | X_t, X_{t-1}, \dots \right) \\
&= \alpha_0 + (\alpha_1 + \beta_1) E\left(\sigma_{t+h-1}^2 | X_t, X_{t-1}, \dots \right) \\
&= \alpha_0 + (\alpha_1 + \beta_1) \left[\alpha_0 + (\alpha_1 + \beta_1) E\left(\sigma_{t+h-2}^2 | X_t, X_{t-1}, \dots \right) \right] \\
&\;\;\vdots \\
&= \alpha_0 \left[1 + (\alpha_1 + \beta_1) + \dots + (\alpha_1 + \beta_1)^{h-1} \right] \\
&\quad + (\alpha_1 + \beta_1)^h E\left(\sigma_t^2 | X_t, X_{t-1}, \dots \right) \\
&= \alpha_0 \left[1 + (\alpha_1 + \beta_1) + \dots + (\alpha_1 + \beta_1)^{h-1} + (\alpha_1 + \beta_1)^h + \dots \right] \\
&\quad + (\alpha_1 + \beta_1)^h \sigma_t^2 - \alpha_0 \left[(\alpha_1 + \beta_1)^h + (\alpha_1 + \beta_1)^{h+1} + \dots \right] \\
&= \frac{\alpha_0}{1 - \alpha_1 - \beta_1} + (\alpha_1 + \beta_1)^h \left(\sigma_t^2 - \frac{\alpha_0}{1 - \alpha_1 - \beta_1} \right).
\end{aligned}
$$

Die Gleichheit $E\left(X_{t+h-1}^2 | X_t, X_{t-1}, \dots \right) = E\left(\sigma_{t+h-1}^2 | X_t, X_{t-1}, \dots \right)$, die im zweiten Schritt dieser Umformung genutzt wird, ergibt sich wie folgt:

$$
\begin{aligned}
&E\left(X_{t+h-1}^2 | X_t, X_{t-1}, \dots \right) \\
&= E\left(\sigma_{t+h-1}^2 \varepsilon_{t+h-1}^2 | X_t, X_{t-1}, \dots \right) \\
&= \underbrace{E\left(\varepsilon_{t+h-1}^2 \right)}_{=1} E\left(\sigma_{t+h-1}^2 | X_t, X_{t-1}, \dots \right).
\end{aligned}
$$

Für die ferne Zukunft gilt

$$\lim_{h\to\infty} E(\sigma_{t+h}^2|X_t, X_{t-1}, \ldots) = \frac{\alpha_0}{1 - \alpha_1 - \beta_1} = E(\sigma_t^2),$$

d.h. die bedingte Prognose entspricht der unbedingten Prognose.

6.3.2 Schätzung eines $GARCH(p, q)$-Prozesses

Die Parameter eines $GARCH(p,q)$-Prozesses werden nach der Maximum-Likelihood-Methode geschätzt. Die Vorgehensweise ist analog zur Schätzung eines $ARCH$-Modells. Für einen $GARCH(1,1)$-Prozess gilt

$$f_{X_0,X_1,\ldots,X_T}(x_0, x_1, \ldots, x_T) = f_{X_0}(x_0) \prod_{t=1}^{T} \frac{1}{\sqrt{2\pi}\sigma_t} \exp\left(-\frac{1}{2}\left(\frac{x_t}{\sigma_t}\right)^2\right)$$

mit $\sigma_t^2 = \alpha_0 + \alpha_1 x_{t-1}^2 + \beta_1 \sigma_{t-1}^2$ und $\sigma_0^2 = 0$. Entsprechend ist die Log-Likelihood-Funktion unter Vernachlässigung der Startdichte

$$\ln L(\alpha_0, \alpha_1, \beta_1 | X_0, X_1, \ldots, X_T) = -\frac{T}{2}\ln 2\pi - \frac{1}{2}\sum_{t=1}^{T}\ln\sigma_t^2 - \frac{1}{2}\sum_{t=1}^{T}\left(\frac{X_t}{\sigma_t}\right)^2$$

mit $\sigma_t^2 = \alpha_0 + \alpha_1 X_{t-1}^2 + \beta_1 \sigma_{t-1}^2$ und $\sigma_0^2 = 0$. Die ML-Schätzer $\hat{\alpha}_0, \hat{\alpha}_1$ und $\hat{\beta}_1$ erhält man durch Maximierung der Likelihood-Funktion über α_0, α_1 und β_1. Sie sind konsistent, asymptotisch normalverteilt und asymptotisch effizient.

Beispiel 6.7. Wir passen an die Tagesrenditen vom 2. Januar 1994 bis zum 31. Dezember 2004 der 30 DAX-Aktien und des DAX-Indexes ein GARCH(1,1)-Modell an. Wie bei den ARCH-Modellen stehen bis zu T = 2526 Beobachtungen zur Verfügung. Tabelle 6.2 zeigt die Schätzergebnisse nach der Maximum-Likelihood-Methode. Die Renditen wurden zunächst mittelwertbereinigt. Die Schätzwerte für σ_X^2 sind nur angegeben, wenn $\hat{\alpha}_1 + \hat{\beta}_1 < 1$ ist.

Die empirischen Daten weisen auch hier eine sehr deutliche bedingte Heteroskedastizität auf, die durch GARCH(1,1)-Modelle beschrieben werden kann. Sämtliche Parameter in Tabelle 6.2 sind auf einem Niveau von 1% von null verschieden (die Standardfehler sind nicht in der Tabelle enthalten). Auffällig ist, dass $\alpha_1 + \beta_1$ in allen Fällen recht nahe an den Wert Eins heranreicht. Die Persistenz der Volatilität ist also sehr groß. Auffällig ist ferner, dass die Werte von α_1 (bzw. β_1) sich meist in der Größenordnung von 0.05 bis 0.1 (bzw. um 0.9) bewegen. Setzt man $\alpha_1 = 0.09$ und $\beta_1 = 0.9$ in die Bedingung (6.14) für eine endliche Kurtosis ein, so erhält man

$$3\alpha_1^2 + \beta_1^2 + 2\alpha_1\beta_1|_{\alpha_1=0.09,\beta_1=0.9} = 0.9963 < 1;$$

die Bedingung ist also erfüllt, die Kurtosis ist endlich, und zwar gemäß (6.15)

$$\left(3 + \frac{6\alpha_1^2}{\left(1 - 3\alpha_1^2 - \beta_1^2 - 2\alpha_1\beta_1\right)}\right)\Big|_{\alpha_1=0.09,\beta_1=0.9} = 16.135.$$

	$\hat{\alpha}_0$	$\hat{\alpha}_1$	$\hat{\beta}_1$	$\hat{\sigma}_X^2$
DAX-Index	0.0145	0.0814	0.9140	3.22
Adidas	0.0925	0.0714	0.9123	5.64
Allianz	0.0419	0.0812	0.9143	9.27
Altana	0.0588	0.0350	0.9555	6.19
BASF	0.0693	0.0934	0.8887	3.88
HypoVereinsbank	0.0481	0.0979	0.8991	15.79
BMW	0.0158	0.0759	0.9247	
Bayer	0.0397	0.0583	0.9355	6.41
Commerzbank	0.0393	0.1198	0.8797	76.10
Continental	0.0822	0.0734	0.9096	4.82
DaimlerChrysler	0.0685	0.0753	0.9108	4.92
Deutsche Bank	0.0211	0.0815	0.9195	
Deutsche Börse	0.3568	0.1012	0.7880	3.22
Deutsche Post	0.1683	0.1308	0.8323	4.55
Deutsche Telekom	0.0277	0.0621	0.9360	14.85
Eon	0.0255	0.0744	0.9199	4.47
Fresenius	0.0163	0.0475	0.9515	16.47
Henkel	0.0293	0.0574	0.9349	3.81
Infineon	0.0322	0.0674	0.9314	27.22
Linde	0.0208	0.0707	0.9272	9.95
Lufthansa	0.0947	0.0766	0.9072	5.83
MAN	0.0472	0.0753	0.9174	6.46
Metro	0.0612	0.0655	0.9249	6.41
Münchener Rück	0.0959	0.1017	0.8868	8.31
RWE	0.0376	0.0885	0.9033	4.61
SAP	0.1818	0.1423	0.8541	51.02
Schering	0.0601	0.0590	0.9240	3.53
Siemens	0.0181	0.0735	0.9274	
Thyssen	0.0323	0.0792	0.9183	13.03
TUI	0.0259	0.0744	0.9238	15.05
Volkswagen	0.0542	0.0932	0.8995	7.46

Tabelle 6.2. Maximum-Likelihood-Schätzung von $GARCH(1,1)$-Prozessen

Hansen und Lunde (2001) kommen in einer umfassenden Untersuchung über $GARCH(1,1)$-Modelle und ihre Alternativen zu folgendem Resultat: „Our analysis was limited to DM-\$ exchange rates, and IBM stock returns and the use of 330 different forecasting models, yet we obtained several interesting results. There is no evidence that the $GARCH(1,1)$ model is outperformed in our analysis of the exchange rate data. (...) In the analysis of IBM stock returns we found conclusive evidence that the $GARCH(1,1)$ is an inferior model, and it was mostly models that can accommodate a leverage effect that had a better sample performance. (...) Nevertheless, it is questionable whether the modest gains that we found more complicated volatility models have, relative to the $GARCH(1,1)$ model, are sufficiently large to justify

the resources that researchers have devoted to the constructions of the many
GARCH-type models."

Dennoch möchten wir im folgenden Abschnitt zwei Erweiterungen des
$GARCH$-Modells vorstellen, die das mit „Leverage-Effekt" bezeichnete, asym-
metrische Verhalten der bedingten Varianz von Aktienrenditen beschreiben
können.

6.4 EGARCH- und TGARCH-Prozesse

Bei $ARCH$- und $GARCH$-Prozessen wird unterstellt, dass die bedingte Varianz symmetrisch auf positive und negative Tagesrenditen X_t reagiert. Ein
Kursgewinn hat also den gleichen Effekt auf die Volatilität wie ein Kursverlust
der gleichen Größe. Dies widerspricht dem bei Aktienrenditen zu beobachten-
den „Leverage-Effekt" (der nichts mit dem gleichnamigen Effekt aus der be-
triebswirtschaftlichen Finanzierungstheorie zu tun hat). Dieser besagt, dass
die Volatilität bei Kursverlusten tendenziell stärker zunimmt als bei Kurs-
gewinnen gleicher Größe. An empirischen Daten ist dieser Effekt daran zu
erkennen, dass die quadrierte Rendite in t mit der (nicht quadrierten) Rendite in $t-1$ negativ korreliert ist, $Cov(X_t^2, X_{t-1}) < 0$. Tabelle 6.3 zeigt die
empirischen Korrelationen für die 30 DAX-Aktien und den DAX-Index der
quadrierten Tagesrenditen mit den (nicht quadrierten) Renditen des Vortages
(Daten vom 3.1.1995 bis zum 31.12.2004).

	$\hat{\rho}(X_t^2, X_{t-1})$		$\hat{\rho}(X_t^2, X_{t-1})$
DAX-Index	-0.1051	Fresenius	-0.0400
Adidas	-0.0452	Henkel	0.0298
Allianz	-0.0369	Infineon	0.0086
Altana	-0.0285	Linde	0.0414
BASF	-0.1099	Lufthansa	-0.0001
HypoVereinsbank	-0.0346	MAN	0.0091
BMW	-0.0322	Metro	-0.0266
Bayer	-0.0357	Münchener Rück	-0.0488
Commerzbank	-0.0386	RWE	-0.0082
Continental	-0.0565	SAP	-0.0605
DaimlerChrysler	-0.0881	Schering	0.0077
Deutsche Bank	-0.0652	Siemens	-0.0427
Deutsche Börse	-0.0667	Thyssen	-0.0116
Deutsche Post	-0.0055	TUI	0.0200
Deutsche Telekom	-0.0484	Volkswagen	-0.0445
Eon	-0.0078		

Tabelle 6.3. Empirischer Leverage-Effekt

Nicht in allen Fällen sind die quadrierten Tagesrenditen negativ mit den Renditen des Vortags korreliert, aber in der überwiegenden Anzahl der Fälle tritt dieser Effekt auf, teilweise sogar recht deutlich (insbesondere beim DAX-Index). *GARCH*-Modelle können diese Art von Abhängigkeit nicht erfassen, denn dort ist die quadrierte Tagesrendite immer unkorreliert mit der Rendite des Vortags. Um den Leverage-Effekt zu modellieren, wurden daher verschiedene Erweiterungen der *GARCH*-Prozesse vorgeschlagen.

Wir betrachten zunächst den von Nelson (1991) vorgeschlagenen exponentiellen *GARCH*-Prozess, kurz *EGARCH*-Prozess, wobei wir uns auf den Fall $EGARCH(1,1)$ beschränken.

Definition 6.8 (EGARCH(1,1)). *Ein stochastischer Prozess* $(X_t)_{t \in \mathbb{Z}}$ *heißt* $EGARCH(1,1)$*-Prozess wenn*

$$E\left(X_t \mid X_{t-1}, X_{t-2}, \ldots\right) = 0,$$
$$Var\left(X_t \mid X_{t-1}, X_{t-2}, \ldots\right) = \sigma_t^2,$$

wobei gilt

$$\ln \sigma_t^2 = \tilde{\alpha}_0 + \alpha_1 \left(\left| \frac{X_{t-1}}{\sigma_{t-1}} \right| - E\left(\left| \frac{X_{t-1}}{\sigma_{t-1}} \right| \right) \right) + \gamma \frac{X_{t-1}}{\sigma_{t-1}} + \beta_1 \ln \sigma_{t-1}^2.$$

Vorzeichenrestriktionen für $\tilde{\alpha}_0$, α_1, γ *und* β_1 *entfallen.*

Wenn man zusätzlich annimmt, dass

$$Z_t = \frac{X_t}{\sigma_t} \sim N(0,1)$$

standardnormalverteilt ist, so gilt wegen

$$E\left(|Z_t|\right) = \sqrt{\frac{2}{\pi}}$$

für den Logarithmus der bedingten Varianz

$$\ln \sigma_t^2 = \tilde{\alpha}_0 + \alpha_1 \left(|Z_{t-1}| - \sqrt{\frac{2}{\pi}} \right) + \gamma Z_{t-1} + \beta_1 \ln \sigma_{t-1}^2$$

$$= \alpha_0 + \alpha_1 |Z_{t-1}| + \gamma Z_{t-1} + \beta_1 \ln \sigma_{t-1}^2, \qquad (6.16)$$

wobei (6.16) mit $\alpha_0 = \tilde{\alpha}_0 - \alpha_1 \sqrt{2/\pi}$ die übliche Parametrisierung ist.

Offensichtlich ist γ jetzt der interessante Parameter. Bei $\gamma < 0$ verringert ein positives Z_{t-1} die bedingte Varianz, während ein negatives Z_{t-1} die bedingte Varianz erhöht. In diesem Fall kann der Leverage-Effekt im Modell abgebildet werden.

Ist $(\varepsilon_t)_{t \in \mathbb{Z}}$ ein White-Noise-Prozess vom Typ I mit $\varepsilon_t \sim N(0,1)$, so ist

$$X_t = \sigma_t \varepsilon_t \qquad (6.17)$$

ein $EGARCH(1,1)$-Prozess, wenn $\sigma_t = \sqrt{\exp\left(\ln \sigma_t^2\right)}$ gemäß (6.16) bestimmt wird. Mit einer etwas umständlichen Rechnung lässt sich zeigen, dass für $i = 1, 2, \ldots$ und $\gamma < 0$ die $Cov(X_t^2, X_{t-i}) < 0$ ist. In diesem Fall sind X_t^2 und X_{t-i} negativ korreliert, was ebenfalls den Leverage-Effekt zum Ausdruck bringt. Im Fall $\gamma = 0$ gilt $Cov(X_t^2, X_{t-i}) = 0$.

Durch Zusammenfassen einiger Terme, nämlich

$$\left(\alpha_1 \left(|Z_t| - E\left(|Z_t|\right)\right) + \gamma Z_t\right)_{t \in \mathbb{Z}},$$

erhält man einen White-Noise-Prozess vom Typ I. Deshalb ist $\left(\ln \sigma_t^2\right)_{t \in \mathbb{Z}}$ ein $ARMA(1,1)$-Prozess, falls $|\beta_1| < 1$ ist.

Wenn $(\varepsilon_t)_{t \in \mathbb{Z}}$ ein White-Noise-Prozess vom Typ I und $\varepsilon_t \sim N(0,1)$ gilt, so lassen sich die Parameter mit der Maximum-Likelihood-Methode schätzen. Die Vorgehensweise ist analog zur Schätzung des normalen $GARCH$-Modells. Außerdem lassen sich einfach Tests für

$$H_0 : \gamma = 0$$
$$H_1 : \gamma < 0$$

konstruieren, da der Standardfehler $\widehat{se}(\hat{\gamma})$ beim Maximum-Likelihood-Verfahren ohnehin berechnet – und von den meisten Statistik-Programmen auch ausgegeben – wird. Die Nullhypothese wird verworfen, wenn die gewöhnliche t-Statistik $\hat{\gamma}/\widehat{se}(\hat{\gamma})$ kleiner ist als das α-Quantil der Standardnormalverteilung. Der Stichprobenumfang T darf jedoch nicht zu klein sein, da dieser Test nur asymptotisch gültig ist.

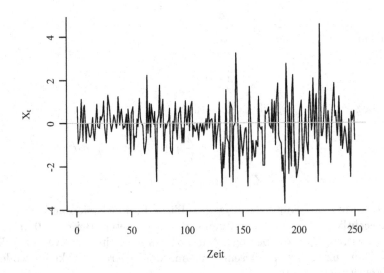

Abbildung 6.4. Simulierter Pfad des $EGARCH(1,1)$-Modells

Beispiel 6.9. Abbildung 6.4 zeigt einen simulierten Pfad des EGARCH(1, 1)-Modells mit den Parametern $\alpha_0 = -0.1$, $\alpha_1 = 0.1$, $\gamma = -0.1$ und $\beta_1 = 0.95$. Der Leverage-Effekt ist mit bloßem Auge nicht an der Grafik erkennbar, aus den Realisationen $X_1, \ldots, X_{250}$ errechnet man jedoch $\hat{\rho}(X_t^2, X_{t-1}) = -0.0379$.

Beispiel 6.10. Wir schätzen das EGARCH-Modell für die mittelwertbereinigten Tagesrenditen der 30 DAX-Aktien und des DAX-Indexes. Der Betrachtungszeitraum ist wiederum 3.1.1995 bis 31.12.2004. Tabelle 6.4 zeigt die Schätzergebnisse $\hat{\alpha}_0$, $\hat{\alpha}_1$, $\hat{\gamma}$ und $\hat{\beta}_1$ sowie in der letzten Spalte den p-Wert des Tests auf $\gamma = 0$. In den meisten Fällen ist der Leverage-Parameter $\hat{\gamma} < 0$. Die Nullhypothese $\gamma = 0$ wird in der überwiegenden Zahl der Fälle deutlich verworfen. Der Leverage-Effekt ist zwar nicht sehr groß, aber statistisch gesichert.

Eine andere Möglichkeit zu Modellierung des „Leverage-Effekts" ist das Threshold-*GARCH* (kurz: *TGARCH*) nach Zakoian (1994) und Glosten, Jagannathan und Runkle (1993). Wir beschränken uns auf das *TGARCH*(1, 1)-Modell.

Definition 6.11 (TGARCH(1,1)). *Ein stochastischer Prozess* $(X_t)_{t \in \mathbb{Z}}$ *heißt TGARCH(1, 1)-Prozess falls*

$$E\left(X_t \mid X_{t-1}, X_{t-2}, \ldots\right) = 0,$$
$$Var\left(X_t \mid X_{t-1}, X_{t-2}, \ldots\right) = \sigma_t^2,$$

mit

$$\sigma_t^2 = \alpha_0 + \alpha_1 X_{t-1}^2 + \beta_1 \sigma_{t-1}^2 + \gamma X_{t-1}^2 \cdot 1(X_{t-1} < 0), \qquad (6.18)$$

wobei $1(A)$ *eine Indikatorfunktion ist und* α_0, α_1, β_1, $\gamma \geq 0$.

Bei diesem Modell haben $X_t \geq 0$ und $X_t < 0$ unterschiedliche Auswirkungen auf die bedingte Varianz σ_t^2. Während bei $X_{t-1} \geq 0$ der Einfluss auf die bedingte Varianz durch α_1 gegeben ist, ist er bei $X_{t-1} < 0$ durch $\alpha_1 + \gamma$ gegeben. Für $\gamma > 0$ liegt offensichtlich der Leverage-Effekt vor. Ist $(\varepsilon_t)_{t \in \mathbb{Z}}$ beim White Noise-Prozess vom Typ I mit $\varepsilon_t \sim N(0, 1)$, so ist $X_t = \sigma_t \varepsilon_t$ ein *TGARCH*-Prozess. Die Parameter lassen sich mit der Maximum-Likelihood-Methode schätzen, und es lässt sich leicht ein Test für

$$H_0 : \gamma = 0$$
$$H_1 : \gamma > 0$$

konstruieren. Die Nullhypothese wird auf einem Niveau von α abgelehnt, wenn der Wert der t-Statistik $\hat{\gamma}/\widehat{se}(\hat{\gamma})$ größer ist als das $(1 - \alpha)$-Quantil der Standardnormalverteilung.

Beispiel 6.12. In Abbildung 6.5 sieht man einen simulierten Pfad der Länge $T = 250$ eines TGARCH(1, 1)-Prozesses mit $\alpha_0 = 0.1$, $\alpha_1 = 0.1$, $\beta_1 = 0.1$ und $\gamma = 0.2$. Auch hier ist der Leverage-Effekt nicht unmittelbar an der Grafik zu erkennen. Aus den Realisationen errechnet man $\hat{\rho}(X_t^2, X_{t-1}) = -0.049$.

	$\hat{\alpha}_0$	$\hat{\alpha}_1$	$\hat{\gamma}$	$\hat{\beta}_1$	p-Wert
DAX-Index	−0.114	0.158	−0.065	0.983	0.000
Adidas	−0.072	0.133	−0.056	0.981	0.000
Allianz	−0.090	0.139	−0.057	0.989	0.000
Altana	−0.017	0.089	0.002	0.973	0.568
BASF	−0.112	0.194	−0.075	0.965	0.000
HypoVereinsbank	−0.145	0.231	−0.016	0.981	0.069
BMW	−0.121	0.176	−0.029	0.989	0.002
Bayer	−0.059	0.100	−0.051	0.988	0.000
Commerzbank	−0.157	0.241	−0.020	0.980	0.030
Continental	−0.066	0.126	−0.069	0.978	0.000
DaimlerChrysler	−0.079	0.122	−0.061	0.987	0.000
Deutsche Bank	−0.119	0.180	−0.025	0.986	0.008
Deutsche Börse	−0.034	0.179	−0.081	0.909	0.000
Deutsche Post	−0.115	0.196	−0.061	0.971	0.000
Deutsche Telekom	−0.087	0.145	−0.026	0.987	0.011
Eon	−0.085	0.130	−0.049	0.986	0.000
Fresenius	−0.037	0.052	−0.046	0.998	0.000
Henkel	−0.088	0.132	−0.030	0.989	0.002
Infineon	−0.068	0.084	−0.049	0.999	0.000
Linde	−0.079	0.119	−0.062	0.990	0.000
Lufthansa	−0.085	0.147	−0.043	0.982	0.000
MAN	−0.096	0.145	−0.047	0.989	0.000
Metro	−0.077	0.130	−0.039	0.986	0.000
Münchener Rück	−0.088	0.164	−0.049	0.978	0.000
RWE	−0.117	0.176	−0.035	0.983	0.001
SAP	−0.111	0.209	−0.075	0.978	0.000
Schering	−0.072	0.123	−0.043	0.982	0.000
Siemens	−0.085	0.130	−0.041	0.990	0.000
Thyssen	−0.097	0.149	−0.041	0.988	0.000
TUI	−0.104	0.159	−0.032	0.989	0.000
Volkswagen	−0.123	0.198	−0.024	0.979	0.012

Tabelle 6.4. Schätzergebnisse des $EGARCH(1,1)$-Modells

Beispiel 6.13. Schätzt man ein $TGARCH(1,1)$-Modell für die mittelwertbe-reinigten Tagesrenditen (3.1.1995 bis 31.12.2004) der 30 DAX-Aktien und des DAX-Indexes, so erhält man die in Tabelle 6.5 angegebenen Schätzwerte. Die letzte Spalte zeigt die p-Werte des Tests auf $\gamma = 0$ (gegen die Alternativ-hypothese $\gamma > 0$). Auch hier ist die Asymmetrie in fast allen Fällen statistisch signifikant.

6.5 Stochastische Volatilität

Zu den stilisierten Fakten der Renditen X_t gehören insbesondere Volatili-tätscluster, also Perioden hoher und Perioden niedriger Volatilität, eine ge-

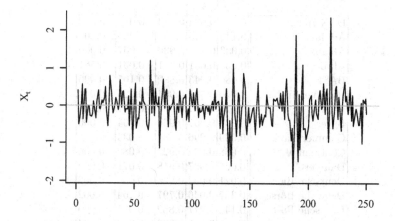

Abbildung 6.5. Simulierter Pfad des $TGARCH(1,1)$-Modells

ringe Korrelation der Renditen X_t und eine vergleichsweise hohe Korrelation ihrer Quadrate X_t^2 und Absolutbeträge $|X_t|$. Die *ARCH*- und *GARCH*-Prozesse tragen beiden Charakteristika Rechnung. Die bedingten Varianzen $Var(X_t|X_{t-1},\ldots) = \sigma_t^2$ hängen dabei von verzögerten Werten der Zeitreihen X_t und σ_t^2 ab.

Eine andere Möglichkeit bedingte Heteroskedastizität zu erzeugen, besteht darin, die bedingte Varianz von einer latenten (d.h. nicht direkt beobachtbaren) Variablen abhängig zu machen. Die latente Variable soll in gewissem Sinne die von außen ankommenden, unregelmäßigen und zufälligen Einflüsse auf den Kapitalmarkt ausdrücken.

Ein einfaches Beispiel ist das folgende Modell mit stochastischer Volatilität (Mills 1993). Für $t \in \mathbb{Z}$ sei

$$X_t = V_t U_t, \tag{6.19}$$

wobei $(U_t)_{t\in\mathbb{Z}}$ ein White-Noise-Prozess vom Typ I ist mit $Var(U_t) = 1$. Außerdem seien die U_t normalverteilt. Der Prozess $(V_t)_{t\in\mathbb{Z}}$ sei ein stochastischer Prozess von positiven Zufallsvariablen, $V_t > 0$ mit Wahrscheinlichkeit 1. Die Prozesse V_t und $U_t = X_t/V_t$ seien stochastisch unabhängig.

Einige einfache Eigenschaften des Prozesses $(X_t)_{t\in\mathbb{Z}}$ lassen sich sofort ableiten. Es gilt für $t \in \mathbb{Z}$ und $i = 1, 2, \ldots$

$$E(X_t) = E(V_t U_t) = E(V_t)E(U_t) = 0, \tag{6.20}$$
$$Var(X_t) = E(X_t^2) = E(V_t^2)E(U_t^2) = E(V_t^2), \tag{6.21}$$
$$Cov(X_t, X_{t+i}) = E(V_t U_t V_{t+1} U_{t+i}) = E(V_t U_t V_{t+i})E(U_{t+i}) = 0, \tag{6.22}$$

	$\hat{\alpha}_0$	$\hat{\alpha}_1$	$\hat{\beta}_1$	$\hat{\gamma}$	p-Wert
DAX-Index	0.021	0.034	0.913	0.088	0.000
Adidas	0.148	0.045	0.887	0.086	0.001
Allianz	0.033	0.034	0.930	0.067	0.000
Altana	0.050	0.031	0.961	−0.001	0.561
BASF	0.086	0.043	0.882	0.105	0.000
HypoVereinsbank	0.046	0.081	0.904	0.025	0.043
BMW	0.016	0.049	0.931	0.041	0.001
Bayer	0.037	0.007	0.954	0.064	0.000
Commerzbank	0.039	0.096	0.886	0.033	0.022
Continental	0.068	0.024	0.924	0.080	0.000
DaimlerChrysler	0.060	0.037	0.918	0.071	0.000
Deutsche Bank	0.021	0.057	0.925	0.036	0.002
Deutsche Börse	0.337	0.046	0.797	0.104	0.002
Deutsche Post	0.146	0.077	0.852	0.077	0.009
Deutsche Telekom	0.028	0.047	0.939	0.023	0.035
Eon	0.027	0.040	0.927	0.053	0.000
Fresenius	0.010	0.014	0.965	0.042	0.000
Henkel	0.030	0.040	0.937	0.031	0.009
Infineon	0.022	0.043	0.932	0.051	0.002
Linde	0.020	0.037	0.934	0.054	0.000
Lufthansa	0.075	0.038	0.924	0.052	0.000
MAN	0.035	0.042	0.928	0.051	0.000
Metro	0.050	0.030	0.938	0.050	0.000
Münchener Rück	0.074	0.054	0.907	0.061	0.000
RWE	0.040	0.055	0.906	0.060	0.000
SAP	0.202	0.065	0.866	0.127	0.000
Schering	0.054	0.030	0.931	0.048	0.000
Siemens	0.017	0.034	0.940	0.051	0.000
Thyssen	0.036	0.056	0.919	0.043	0.001
TUI	0.020	0.047	0.937	0.030	0.003
Volkswagen	0.052	0.071	0.906	0.031	0.017

Tabelle 6.5. Schätzergebnisse des $TGARCH(1,1)$-Modells

$$
\begin{aligned}
Cov(X_t^2, X_{t+i}^2) &= E\left(X_t^2 X_{t+i}^2\right) - E\left(X_t^2\right) E\left(X_{t+i}^2\right) \\
&= E\left(V_t^2 U_t^2 V_{t+i}^2 U_{t+i}^2\right) - E\left(V_t^2 U_t^2\right) E\left(V_{t+i}^2 U_{t+i}^2\right) \\
&= E\left(V_t^2 V_{t+i}^2\right) E\left(U_t^2\right) E\left(U_{t+i}^2\right) - E(V_t^2)E(U_t^2)E(V_{t+i}^2)E(U_{t+i}^2) \\
&= E\left(V_t^2 V_{t+i}^2\right) - E(V_t^2)E(V_{t+i}^2) \\
&= Cov(V_t^2, V_{t+i}^2).
\end{aligned}
\tag{6.23}
$$

Für die auf V_t bedingte Varianz gilt

$$
Var(X_t|V_t) = Var(V_t U_t|V_t) = V_t^2 Var\left(U_t\right) = V_t^2,
$$

d.h. die Variable V_t steuert die Volatilität der Zeitreihe X_t. Hier muss allerdings beachtet werden, dass die Konditionierung auf V_t nur theoretisch möglich ist, denn V_t ist ja eine latente Variable. Wie kann man die Volatilitätsvariable V_t modellieren? $(V_t)_{t \in \mathbb{Z}}$ über die Zeit hinweg als unabhängig anzunehmen, ist nicht angebracht, denn dann wäre entgegen unserer Absicht bei der Modellbildung auch $(X_t)_{t \in \mathbb{Z}}$ unabhängig. Eine einfache Alternative ist die Annahme

$$(\ln V_t - \alpha) = \lambda(\ln V_{t-1} - \alpha) + \eta_t \qquad (6.24)$$

sowie

$$\ln V_t \sim N(\alpha, \beta^2). \qquad (6.25)$$

Mit anderen Worten: Der stochastische Prozess $(\ln V_t - \alpha)_{t \in \mathbb{Z}}$ bildet einen $AR(1)$-Prozess mit $|\lambda| < 1$. Hierbei sei $(\eta_t)_{t \in \mathbb{Z}}$ ein White-Noise-Prozess vom Typ I mit $Var(\eta_t) = \sigma_\eta^2 = \beta^2(1-\lambda^2)$; dann ist $(\ln V_t - \alpha)_{t \in \mathbb{Z}}$ schwach stationär mit $Var(\ln V_t) = \beta^2$.

Da $\ln V_t$ normalverteilt ist, ist V_t log-normalverteilt, und man kann alle Momente von V_t durch α und β ausdrücken (Aitchison und Brown 1976, Kap. 2.3). Es gilt

$$E(V_t^r) = \exp\left(r\alpha + \tfrac{1}{2}r^2\beta^2\right). \qquad (6.26)$$

Insbesondere gilt in den Spezialfällen $r = 1$ und $r = 2$

$$E(V_t) = \exp\left(\alpha + \frac{1}{2}\beta^2\right), \qquad (6.27)$$

$$E(V_t^2) = \exp\left(2\alpha + 2\beta^2\right). \qquad (6.28)$$

Wegen (6.21) ist (6.28) die unbedingte Varianz von X_t. Für die Schiefe von X_t gilt wegen $E(U_t^3) = 0$

$$
\begin{aligned}
\gamma_1 &= \frac{E\left(X_t^3\right)}{\left(\sqrt{Var\left(X_t\right)}\right)^3} \\
&= \frac{E(U_t^3) \cdot E(V_t^3)}{\left(\sqrt{Var\left(X_t\right)}\right)^3} \\
&= 0
\end{aligned}
$$

und für die Kurtosis wegen $E(U_t^4) = 3$, (6.21) und (6.26)

$$
\begin{aligned}
\gamma_2 &= \frac{E\left(X_t^4\right)}{\left(Var\left(X_t\right)\right)^2} \\
&= \frac{E(U_t^4) \cdot E(V_t^4)}{\left(E\left(V_t^2\right)\right)^2} \\
&= \frac{3 \cdot \exp\left(4\alpha + 8\beta^2\right)}{\left(\exp\left(2\alpha + 2\beta^2\right)\right)^2} \\
&= 3\exp(4\beta^2).
\end{aligned}
$$

Wegen $\beta^2 > 0$ ist $\gamma_2 > 3$; die unbedingte Verteilung von X_t ist also leptokurtisch.

Auch die Kovarianz $Cov\left(X_t^2, X_{t+i}^2\right)$ lässt sich durch die Parameter α und β ausdrücken. Für $i = 1, 2, \ldots$ gilt wegen (6.23) und der Stationarität von $(V_t)_{t\in\mathbb{Z}}$

$$Cov\left(X_t^2, X_{t+i}^2\right) = Cov\left(V_t^2, V_{t+i}^2\right)$$
$$= E\left(V_t^2 V_{t+i}^2\right) - \left(E\left(V_t^2\right)\right)^2.$$

Weiter ist

$$E\left(V_t^2 V_{t+i}^2\right) = E\left(\exp\left(\ln V_t^2\right) \cdot \exp\left(\ln V_{t+i}^2\right)\right)$$
$$= E\left(\exp\left(2\left(\ln V_t + \ln V_{t+i}\right)\right)\right).$$

Aus der gemeinsamen Normalverteilung der $\ln V_t$ folgt

$$\left(\ln V_t + \ln V_{t+i}\right) \sim N\left(2\alpha, 2\beta^2 + 2\lambda^i\beta^2\right)$$
$$\text{bzw.}\quad 2\left(\ln V_t + \ln V_{t+i}\right) \sim N\left(4\alpha, 8\beta^2 + 8\lambda^i\beta^2\right).$$

Deshalb ist (in Analogie zu (6.26))

$$E\left(\exp\left(2\left(\ln V_t + \ln V_{t+i}\right)\right)\right) = \exp\left(4\alpha + 4\beta^2 + 4\lambda^i\beta^2\right).$$

Fügt man die Ausdrücke alle wieder zusammen, so ergibt sich als Kovarianz der quadrierten Renditen

$$Cov\left(X_t^2, X_{t+i}^2\right) = \exp\left(4\alpha + 4\beta^2 + 4\lambda^i\beta^2\right) - \exp\left(4\alpha + 4\beta^2\right). \quad (6.29)$$

Für die Varianz der quadrierten Renditen gilt

$$Var\left(X_t^2\right) = Var\left(U_t^2 V_t^2\right)$$
$$= E\left(U_t^4 V_t^4\right) - \left(E\left(U_t^2\right) E\left(V_t^2\right)\right)^2$$
$$= 3\exp\left(4\alpha + 8\beta^2\right) - \exp\left(4\alpha + 4\beta^2\right)$$
$$= \left(3\exp\left(4\beta^2\right) - 1\right)\left(\exp\left(4\alpha + 4\beta^2\right)\right). \quad (6.30)$$

Für den Korrelationskoeffizienten von X_t^2 und X_{t-i}^2 folgt aus (6.29) und (6.30) für $i = 1, 2, \ldots$

$$\rho_{X_t^2, X_{t-i}^2} = \frac{\exp\left(4\lambda^i\beta^2\right) - 1}{3\exp\left(4\beta^2\right) - 1}. \quad (6.31)$$

Hieran erkennt man zunächst, dass X_t^2 und X_{t-1}^2 wegen $\beta^2 > 0$ positiv korreliert sind, wenn $\lambda > 0$ ist. Die Korrelation geht mit wachsenden i gegen null. Insgesamt kann man feststellen, dass das dargestellte Modell mit stochastischer Volatilität die stilisierten Fakten der Renditen abbilden kann.

Vergleichen wir noch *GARCH*-Modelle mit dem Modell stochastischer Volatilität: Bei den *GARCH*-Modellen hängt die Volatilität σ_t^2 nur von verzögerten Werten von X_t ab und es gibt nur eine Quelle für zufällige Störungen, nämlich $(\varepsilon_t)_{t\in\mathbb{Z}}$. Beim Modell mit stochastischer Volatilität ist die Volatilität V_t exogen gegeben. Außerdem gibt es zwei unabhängige Quellen für zufällige Störungen, nämlich $(\eta_t)_{t\in\mathbb{Z}}$ und $(U_t)_{t\in\mathbb{Z}}$.

Beispiel 6.14. Abbildung 6.6 zeigt simulierte Pfade der Länge $T = 250$ zweier Prozesse mit stochastischer Volatilität. Im oberen Teil der Abbildung ist der Pfad eines Prozesses mit den Parametern $\alpha = 0.6$, $\beta = 0.5$ und $\lambda = 0.2$ gezeigt. Der untere Teil zeigt einen Prozess mit den gleichen Parametern α und β sowie einem Parameter $\lambda = 0.9$. Berechnet man für diese beiden simulierten Pfade die empirische Autokorrelation erster Ordnung der X_t bzw. der X_t^2, so erhält man die Werte $\hat\rho(X_t, X_{t+1}) = 0.0531$ und $\hat\rho(X_t^2, X_{t+1}^2) = -0.0055$ für den ersten Prozess (mit $\lambda = 0.2$) und $\hat\rho(X_t, X_{t+1}) = -0.0140$ und $\hat\rho(X_t^2, X_{t+1}^2) = 0.1568$ für den zweiten Prozess (mit $\lambda = 0.9$).

Eine Schätzung der Modellparameter α, β und λ ist nicht einfach, da der Prozess $(V_t)_{t\in\mathbb{Z}}$ nur latent ist. Es ist zwar möglich, auch in dieser Situation eine Maximum-Likelihood-Schätzung durchzuführen, aber wir werden uns im Folgenden auf die Momentenmethode beschränken, da sie mit elementareren Methoden durchführbar ist.

Die Momentenschätzer für α und β leitet man so her: Durch Logarithmieren von (6.27) und (6.28) erhält man ein Gleichungssystem, das sich nach α und β^2 auflösen lässt. Es ergibt sich

$$\alpha = \ln\left(\frac{(E\,(V_t))^2}{\sqrt{E\,(V_t^2)}}\right), \tag{6.32}$$

$$\beta^2 = \ln\left(\frac{E\,(V_t^2)}{(E\,(V_t))^2}\right). \tag{6.33}$$

Man muss nun die beiden Momente $E(V_t)$ und $E(V_t^2)$ der latenten Variablen aus den beobachtbaren $X_1, \ldots, X_T$ schätzen. Wegen $E\left(X_t^2\right) = E(V_t^2)$ schätzt man $E(V_t^2)$ durch

$$\widehat{E\,(V_t^2)} = \frac{1}{T}\sum_{t=1}^{T} X_t^2.$$

Weiter ist

$$E\,(|X_t|) = E\,(V_t|U_t|)$$
$$= E\,(V_t)\,E\,(|U_t|).$$

Nun ist aber $E\,(|U_t|) = \sqrt{2/\pi} = 0.798$. Also schätzt man $E(V_t)$ durch

$$\widehat{E\,(V_t)} = \frac{\frac{1}{T}\sum_{t=1}^{T}|X_t|}{0.798}.$$

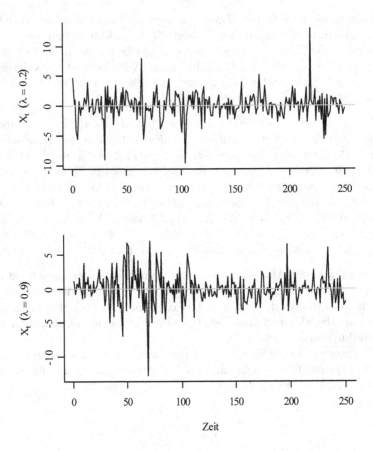

Abbildung 6.6. Simulierte Pfade des Modells stochastischer Volatilität

Setzt man nun $\widehat{E\left(V_t^2\right)}$ und $\widehat{E\left(V_t\right)}$ in (6.32) und (6.33) für $E(V_t^2)$ und $E(V_t)$ ein, so erhält man die Momentenschätzer $\hat{\alpha}$ und $\hat{\beta}$. Zur Schätzung von λ kann man (6.31) mit $i = 1$ verwenden. Schätzt man $\rho_{X_t^2, X_{t+1}^2}$ gemäß (4.7) durch

$$\hat{\rho}_{X_t^2, X_{t+1}^2} = \frac{\sum_{t=1}^{T-1} \left(X_t^2 - \overline{X^2} \right) \left(X_{t+1}^2 - \overline{X^2} \right)}{\sum_{t=1}^{T} \left(X_t^2 - \overline{X^2} \right)^2}$$

mit $\overline{X^2} = T^{-1} \sum_{t=1}^{T} X_t^2$, und schätzt man ferner β^2 durch $\hat{\beta}^2$ aus (6.33), dann kann man (6.31) nach $\hat{\lambda}$ auflösen,

$$\hat{\lambda} = \frac{\ln \left(3\hat{\rho}_{X_t^2, X_{t+1}^2} \exp \left(4\hat{\beta}^2 \right) - \hat{\rho}_{X_t^2, X_{t+1}^2} + 1 \right)}{4\hat{\beta}^2}.$$

Natürlich lässt sich (6.31) auch für $i > 1$ auflösen, man erhält dann andere Momentenschätzer. Es ist sogar möglich, mehrere Momentenbedingungen gemeinsam zu betrachten; wir gehen darauf jedoch nicht näher ein.

Beispiel 6.15. Schätzt man für die mittelwertbereinigten Tagesrenditen der 30 DAX-Aktien und des DAX-Indexes die Parameter α, β, μ und λ nach der oben beschriebenen Momentenmethoden, so erhält man die in Tabelle 6.6 wiedergegebenen Schätzwerte.

	$\hat{\alpha}$	$\hat{\beta}$	$\hat{\lambda}$
DAX-Index	0.2797	0.4448	0.8728
Adidas	0.6291	0.4436	1.1049
Allianz	0.6153	0.5166	0.8133
Altana	0.5636	0.5605	0.6523
BASF	0.4668	0.4096	0.8510
HypoVereinsbank	0.6891	0.5400	0.8846
BMW	0.6085	0.4639	0.8134
Bayer	0.4570	0.5729	0.3842
Commerzbank	0.4851	0.5653	0.8897
Continental	0.5785	0.4174	0.6073
DaimlerChrysler	0.6948	0.3497	0.9320
Deutsche Bank	0.5608	0.4919	0.9089
Deutsche Börse	0.3990	0.4556	0.7186
Deutsche Post	0.5692	0.4021	0.6416
Deutsche Telekom	0.8673	0.4378	0.8084
Eon	0.4086	0.4639	0.7204
Fresenius	0.6491	0.4930	0.4685
Henkel	0.4146	0.4758	0.7586
Infineon	1.2669	0.3267	1.0235
Linde	0.4380	0.4664	0.6193
Lufthansa	0.6510	0.4568	0.5562
MAN	0.6517	0.4202	0.7015
Metro	0.6936	0.4070	0.7121
Münchener Rück	0.7110	0.4976	0.9327
RWE	0.4240	0.4672	1.0943
SAP	1.0009	0.4801	0.6006
Schering	0.4284	0.4464	0.7638
Siemens	0.6230	0.4957	0.5803
Thyssen	0.5751	0.4528	0.5628
TUI	0.5595	0.5252	0.9113
Volkswagen	0.5968	0.4625	0.7895

Tabelle 6.6. Schätzung von Prozessen mit stochastischer Volatilität nach der Momentenmethode

6.6 Literaturhinweise

Grundlegende Arbeiten zu den *ARCH*- und *GARCH*-Prozessen und ihren
Erweiterungen sind Engle (1982), Bollerslev (1986), Nelson (1991), Zakoian
(1994) und Glosten et al. (1993). Multivariate Erweiterungen des *GARCH*-
Modells findet man in Gourieroux und Jasiak (2001, Kap. 6.4) und Brooks
(2002, Kap. 8.27). Die verschiedenen Modelle mit bedingter Heteroskedastizität werden mehr oder weniger ausführlich in allen Lehrbüchern zur Zeitreihenanalyse sowie zur Statistik von Finanzmarktdaten behandelt, siehe z. B. Stier
(2001), Franses und Dijk (2000), Rinne und Specht (2002), Hamilton (1994),
Schlittgen und Streitberg (2001), Mills (1999) sowie Franke et al. (2004). Das
in Abschnitt 6.5 behandelte Modell mit stochastischer Volatilität geht auf Taylor (1986) zurück. Neuere Arbeiten sind z.B. Sandmann und Koopman (1998),
Andersen, Chung und Soerensen (1999), sowie Chib, Nardari und Shephard
(2002). Siehe auch Tsay (2002).

Das CAPM-Modell

Das Capital Asset Pricing Modell (CAPM) wurde von Sharpe, Lintner und Mossin Mitte der 60er Jahre entwickelt. Es ist ein Gleichgewichtsmodell, das unter (sehr restriktiven) Annahmen die Preisbildung risikobehafteter Finanztitel erklärt und wichtige Folgerungen über die Beziehung von erwarteter Rendite und Risiko von Wertpapieren zulässt. Obwohl das CAPM häufig kritisiert wurde, ist es ein wichtiger Baustein in der modernen Kapitalmarkttheorie und Ausgangs- und Referenzpunkt weiterer Modelle.

Im nächsten Abschnitt leiten wir das CAPM formal her – zunächst ohne risikolose Anlagemöglichkeit (Abschitt 7.1.1) und anschließend mit risikoloser Anlagemöglichkeit (Abschnitt 7.1.2). In Abschnitt 7.2 wird gezeigt, wie die im CAPM auftretenden sogenannten „Betas" geschätzt werden können und wie die Gültigkeit des CAPM empirisch überprüft werden kann. In Abschnitt 7.3 werden einige Maße betrachtet, mit denen man die Performance von Portfolios beurteilen kann.

7.1 Portfolio-Theorie

In diesem Abschnitt befassen wir uns mit der Mean-Variance-Portfolio-Theorie und leiten das Capital Asset Pricing Model (CAPM) formal her. Zunächst behandeln wir den Fall, dass nur n riskante Finanztitel vorhanden sind. Im zweiten Fall gehen wir davon aus, dass es neben den n riskanten Finanztiteln auch noch die Möglichkeit einer risikolosen Anlage gibt.

7.1.1 Ohne risikolose Anlage

Wir nehmen zunächst an, dass es n riskante Finanztitel gibt, deren Renditen mit $\mathbf{R} = (R_1, \ldots, R_n)'$ bezeichnet werden. Da nicht der Zeitreihenaspekt, sondern die Portfoliobildung im Mittelpunkt unseres Interesses steht, wird im Folgenden die Renditedefinition (1.1) verwendet. Der Vektor $\mathbf{R}$ ist ein Zufallsvektor mit

$$E\left(\mathbf{R}\right) = \boldsymbol{\mu} = \begin{pmatrix} E\left(R_1\right) \\ \vdots \\ E\left(R_n\right) \end{pmatrix}$$

und

$$Cov\left(\mathbf{R}\right) = \boldsymbol{\Sigma} = \begin{pmatrix} Var\left(R_1\right) & \dots & Cov\left(R_1, R_n\right) \\ \vdots & \ddots & \vdots \\ Cov\left(R_n, R_1\right) & \dots & Var\left(R_n\right) \end{pmatrix}.$$

Wir gehen davon aus, dass $\boldsymbol{\Sigma}$ positiv definit ist. Das bedeutet insbesondere, dass es keine risikolose Anlagemöglichkeit gibt. Unter einem Portfolio verstehen wir eine Mischung der n riskanten Finanztitel, wobei der Anteil a_i des Vermögens auf Finanztitel i entfällt. Es muss gelten $\sum_i a_i = 1$. Die Anteile werden in einem Spaltenvektor $\mathbf{a} = (a_1, \dots, a_n)'$ zusammengefasst. Leerverkäufe sind erlaubt, so dass die Anteile nicht positiv sein müssen. Das Portfolio kann durch

$$\mathbb{P} = \begin{pmatrix} R_1 & \dots & R_n \\ a_1 & \dots & a_n \end{pmatrix}$$

beschrieben werden. Die Portfolio-Rendite

$$R_{\mathbb{P}} = \mathbf{a}'\mathbf{R} \tag{7.1}$$

ist eine Zufallsvariable mit Erwartungswert (vgl. Abschnitt 3.2.4)

$$\begin{aligned} \mu_{\mathbb{P}} &= E\left(R_{\mathbb{P}}\right) \\ &= \sum_{i=1}^n a_i E\left(R_i\right) \\ &= \mathbf{a}'\boldsymbol{\mu} \end{aligned} \tag{7.2}$$

und Varianz

$$\begin{aligned} \sigma_{\mathbb{P}}^2 &= Var\left(R_{\mathbb{P}}\right) \\ &= Var\left(\sum_{i=1}^n a_i R_i\right) \\ &= \mathbf{a}'\boldsymbol{\Sigma}\mathbf{a}. \end{aligned} \tag{7.3}$$

Beispiel 7.1. Für den Fall $\mathbf{a} = \left(\frac{1}{n}, \dots, \frac{1}{n}\right)'$ *erhält man*

$$E\left(R_{\mathbb{P}}\right) = \frac{1}{n}\sum_{i=1}^n \mu_i,$$

$$Var\left(R_{\mathbb{P}}\right) = \frac{1}{n^2}\sum_{i=1}^n \sigma_i^2 + \frac{1}{n^2}\sum_{i \neq j} \sigma_{ij}.$$

Für den ersten Term der Varianz gilt

$$\frac{1}{n^2}\sum_{i=1}^{n}\sigma_i^2 \le \frac{\max\left(\sigma_1^2,\dots,\sigma_n^2\right)}{n} \to 0$$

für $n \to \infty$, sofern das Maximum beschränkt bleibt. Für den zweiten Term der Varianz gilt unter der zusätzlichen vereinfachenden Annahme $\sigma_{ij} = \bar\sigma > 0$ für alle $i \ne j$, dass

$$\frac{1}{n^2}\sum_{i\ne j}\sigma_{ij} = \frac{n^2-n}{n^2}\bar\sigma \to \bar\sigma$$

für $n \to \infty$. Insgesamt gilt also für die Varianz $Var\left(R_{\mathbb{P}}\right) \to \bar\sigma$. Die Größe $\bar\sigma$ heißt auch nicht-diversifizierbares Risiko des Portfolios.

Beispiel 7.2. Wir betrachten zwei verschiedene Portfolios $\mathbb{P}$ und $\mathbb{Q}$, die durch

$$\mathbb{P} = \begin{pmatrix} R_1 & \cdots & R_n \\ a_1 & \dots\dots & a_n \end{pmatrix},$$

$$\mathbb{Q} = \begin{pmatrix} R_1 & \cdots & R_n \\ b_1 & \dots\dots & b_n \end{pmatrix},$$

beschrieben werden. Seien $R_{\mathbb{P}}$ und $R_{\mathbb{Q}}$ die beiden Portfoliorenditen. Dann gilt

$$Cov\left(R_{\mathbb{P}}, R_{\mathbb{Q}}\right) = \mathbf{a}'\mathbf{\Sigma}\mathbf{b}$$

und

$$Corr\left(R_{\mathbb{P}}, R_{\mathbb{Q}}\right) = \frac{\mathbf{a}'\mathbf{\Sigma}\mathbf{b}}{\sqrt{\mathbf{a}'\mathbf{\Sigma}\mathbf{a}}\sqrt{\mathbf{b}'\mathbf{\Sigma}\mathbf{b}}}.$$

Grundlegend in der Mean-Variance-Portfolio-Theorie ist die Bestimmung der Gewichte $\mathbf{a} = (a_1,\dots,a_n)'$ für ein varianzminimales Portfolio bei gegebener erwarteter Rendite (7.2) und positiv definitem $\mathbf{\Sigma}$. Natürlich muss $\mu_{\mathbb{P}}$ so gewählt werden, dass (7.2) überhaupt erfüllbar ist. Mathematisch stellt sich das Problem so dar:

$$\min_{\mathbf{a}\in\mathbb{R}^n} \mathbf{a}'\mathbf{\Sigma}\mathbf{a}$$

unter den Nebenbedingungen

$$\mathbf{a}'\boldsymbol{\mu} = \mu_{\mathbb{P}},$$
$$\mathbf{a}'\mathbf{1} = 1,$$

wobei $\mathbf{1} = (1,\dots,1)'$ ein Vektor aus Einsen ist. Es handelt sich um ein quadratisches Minimierungsproblem mit Nebenbedingungen in Form von Gleichungen. Die zugehörige Lagrange-Funktion lautet

$$L\left(\mathbf{a},\lambda_1,\lambda_2\right) = \mathbf{a}'\mathbf{\Sigma}\mathbf{a} + \lambda_1\left(\mu_{\mathbb{P}} - \mathbf{a}'\boldsymbol{\mu}\right) + \lambda_2\left(1-\mathbf{a}'\mathbf{1}\right).$$

Die partiellen Ableitungen nach den Komponenten von $\mathbf{a}$ schreiben wir als Spaltenvektor. Es ergibt sich

$$\frac{\partial L}{\partial \mathbf{a}} = 2\Sigma\mathbf{a} - \lambda_1\boldsymbol{\mu} - \lambda_2\mathbf{1} = \mathbf{0}.$$

Multiplikation von links mit Σ^{-1} ergibt

$$2\mathbf{a} - \lambda_1\Sigma^{-1}\boldsymbol{\mu} - \lambda_2\Sigma^{-1}\mathbf{1} = 0 \qquad (7.4)$$

und man erhält

$$\mathbf{a} = \frac{1}{2}\left(\lambda_1\Sigma^{-1}\boldsymbol{\mu} + \lambda_2\Sigma^{-1}\mathbf{1}\right).$$

Zur Bestimmung der Lagrange-Multiplikatoren multiplizieren wir (7.4) einmal von links mit $\mathbf{1}'$ und einmal von links mit $\boldsymbol{\mu}'$ durch. Wegen $\mathbf{1}'\mathbf{a} = 1$ und $\boldsymbol{\mu}'\mathbf{a} = \mu_{\mathbb{P}}$ ergibt sich

$$2 = \lambda_1\mathbf{1}'\Sigma^{-1}\boldsymbol{\mu} + \lambda_2\mathbf{1}'\Sigma^{-1}\mathbf{1}, \qquad (7.5)$$

$$2\mu_{\mathbb{P}} = \lambda_1\boldsymbol{\mu}'\Sigma^{-1}\boldsymbol{\mu} + \lambda_2\boldsymbol{\mu}'\Sigma^{-1}\mathbf{1}. \qquad (7.6)$$

Wir definieren zur Vereinfachung

$$A = \mathbf{1}'\Sigma^{-1}\boldsymbol{\mu} \quad (= \boldsymbol{\mu}'\Sigma^{-1}\mathbf{1}), \qquad (7.7)$$

$$B = \boldsymbol{\mu}'\Sigma^{-1}\boldsymbol{\mu}, \qquad (7.8)$$

$$C = \mathbf{1}'\Sigma^{-1}\mathbf{1}. \qquad (7.9)$$

Da Σ und damit auch Σ^{-1} positiv definit sind, gilt $B, C > 0$. Auflösen des Gleichungssystems (7.5) und (7.6) führt auf

$$\lambda_1 = \frac{2A - 2C\mu_{\mathbb{P}}}{A^2 - CB},$$

$$\lambda_2 = \frac{2A\mu_{\mathbb{P}} - 2B}{A^2 - CB}.$$

Für den varianzminimierenden Vektor der Anteile $\mathbf{a}$ ergibt sich

$$\mathbf{a} = \frac{A - C\mu_{\mathbb{P}}}{A^2 - CB}\Sigma^{-1}\boldsymbol{\mu} + \frac{A\mu_{\mathbb{P}} - B}{A^2 - CB}\Sigma^{-1}\mathbf{1} \qquad (7.10)$$

$$= \frac{1}{A^2 - CB}\left[\left(A\Sigma^{-1}\boldsymbol{\mu} - B\Sigma^{-1}\mathbf{1}\right) + \mu_{\mathbb{P}}\left(A\Sigma^{-1}\mathbf{1} - C\Sigma^{-1}\boldsymbol{\mu}\right)\right]$$

$$= \mathbf{g} + \mathbf{h}\mu_{\mathbb{P}}$$

mit

$$\mathbf{g} = \frac{1}{A^2 - CB}\left[A\Sigma^{-1}\boldsymbol{\mu} - B\Sigma^{-1}\mathbf{1}\right],$$

$$\mathbf{h} = \frac{1}{A^2 - CB}\left[A\Sigma^{-1}\mathbf{1} - C\Sigma^{-1}\boldsymbol{\mu}\right].$$

Sind $R_{\mathbb{P}}$ und $R_{\mathbb{Q}}$ die Renditen zweier varianzminimaler Portfolios (mit den Gewichten $\mathbf{a}$ und $\mathbf{b}$) zu den Erwartungswerten $\mu_{\mathbb{P}}$ und $\mu_{\mathbb{Q}}$, so gilt

$$Cov\,(R_{\mathbb{P}}, R_{\mathbb{Q}}) = \mathbf{a}'\Sigma\mathbf{b}$$
$$= (\mathbf{g} + \mathbf{h}\mu_{\mathbb{P}})'\,\Sigma\,(\mathbf{g} + \mathbf{h}\mu_{\mathbb{Q}})$$
$$= \mathbf{g}'\Sigma\mathbf{g} + \mu_{\mathbb{Q}}\mathbf{g}'\Sigma\mathbf{h} + \mu_{\mathbb{P}}\mathbf{h}'\Sigma\mathbf{g} + \mu_{\mathbb{P}}\mu_{\mathbb{Q}}\mathbf{h}'\Sigma\mathbf{h}.$$

Man kann leicht nachrechnen, dass

$$\mathbf{g}'\Sigma\mathbf{g} = \frac{-B}{A^2 - CB}, \tag{7.11}$$

$$\mathbf{g}'\Sigma\mathbf{h} = \mathbf{h}'\Sigma\mathbf{g} = \frac{A}{A^2 - CB},$$

$$\mathbf{h}'\Sigma\mathbf{h} = \frac{-C}{A^2 - CB}. \tag{7.12}$$

Da Σ positiv definit ist und $B > 0$ bzw. $C > 0$, folgt aus (7.11) und (7.12), dass

$$CB - A^2 > 0. \tag{7.13}$$

Für die Kovarianz von $R_{\mathbb{P}}$ und $R_{\mathbb{Q}}$ gilt

$$Cov\,(R_{\mathbb{P}}, R_{\mathbb{Q}}) = \frac{1}{A^2 - CB}\left[-B + (\mu_{\mathbb{P}} + \mu_{\mathbb{Q}})\,A - \mu_{\mathbb{P}}\mu_{\mathbb{Q}}C\right]$$
$$= \frac{C}{CB - A^2}\left[\left(\mu_{\mathbb{P}} - \frac{A}{C}\right)\left(\mu_{\mathbb{Q}} - \frac{A}{C}\right) + \frac{B}{C} - \frac{A^2}{C^2}\right]$$
$$= \frac{C}{CB - A^2}\left[\left(\mu_{\mathbb{P}} - \frac{A}{C}\right)\left(\mu_{\mathbb{Q}} - \frac{A}{C}\right)\right] + \frac{1}{C}. \tag{7.14}$$

Für die Varianz bzw. Standardabweichung der Rendite $R_{\mathbb{P}}$ (also die Kovarianz mit sich selbst) folgt damit

$$\sigma_{\mathbb{P}}^2 = \frac{C}{CB - A^2}\left[\left(\mu_{\mathbb{P}} - \frac{A}{C}\right)^2\right] + \frac{1}{C}, \tag{7.15}$$

$$\sigma_{\mathbb{P}} = \sqrt{\frac{C}{CB - A^2}\left[\left(\mu_{\mathbb{P}} - \frac{A}{C}\right)^2\right] + \frac{1}{C}}. \tag{7.16}$$

Der Zusammenhang zwischen Erwartungswert $\mu_{\mathbb{P}}$ und Standardabweichung $\sigma_{\mathbb{P}}$ kann grafisch veranschaulicht werden, wenn die Werte A, B und C bekannt sind.

An Gleichung (7.15) bzw. (7.16) erkennt man leicht, dass bei einem Erwartungswert von

$$\mu_{\mathbb{P}} = \mu_{\min} = A/C$$

die kleinstmögliche Varianz $\sigma_{\mathbb{P}}^2$ erreicht wird, nämlich

$$\sigma_{\mathbb{P}}^2 = \sigma_{\min}^2 = 1/C.$$

Die Gewichte für dieses global varianzminimale Portfolio sind

$$\mathbf{a}_{\min} = \frac{1}{A^2 - BC} \left(A\mathbf{\Sigma}^{-1}\boldsymbol{\mu} - B\mathbf{\Sigma}^{-1}\mathbf{1} + \frac{A}{C} \left(A\mathbf{\Sigma}^{-1}\mathbf{1} - C\mathbf{\Sigma}^{-1}\boldsymbol{\mu} \right) \right)$$

$$= \frac{1}{C}\mathbf{\Sigma}^{-1}\mathbf{1}.$$

Das global varianzminimale Portfolio soll im Folgenden mit $\mathbb{P}_{\min}$ bezeichnet werden. Die Kovarianz der Rendite des varianzminimalen Portfolios $R_{\mathbb{P}_{\min}}$ mit der Rendite eines beliebigen Portfolios $R_\mathbb{Q}$ ist

$$Cov\left(R_{\mathbb{P}_{\min}}, R_\mathbb{Q}\right) = \frac{1}{C} > 0.$$

Zu jedem anderen gegebenen Portfolio $\mathbb{P} \neq \mathbb{P}_{\min}$ existiert ein Portfolio $\mathbb{Z}$, so dass

$$Cov\left(R_\mathbb{P}, R_\mathbb{Z}\right) = 0.$$

Setzt man die Kovarianz (7.14) auf null und löst nach $\mu_\mathbb{Q} = \mu_\mathbb{Z}$ auf, so ergibt sich

$$\left(\mu_\mathbb{P} - \frac{A}{C}\right)\left(\mu_\mathbb{Z} - \frac{A}{C}\right) = -\frac{CB - A^2}{C}\frac{1}{C}$$

$$\mu_\mathbb{Z} - \frac{A}{C} = -\frac{CB - A^2}{C^2\left(\mu_\mathbb{P} - \frac{A}{C}\right)} \tag{7.17}$$

$$\mu_\mathbb{Z} = \frac{A}{C} - \frac{CB - A^2}{C\left(C\mu_\mathbb{P} - A\right)}$$

$$= \frac{A\left(C\mu_\mathbb{P} - A\right) - \left(CB - A^2\right)}{C\left(C\mu_\mathbb{P} - A\right)}$$

$$= \frac{AC\mu_\mathbb{P} - CB}{C\left(C\mu_\mathbb{P} - A\right)}$$

$$= \frac{A\mu_\mathbb{P} - B}{C\mu_\mathbb{P} - A}. \tag{7.18}$$

Das Portfolio $\mathbb{Z}$ heißt das zu $\mathbb{P}$ gehörige Zero-Beta-Portfolio. Das Zero-Beta-Portfolio $\mathbb{Z}$ liegt immer auf dem entgegengesetzten Segment des Parabelstücks der effizienten Portfolios, denn falls $\mu_\mathbb{P} > \mu_{\min} = A/C$ ist, so folgt $\mu_\mathbb{Z} < \mu_{\min} = A/C$. Diesen Zusammenhang erkennt man leicht an (7.17), wenn man (7.13) berücksichtigt.

Beispiel 7.3. Wir betrachten die Monatsrenditen (in %) von Februar 1995 bis Dezember 2004 der sechs Aktien Allianz, BASF, Bayer, BMW, Siemens und Volkswagen. Um den Zusammenhang zwischen dem Erwartungswert $\mu_\mathbb{P}$ der Portfoliorendite und ihrer Standardabweichung $\sigma_\mathbb{P}$ zu bestimmen, benötigen wir den Erwartungswertvektor $\boldsymbol{\mu}$ und die Kovarianzmatrix $\mathbf{\Sigma}$. Da sie nicht bekannt sind, ersetzen wir sie durch den Vektor der empirischen Mittelwerte

$$\hat{\boldsymbol{\mu}} = \begin{pmatrix} 0.54 \\ 1.29 \\ 0.70 \\ 1.24 \\ 1.58 \\ 0.93 \end{pmatrix} \tag{7.19}$$

und die empirische Kovarianzmatrix

$$\hat{\boldsymbol{\Sigma}} = \begin{pmatrix} 126.63 & 47.93 & 71.03 & 50.49 & 76.00 & 55.70 \\ 47.93 & 61.11 & 54.95 & 43.51 & 44.27 & 42.46 \\ 71.03 & 54.95 & 89.60 & 50.26 & 52.10 & 46.04 \\ 50.49 & 43.51 & 50.26 & 85.03 & 46.55 & 59.80 \\ 76.00 & 44.27 & 52.10 & 46.55 & 143.98 & 50.69 \\ 55.70 & 42.46 & 46.04 & 59.80 & 50.69 & 103.94 \end{pmatrix}. \tag{7.20}$$

Aus diesen Werten errechnet man die drei Hilfsgrößen (7.7) bis (7.9),

$$A = 0.02286849,$$
$$B = 0.04446531,$$
$$\dot{C} = 0.01856176.$$

Einsetzen in (7.16) liefert den funktionalen Zusammenhang zwischen Erwartungswert und Standardabweichung der effizienten Portfolios; die Kurve ist in Abbildung 7.1 dargestellt. Die Berechnungen basieren zwar auf den Monatsrenditen, in der Grafik sind Erwartungswert und Standardabweichung jedoch annualisiert, da diese besser interpretiert werden können (vgl. Abschnitte 2.2.1 und 2.2.2). Der fallende Ast der Kurve ist nicht effizient, da es Portfoliokombinationen auf dem steigenden Ast gibt, die dasselbe Risiko aber eine höhere erwartete Rendite aufweisen. Der effiziente Bereich beginnt im Kurvenscheitelpunkt. Die Gewichte für das global varianzminimale Portfolio sind

$$a_{\min} = \begin{pmatrix} 0.0257 \\ 0.5740 \\ 0.0187 \\ 0.1917 \\ 0.0749 \\ 0.1150 \end{pmatrix} \begin{matrix} (ALV) \\ (BAS) \\ (BAY) \\ (BMW) \\ (SIE) \\ (VOW). \end{matrix}$$

Die (annualisierte) erwartete Rendite dieses Portfolios beträgt $\mu_{\min} = 14.78$, und die (annualisierte) Standardabweichung ist $s_{\min} = 25.43$. Die naive Diversifikation, die jede Aktie gleich gewichtet, führt hingegen auf eine niedrigere erwartete Rendite von 12.57 bei einer höheren Standardabweichung von 27.04.

Bei diesem Beispiel darf nicht vergessen werden, dass der Vektor μ und die Kovarianzmatrix Σ durch ihre Schätzwerte ersetzt wurden. Effiziente Portfolios sähen möglicherweise anders aus, wenn die wahren Werte bekannt wären.

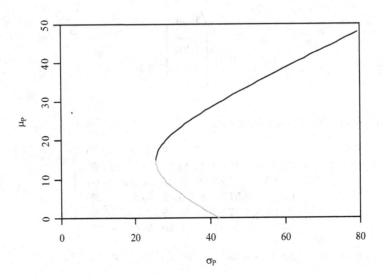

Abbildung 7.1. Erwartete annualisierte Portfoliorendite und annualisierte Portfolio-Standardabweichung

Um die CAPM-Gleichungen herzuleiten, multiplizieren wir (7.10) von links mit Σ durch und erhalten den Spaltenvektor der n Kovarianzen der Einzelrenditen mit der Portfoliorendite

$$\Sigma\mathbf{a} = \frac{C\mu_{\mathbb{P}} - A}{CB - A^2}\boldsymbol{\mu} - \frac{A\mu_{\mathbb{P}} - B}{CB - A^2}\mathbf{1}$$

$$= \frac{C\mu_{\mathbb{P}} - A}{CB - A^2}\left[\boldsymbol{\mu} - \frac{\frac{A\mu_{\mathbb{P}} - B}{CB - A^2}}{\frac{C\mu_{\mathbb{P}} - A}{CB - A^2}}\mathbf{1}\right] \tag{7.21}$$

$$= \frac{C\mu_{\mathbb{P}} - A}{CB - A^2}\left[\boldsymbol{\mu} - \mu_{\mathbb{Z}}\mathbf{1}\right] \tag{7.22}$$

$$= \frac{\sigma_{\mathbb{P}}^2}{\mu_{\mathbb{P}} - \mu_{\mathbb{Z}}}\left[\boldsymbol{\mu} - \mu_{\mathbb{Z}}\mathbf{1}\right]. \tag{7.23}$$

Der Schritt von (7.21) nach (7.22) ergibt sich aus (7.18). Zu erläutern bleibt noch die Umformung von (7.22) nach (7.23). Sie ist recht leicht nachzuvollziehen, wenn man von $\sigma_{\mathbb{P}}^2/(\mu_{\mathbb{P}} - \mu_{\mathbb{Z}})$ ausgeht und $\sigma_{\mathbb{P}}^2$ gemäß (7.15) sowie $\mu_{\mathbb{Z}}$ gemäß (7.18) ersetzt. Man erhält

$$\frac{\sigma_{\mathbb{P}}^2}{\mu_{\mathbb{P}} - \mu_{\mathbb{Z}}} = \frac{\frac{C}{CB - A^2}\left[\left(\mu_{\mathbb{P}} - \frac{A}{C}\right)^2\right] + \frac{1}{C}}{\mu_{\mathbb{P}} - \frac{A\mu_{\mathbb{P}} - B}{C\mu_{\mathbb{P}} - A}}.$$

Nun multipliziert man das Quadrat im Zähler aus und macht die Summe im Zähler und die Differenz im Nenner jeweils gleichnamig. Der Ausdruck wird recht unübersichtlich, lässt sich aber direkt zu $(C\mu_{\mathbb{P}} - A)/(CB - A^2)$ vereinfachen. Damit ist die Gleichheit von (7.22) und (7.23) gezeigt.

Aus (7.23) folgen die bekannten CAPM-Gleichungen (in Form eines Gleichungssystems)

$$\boldsymbol{\mu} - \mu_{\mathbb{Z}}\mathbf{1} = \frac{\Sigma\mathbf{a}}{\sigma_{\mathbb{P}}^2}(\mu_{\mathbb{P}} - \mu_{\mathbb{Z}}).$$

Die i-te Gleichung dieses Systems lautet für $i = 1,\ldots,n$

$$\mu_i - \mu_{\mathbb{Z}} = \underbrace{\frac{Cov(R_i, R_{\mathbb{P}})}{\sigma_{\mathbb{P}}^2}}_{=\beta_i}(\mu_{\mathbb{P}} - \mu_{\mathbb{Z}}). \tag{7.24}$$

Die Risikoprämie $\mu_i - \mu_{\mathbb{Z}}$ des i-ten riskanten Finanztitels ist also gleich β_i multipliziert mit der Risikoprämie des Portfolios $\mathbb{P}$. Die Gleichungen (7.24) werden in der Literatur als Black-Version des CAPM bezeichnet.

7.1.2 Mit risikoloser Anlage

Wir gehen nun davon aus, dass es zusätzlich zu den n riskanten Finanztiteln noch eine risikolose Anlage mit konstanter Rendite $R_0 = R_f$ gibt. Ein Portfolio das sowohl die riskanten als auch die sichere Anlage enthält wird beschrieben durch

$$\mathbb{P} = \begin{pmatrix} R_0 & R_1 & \ldots & R_n \\ a_0 & a_1 & \ldots & a_n \end{pmatrix},$$

wobei $\sum_{i=0}^n a_i = 1$ gilt. Neben $\mathbb{P}$ betrachten wir noch das Portfolio

$$\tilde{\mathbb{P}} = \begin{pmatrix} R_1 & \ldots & R_n \\ \tilde{a}_1 & \ldots & \tilde{a}_n \end{pmatrix},$$

das sich aus $\mathbb{P}$ ergibt, wenn die sichere Anlage unberücksichtigt bleibt. Die umskalierten Gewichte erfüllen ebenfalls die Summenbedingung $\sum_{i=1}^n \tilde{a}_i = 1$.

Legt man einen Anteil von ω des Vermögens in der sicheren Anlage an und einen Anteil von $(1-\omega)$ in dem Portfolio $\tilde{\mathbb{P}}$, so erhält man als Rendite der Mischung $\mathbb{P}$

$$R_{\mathbb{P}} = \omega R_f + (1-\omega)R_{\tilde{\mathbb{P}}}.$$

Erwartungswert und Varianz von $R_{\mathbb{P}}$ sind

$$\mu_{\mathbb{P}} = E(R_{\mathbb{P}})$$
$$= \omega R_f + (1-\omega)\mu_{\tilde{\mathbb{P}}}, \tag{7.25}$$
$$\sigma_{\mathbb{P}}^2 = Var(R_{\mathbb{P}})$$
$$= (1-\omega)^2\sigma_{\tilde{\mathbb{P}}}^2, \tag{7.26}$$

wobei sich $\mu_{\tilde{\mathbb{P}}}$ und $\sigma_{\tilde{\mathbb{P}}}^2$ gemäß (7.2) und (7.3) ergeben (hier bezogen auf das Portfolio $\tilde{\mathbb{P}}$). Löst man (7.26) nach $(1-\omega)$ auf und setzt in (7.25) ein, so ergibt sich

$$\mu_{\mathbb{P}} = R_f + \frac{\mu_{\tilde{\mathbb{P}}} - R_f}{\sigma_{\tilde{\mathbb{P}}}} \sigma_{\mathbb{P}}. \tag{7.27}$$

Offensichtlich liegen die erwartete Rendite und das Risiko (gemessen durch die Standardabweichung) der Mischung $\mathbb{P}$ auf einer Geraden. Bei gegebenem Risiko $\sigma_{\mathbb{P}}$ ist die erwartete Rendite $\mu_{\mathbb{P}}$ um so größer, je größer $(\mu_{\tilde{\mathbb{P}}} - R_f)/\sigma_{\tilde{\mathbb{P}}}$ ist. Umgekehrt ist bei gegebenem $\mu_{\mathbb{P}}$ das Risiko $\sigma_{\mathbb{P}}$ um so kleiner, je größer $(\mu_{\tilde{\mathbb{P}}} - R_f)/\sigma_{\tilde{\mathbb{P}}}$ ist.

Wir untersuchen im Folgenden, wie man bei Existenz einer risikolosen Anlage effiziente Portfolios findet. Ist $\boldsymbol{\Sigma}$ die $(n \times n)$-Kovarianzmatrix von $\mathbf{R} = (R_1, \ldots, R_n)'$ (mit vollem Rang), so ist die Kovarianzmatrix der Portfoliorenditen jetzt die $(n + 1) \times (n + 1)$-Matrix

$$\begin{bmatrix} 0 & \mathbf{0}' \\ \mathbf{0} & \boldsymbol{\Sigma} \end{bmatrix},$$

wobei $\mathbf{0}$ ein Spaltenvektor aus n Nullen ist. Die Kovarianzen aller riskanten Finanztitel mit der risikolosen Anlage sind null, da R_f konstant ist.

Anstelle der Summenrestriktion $\sum_{i=1}^{n} a_i = 1$ muss nun gelten $\sum_{i=0}^{n} a_i = 1$. Mit $\omega = a_0 = (1 - \sum_{i=1}^{n} a_i)$ wird der Anteil des Vermögens bezeichnet, der in die risikolose Anlage investiert wird. Wie bisher werden die Anteile $a_1, \ldots, a_n$ in dem Spaltenvektor $\mathbf{a}$ zusammengefasst (dessen Elemente in der Summe nun nicht mehr eins ergeben müssen).

Erwartungswert und Varianz der Portfoliorendite

$$R_{\mathbb{P}} = a_0 R_f + \sum_{i=1}^{n} a_i R_i$$

sind nun (vgl. auch (7.25) und (7.26))

$$\mu_{\mathbb{P}} = a_0 R_f + \mathbf{a}' \boldsymbol{\mu},$$
$$\sigma_{\mathbb{P}}^2 = Var(R_{\mathbb{P}})$$
$$= Var\left(a_0 R_f + \sum_{i=1}^{n} a_i R_i\right)$$
$$= \mathbf{a}' \boldsymbol{\Sigma} \mathbf{a}.$$

Das Minimierungsproblem lautet jetzt

$$\min_{\mathbf{a} \in \mathbb{R}^n} \mathbf{a}' \boldsymbol{\Sigma} \mathbf{a}$$

unter der Nebenbedingung

$$(1 - \mathbf{a}'\mathbf{1}) R_f + \mathbf{a}' \boldsymbol{\mu} = \mu_{\mathbb{P}}.$$

Die Lagrangefunktion lautet

$$L(\mathbf{a}, \lambda) = \mathbf{a}'\mathbf{\Sigma}\mathbf{a} + \lambda\left(\mu_{\mathbb{P}} - (1 - \mathbf{a}'\mathbf{1})R_f - \mathbf{a}'\boldsymbol{\mu}\right).$$

Partielles Differenzieren bezüglich $\mathbf{a}$ und λ liefert

$$\frac{\partial L}{\partial \mathbf{a}} = 2\mathbf{\Sigma}\mathbf{a} + \lambda\left(\mathbf{1}R_f - \boldsymbol{\mu}\right), \tag{7.28}$$

$$\frac{\partial L}{\partial \lambda} = \mu_{\mathbb{P}} - (1 - \mathbf{a}'\mathbf{1})R_f - \mathbf{a}'\boldsymbol{\mu}. \tag{7.29}$$

Nullsetzen von (7.28) und Auflösen nach $\mathbf{a}$ ergibt

$$\mathbf{a} = \frac{\lambda}{2}\mathbf{\Sigma}^{-1}\left(\boldsymbol{\mu} - \mathbf{1}R_f\right). \tag{7.30}$$

Nullsetzen von (7.29) führt auf

$$\mu_{\mathbb{P}} - R_f = \left(\boldsymbol{\mu} - \mathbf{1}R_f\right)'\mathbf{a}. \tag{7.31}$$

Setzt man (7.30) in (7.31) ein, so ergibt sich für den Lagrangemultiplikator der Ausdruck

$$\frac{\lambda}{2} = \frac{\mu_{\mathbb{P}} - R_f}{\left(\boldsymbol{\mu} - \mathbf{1}R_f\right)'\mathbf{\Sigma}^{-1}\left(\boldsymbol{\mu} - \mathbf{1}R_f\right)}.$$

Ersetzt man nun $\lambda/2$ in (7.30) durch diesen Ausdruck, erhält man schließlich den gesuchten Vektor von Gewichten

$$\mathbf{a} = \frac{\mu_{\mathbb{P}} - R_f}{\left(\boldsymbol{\mu} - \mathbf{1}R_f\right)'\mathbf{\Sigma}^{-1}\left(\boldsymbol{\mu} - \mathbf{1}R_f\right)}\mathbf{\Sigma}^{-1}\left(\boldsymbol{\mu} - \mathbf{1}R_f\right). \tag{7.32}$$

Ein Anteil von $\mathbf{a}'\mathbf{1}$ des Vermögens wird also riskant angelegt, während der Rest $a_0 = 1 - \mathbf{a}'\mathbf{1}$ risikolos angelegt wird. Ein varianzminimales Portfolio aus n riskanten und einer risikolosen Anlage ist also eine konvexe Kombination aus

1. einem Portfolio $\tilde{\mathbb{P}}$ aus den riskanten Anlagen mit den (umskalierten) Gewichten

$$\tilde{\mathbf{a}} = \frac{\mathbf{a}}{\mathbf{1}'\mathbf{a}}$$

$$= \frac{1}{\mathbf{1}'\mathbf{\Sigma}^{-1}\left(\boldsymbol{\mu} - \mathbf{1}R_f\right)}\mathbf{\Sigma}^{-1}\left(\boldsymbol{\mu} - \mathbf{1}R_f\right). \tag{7.33}$$

Die Summe der Gewichte $\tilde{\mathbf{a}}$ ist 1.
2. der risikolosen Anlage.

Das Portfolio $\tilde{\mathbb{P}}$ aus den n riskanten Finanztiteln mit Gewichten $\tilde{\mathbf{a}}$ wie in (7.33) heißt Tangentialportfolio. Die Gleichung (7.27) mit dem Tangentialportfolio nennt man Kapitalmarktlinie.

Beispiel 7.4. Wir betrachten wieder die Monatsrenditen der sechs Aktien Allianz, BASF, Bayer, BMW, Siemens und Volkswagen. Als Erwartungswertvektor und Kovarianzmatrix verwenden wir die Schätzwerte (7.19) und (7.20). Als risikolosen Zinssatz setzen wir 0.2917 % (pro Monat), das entspricht einem annualisierten Wert von 3.5 %. (Obwohl mit diskreten Renditen gearbeitet wird, tun wir hier zur Vereinfachung so, als ob die Zinsen stetig sind.) Das Tangentialportfolio hat die Gewichte

$$\tilde{a} = (-0.3962, 1.2926, -0.6725, 0.4706, 0.4760, -0.1705)'.$$

Mit diesem Gewichtsvektor ergibt sich eine erwartete annualisierte Rendite von $\mu_{\tilde{p}} = 25.98$ und eine Standardabweichung von $\sigma_{\tilde{p}} = 35.89$. Die Kapitalmarktlinie ist in Abbildung 7.2 eingezeichnet. Das Tangentialportfolio ist durch einen kleinen Kreis gekennzeichnet.

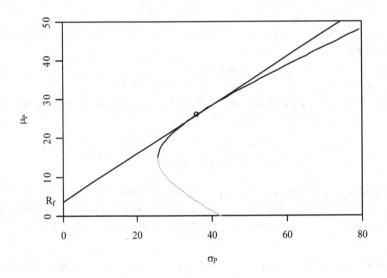

Abbildung 7.2. Tangentialportfolio und Kapitalmarktlinie

Die Kapitalmarktlinie tangiert die Effizienzkurve beim Tangentialportfolio. Jeder rational handelnde, risikoaverse Anleger wird unabhängig von seiner speziellen Nutzenfunktion die sichere Anlage mit dem Tangentialportfolio mischen. Die Nutzenfunktion bestimmt zwar, wie groß der Anteil des Vermögens ist, der in die riskanten Finanztitel investiert wird, die Zusammensetzung der riskanten Finanztitel ist aber bei allen Anlegern gleich. Die Anleger verhalten sich so, als ob sie alle einen Investmentfond (mutual fund) kaufen würden, der gerade das Tangentialportfolio enthält. Das Tangentialportfolio heißt daher auch Marktportfolio.

Die Gleichung (7.33) wird nun von links mit $\tilde{\mathbf{a}}'\mathbf{\Sigma}$ durchmultipliziert; es folgt

$$\sigma_{\tilde{\mathbb{P}}}^2 = \tilde{\mathbf{a}}'\mathbf{\Sigma}\tilde{\mathbf{a}}$$

$$= \frac{1}{\mathbf{1}'\mathbf{\Sigma}^{-1}\left(\boldsymbol{\mu} - \mathbf{1}R_f\right)}\tilde{\mathbf{a}}'\left(\boldsymbol{\mu} - \mathbf{1}R_f\right)$$

$$= \frac{1}{\mathbf{1}'\mathbf{\Sigma}^{-1}\left(\boldsymbol{\mu} - \mathbf{1}R_f\right)}\left(\mu_{\tilde{\mathbb{P}}} - R_f\right)$$

bzw.

$$\frac{1}{\mathbf{1}'\mathbf{\Sigma}^{-1}\left(\boldsymbol{\mu} - \mathbf{1}R_f\right)} = \frac{\sigma_{\tilde{\mathbb{P}}}^2}{\mu_{\tilde{\mathbb{P}}} - R_f}.$$

Ersetzt man den Bruch in (7.33), multipliziert von links mit $\mathbf{\Sigma}$ durch und formt leicht um, so erhält man die bekannten CAPM-Gleichungen

$$\left(\boldsymbol{\mu} - \mathbf{1}R_f\right) = \left(\mu_{\tilde{\mathbb{P}}} - R_f\right)\frac{1}{\sigma_{\tilde{\mathbb{P}}}^2}\mathbf{\Sigma}\tilde{\mathbf{a}}.$$

Die i-te Gleichung dieses Gleichungssystems lautet

$$\mu_i - R_f = \underbrace{\frac{Cov\left(R_i, R_{\tilde{\mathbb{P}}}\right)}{\sigma_{\tilde{\mathbb{P}}}^2}}_{=\beta_i}\left(\mu_{\tilde{\mathbb{P}}} - R_f\right). \tag{7.34}$$

Die Risikoprämie $\mu_i - R_f$ des i-ten riskanten Finanztitels ist also gleich β_i multipliziert mit der Risikoprämie des Portfolios $\tilde{\mathbb{P}}$. Man beachte, dass β_i nicht nur von den Charakteristika des i-ten Finanztitels abhängt, sondern auch von den Charakteristika des Portfolios $\tilde{\mathbb{P}}$. Die Gleichungen (7.34) werden in der Literatur als Sharpe-Lintner-Version des CAPM bezeichnet.

Eine unmittelbare Folgerung hieraus ist

$$\mu_i = R_f + \frac{\mu_{\tilde{\mathbb{P}}} - R_f}{\sigma_{\tilde{\mathbb{P}}}^2}Cov\left(R_i, R_{\tilde{\mathbb{P}}}\right), \tag{7.35}$$

bzw.

$$\mu_i - R_f = \beta_i \cdot \left(\mu_{\tilde{\mathbb{P}}} - R_f\right) \tag{7.36}$$

für die Finanztitel $i = 1, ..., n$. Die Gleichungen (7.35) bzw. (7.36) heißen Wertpapiermarktlinie. Im Gegensatz zur Kapitalmarktlinie (7.27) bezieht sich die Wertpapiermarktlinie auf einen individuellen Finanztitel. Sie gibt die Beziehung zwischen dessen erwarteter Rendite und seinem Risiko an, das hier durch β_i (bzw. $Cov(R_i, R_{\tilde{\mathbb{P}}})$) gemessen wird. Die Differenz $\mu_i - R_f$ zwischen der erwarteten Rendite und dem risikolosen Zinssatz nennt man auch erwartete Überrendite der Aktie i. Gemäß (7.36) ist die Überrendite der Aktie i gerade proportional zur Überrendite des Tangential- bzw. Marktportfolios. Die Größe β_i wird auch als Maß für das systematische Risiko der Aktie i bezeichnet. Für das Eingehen eines höheren systematischen Risikos wird man als Anleger durch eine höhere erwartete Überrendite belohnt.

Aus (7.34) ergibt sich sehr einfach die CAPM-Gleichung für ein beliebiges Portfolio aus m risikobehafteten Finanztiteln

$$\mathbb{Q} = \begin{pmatrix} R_1 \ldots R_m \\ b_1 \ldots b_m \end{pmatrix}.$$

Durch Multiplikation der einzelnen CAPM-Gleichungen mit b_i und Summation erhält man

$$\underbrace{\sum_{i=1}^{m} b_i \mu_i - R_f}_{=\mu_{\mathbb{Q}}} = \underbrace{\sum_{i=1}^{m} b_i \beta_i}_{=\beta_{\mathbb{Q}}} \cdot \left(\mu_{\tilde{\mathbb{P}}} - R_f \right),$$

offenbar ist das Beta des Portfolios Q gegeben durch

$$\beta_{\mathbb{Q}} = \sum_{i=1}^{m} b_i \beta_i.$$

Das sysmatische Risiko eines Portfolios ergibt sich also als die (mit den Vermögensanteilen) gewichtete Summe aller systematischen Risiken.

7.2 Statistische Inferenz für das CAPM

In diesem Abschnitt soll gezeigt werden, wie die in den CAPM-Gleichungen auftretenden β's empirisch bestimmt werden können und wie die Gültigkeit des CAPM empirisch überprüft werden kann. Hierzu gibt es eine Vielzahl statistischer und ökonometrischer Verfahren, die beispielsweise in Campbell et al. (1997) dargestellt werden. Wir beschränken uns auf einfache Verfahren, die anhand von Daten des deutschen Aktienmarktes illustriert werden.

7.2.1 Schätzung

Die CAPM-Gleichungen in der Sharpe-Lintner-Version lauten (vgl. (7.34))

$$\mu_i - R_f = \beta_i \left(\mu_{\mathrm{M}} - R_f \right) \tag{7.37}$$

mit

$$\beta_i = \frac{Cov\left(R_{\mathrm{M}}, R_i \right)}{Var\left(R_{\mathrm{M}} \right)}$$

für $i = 1, \ldots, n$, wobei R_{M} die Rendite des Marktportfolios ist. Es handelt sich um ein Ein-Perioden-Modell, das in erwarteten Größen formuliert ist, die nicht direkt beobachtbar sind. Um die Betas empirisch zu bestimmen, muss man zunächst zu einem Modell übergehen, das beobachtbare Größen enthält. Wir definieren

$$Z_{it} = R_{it} - R_{ft}$$

für $i = 1, \ldots, n$ und $t = 1, \ldots, T$ als Überschussrendite des i-ten riskanten Finanztitels in der t-ten Periode (meist wird mit Monatsrenditen gearbeitet) sowie

$$Z_{Mt} = R_{Mt} - R_{ft}$$

für $t = 1, \ldots, T$ als Überschussrendite des Marktportfolios. Als empirische Version von (7.37) betrachten wir

$$R_{it} - R_{ft} = \beta_i \left(R_{Mt} - R_{ft} \right) + \varepsilon_{it} \qquad (7.38)$$

bzw.

$$Z_{it} = \beta_i Z_{Mt} + \varepsilon_{it} \qquad (7.39)$$

für $i = 1, \ldots, n$ und $t = 1, \ldots, T$. Wir werden diese n Gleichungen im Folgenden separat betrachten. Es handelt sich um n homogene Regressionsmodelle (d.h. ohne Achsenabschnitt). Im Folgenden lassen wir den Index i fort, da die Formeln für alle $i = 1, \ldots, n$ identisch sind. Damit die Modelle geschätzt werden können, brauchen wir folgende Annahmen:

- Die Beziehungen (7.39) sind über die Zeit hinweg stabil. Insbesondere sollen die Betas konstant sein.
- Die Störterme haben einen bedingten Erwartungswert von null,

$$E\left(\varepsilon_t | Z_M\right) = 0$$

  für $t = 1, \ldots, T$. Hierbei ist $Z_M = (Z_{M1}, \ldots, Z_{MT})$ der Vektor der erklärenden Variablen.
- Homoskedastizität der Störterme,

$$Var\left(\varepsilon_t | Z_M\right) = \sigma^2 > 0$$

  für $t = 1, \ldots, T$.
- Zeitliche Unkorreliertheit der Störterme,

$$E\left(\varepsilon_t \varepsilon_s | Z_M\right) = 0$$

  für $t \neq s$.
- Schließlich benötigen wir für die Herleitung von Tests über die Betas noch die Annahme, dass die (bedingten) Störterme normalverteilt sind

$$\varepsilon_t | Z_M \sim N\left(0, \sigma^2\right)$$

  für $t = 1, \ldots, T$.

Die Schätzung von β kann nun nach der Methode der kleinsten Quadrate erfolgen. Der Schätzer ergibt sich also aus

$$\sum_{t=1}^{T} \left(Z_t - \hat{\beta} Z_{\mathrm{M}t} \right)^2 = \min_{\beta \in \mathbb{R}} \sum_{t=1}^{T} \left(Z_t - \beta Z_{\mathrm{M}t} \right)^2.$$

Ableiten und Nullsetzen ergibt

$$\hat{\beta} = \frac{\sum_{t=1}^{T} Z_t Z_{\mathrm{M}t}}{\sum_{t=1}^{T} Z_{\mathrm{M}t}^2}. \tag{7.40}$$

Der Schätzer (7.40) hat die üblichen Eigenschaften eines KQ-Schätzers. Er ist erwartungstreu,

$$E\left(\hat{\beta} | Z_{\mathrm{M}} \right) = \beta,$$

die Varianz ist

$$Var\left(\hat{\beta} | Z_{\mathrm{M}} \right) = \sigma^2 \left(\sum_{t=1}^{T} Z_{\mathrm{M}t}^2 \right)^{-1}. \tag{7.41}$$

Auch die Varianz σ^2 der Störterme lässt sich erwartungstreu schätzen, nämlich mittels

$$\hat{\sigma}^2 = \frac{1}{T-1} \sum_{t=1}^{T} \left(Z_t - \hat{\beta} Z_{\mathrm{M}t} \right)^2.$$

Außerdem ist $\hat{\beta}$ normalverteilt, so dass

$$\frac{\hat{\beta} - \beta}{\sqrt{\sigma^2 \left(\sum_{t=1}^{T} Z_{\mathrm{M}t}^2 \right)^{-1}}} | Z_{\mathrm{M}} \sim N(0,1). \tag{7.42}$$

Ersetzt man in (7.42) den unbekannten Wert σ^2 durch den Schätzer $\hat{\sigma}^2$, so ändert sich die Verteilung von (7.42): aus der Standardnormalverteilung wird eine t-Verteilung mit $T-1$ Freiheitsgraden. Hiermit kann man nun Nullhypothesen über den Wert von β testen, z.B.

$$H_0 : \beta = 1$$
$$H_1 : \beta \neq 1.$$

Man benutzt die Teststatistik

$$\tau = \frac{\hat{\beta} - 1}{\widehat{se}\left(\hat{\beta} \right)} \tag{7.43}$$

mit $\widehat{se}\left(\hat{\beta} \right) = \sqrt{\widehat{Var}\left(\hat{\beta} | Z_{\mathrm{M}} \right)}$ und lehnt H_0 ab, falls $|\tau|$ größer ist als das $(1 - \alpha/2)$-Quantil der t-Verteilung mit $T-1$ Freiheitsgraden.

Auch ein R^2 lässt sich im homogenen Regressionsmodell herleiten. Mit

$$\hat{Z}_t = \hat{\beta} Z_{Mt}$$

und

$$\hat{\varepsilon} = Z_t - \hat{Z}_t$$

gilt der Streuungszerlegungssatz

$$\sum_{t=1}^{T} Z_t^2 = \sum_{t=1}^{T} \hat{Z}_t^2 + \sum_{t=1}^{T} \hat{\varepsilon}_t^2$$

und damit lässt sich

$$R_{\text{hom}}^2 = \frac{\sum_{t=1}^{T} \hat{Z}_t^2}{\sum_{t=1}^{T} Z_t^2} = 1 - \frac{\sum_{t=1}^{T} \hat{\varepsilon}_t^2}{\sum_{t=1}^{T} Z_t^2}$$

definieren. Es gilt $R_{\text{hom}}^2 = r_{\text{hom}}^2$ mit

$$r_{\text{hom}} = \frac{\sum_{t=1}^{T} Z_t Z_{Mt}}{\sqrt{\sum_{t=1}^{T} Z_t^2} \sqrt{\sum_{t=1}^{T} Z_{Mt}^2}}.$$

Bei der praktischen Umsetzung der Schätzung gibt es vier wichtige Probleme:

Erstens, welche Periodizität der Renditen wählt man (Tages-, Wochen-, Monats-, Quartalsrenditen)? Kurze Perioden (z.B. Tagesrenditen) haben den Vorteil, dass die Anzahl der Beobachtungen sehr groß ist. Ein Nachteil der kurzen Perioden ist die stochastische Abhängigkeit der Renditen über die Zeit hinweg, beispielsweise durch $GARCH$-Effekte. Diese beiden Effekte müssen gegeneinander abgewogen werden. Die gängige Praxis zur CAPM-Schätzung benutzt Monatsrenditen.

Zweitens, wie viele Beobachtungen sollten verwendet werden? Auch hier gilt es Vor- und Nachteile gegeneinander abzuwägen. Ein langer Zeitraum bietet einerseits mehr Beobachtungen, andererseits könnten im Laufe der Zeit strukturelle Veränderungen (z.B. Änderungen von Beta) eingetreten sein, die die alten Daten wertlos machen. In der Theorie setzen wir zwar voraus, dass es keine strukturellen Veränderungen gibt, aber in der Praxis sollte das Problem nicht ignoriert werden. Der gängige Mittelweg sieht die Nutzung von Monatsdaten über einen Zeitraum von fünf Jahren vor (also 60 Beobachtungen).

Drittens, es gibt eine Vielzahl von Zinssätzen. Die Höhe des risikolosen Zinssatzes hängt auch ab vom Zeithorizont. Wir verwenden für die Schätzungen den 3-Monatsgeldindex ECWGM3M der Datenbank Datastream. Abbildung 7.3 zeigt die Entwicklung dieser Zeitreihe vom Januar 2000 bis zum Dezember 2004 (Monatsanfangswerte).

Viertens, das Marktportfolio ist nicht beobachtbar. Folglich muss operabler Ersatz für die Rendite des Marktportfolios gefunden werden. Üblich ist die

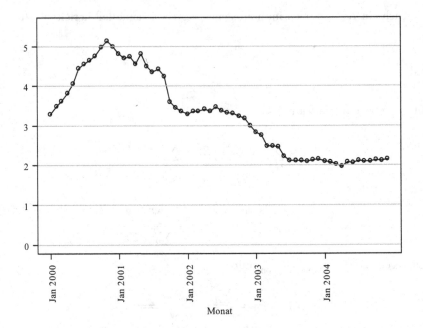

Abbildung 7.3. Risikoloser Zinssatz (in % p.a.)

Verwendung eines gewöhnlichen Aktienindexes als Substitut für das Markt-portfolio. Wir werden im Folgenden die DAX-Renditen als Marktportfolioren-diten interpretieren.

Beispiel 7.5. Wir betrachten die 60 Monatsrenditen der 30 DAX-Aktien vom Januar 2000 bis zum Dezember 2004 (nicht für alle Aktien liegen Daten aus dem gesamten Zeitraum vor). Der DAX-Index dient als Marktportfolio. Die Zeitreihe aus Abbildung 7.3 stellt den risikolosen Zinssatz dar (die gezeigten Werte wurden für die Schätzungen durch 12 dividiert, um die risikolosen Mo-natszinssätze zu erhalten). Tabelle 7.1 zeigt: die geschätzten Betas; die auf Grundlage von (7.41) geschätzten Standardfehler; die Werte der Teststatistik (7.43) und die zugehörigen p-Werte; und das Bestimmtheitsmaß R^2_{hom}. Für etwa ein Drittel der Aktien kann die Nullhypothese eines Beta von 1 nicht verworfen werden. Es gibt 6 Aktien mit einem Beta, das signifikant größer ist als 1, und 13 Aktien mit einem Beta signifikant kleiner als 1 (jeweils auf ei-nem Niveau von 5%). Durch die Schwankungen der Marktrendite können die Schwankungen der Aktienrenditen in einigen Fällen recht gut erklärt werden. Das R^2 liegt meistens zwischen etwa 0.3 und 0.5; die Spannweite ist jedoch groß: der kleinste Wert ist nur 0.01, der größte 0.71.

	$\hat{\beta}$	$\widehat{se}(\hat{\beta})$	τ	p-Wert	R^2_{hom}
Adidas	0.393	0.153	−3.967	0.000	0.101
Allianz	1.354	0.138	2.573	0.013	0.621
Altana	0.113	0.165	−5.373	0.000	0.008
BASF	0.650	0.091	−3.835	0.000	0.463
HypoVereinsbank	1.630	0.204	3.092	0.003	0.520
BMW	0.659	0.120	−2.829	0.006	0.337
Bayer	1.057	0.125	0.460	0.647	0.550
Commerzbank	1.468	0.150	3.113	0.003	0.618
Continental	0.661	0.126	−2.699	0.009	0.320
DaimlerChrysler	0.881	0.107	−1.111	0.271	0.534
Deutsche Bank	0.969	0.107	−0.293	0.770	0.581
Deutsche Börse	0.561	0.113	−3.871	0.000	0.358
Deutsche Post	0.829	0.124	−1.371	0.177	0.486
Deutsche Telekom	1.041	0.151	0.271	0.787	0.445
Eon	0.281	0.104	−6.930	0.000	0.110
Fresenius	0.593	0.186	−2.187	0.033	0.147
Henkel	0.245	0.093	−8.155	0.000	0.106
Infineon	1.898	0.276	3.258	0.002	0.463
Linde	0.616	0.102	−3.758	0.000	0.381
Lufthansa	1.045	0.132	0.339	0.736	0.515
MAN	1.042	0.157	0.265	0.792	0.426
Metro	0.748	0.142	−1.781	0.080	0.321
Münchener Rück	1.190	0.166	1.146	0.256	0.466
RWE	0.425	0.126	−4.551	0.000	0.161
SAP	1.903	0.237	3.802	0.000	0.521
Schering	0.221	0.129	−6.017	0.000	0.047
Siemens	1.514	0.127	4.052	0.000	0.707
Thyssen	1.099	0.131	0.758	0.451	0.545
TUI	1.196	0.152	1.293	0.201	0.513
Volkswagen	0.722	0.136	−2.050	0.045	0.324

Tabelle 7.1. Schätzung des CAPM in der Sharpe-Lintner-Version

7.2.2 Test des Achsenabschnitts

Unterstellt man die Gültigkeit des CAPM-Modells in der Sharpe-Lintner-Version, können die Betas leicht empirisch bestimmt werden. Wenn die Gültigkeit dagegen nicht vorausgesetzt wird, so sollte sie zunächst durch einen statistischen Test überprüft werden. Im Folgenden beschreiben wir einen elementaren Ansatz, die Gültigkeit zu testen. Im Gegensatz zum Regressionsmodell (7.39) definieren wir dazu ein Regressionsmodell mit einem Achsenabschnitt

$$Z_{it} = \alpha_i + \beta_i Z_{Mt} + \varepsilon_{it} \tag{7.44}$$

für $i = 1, \ldots, n$ und $t = 1, \ldots, T$. Die Annahmen über den Störterm bleiben unverändert. Die Hypothesen lauten

$$H_0 : \alpha_i = 0, \tag{7.45}$$
$$H_1 : \alpha_i \neq 0.$$

Kann H_0 mit einem statistischen Test widerlegt werden, so ist die Gültigkeit der Sharpe-Lintner-Version des CAPM zweifelhaft. Im Folgenden lassen wir den Index i wieder fort, da die Formeln für alle i gleich sind.

Zunächst schätzen wir α und β nach der Methode der kleinsten Quadrate durch

$$\sum_{t=1}^{T} \left(Z_t - \hat{\alpha} - \hat{\beta} Z_{Mt} \right)^2 = \min_{\alpha,\beta} \sum_{t=1}^{T} \left(Z_t - \alpha - \beta Z_{Mt} \right)^2.$$

Man erhält die üblichen Schätzer

$$\hat{\beta} = \frac{\sum_{t=1}^{T} \left(Z_t - \bar{Z} \right) \left(Z_{Mt} - \bar{Z}_M \right)}{\sum_{t=1}^{T} \left(Z_{Mt} - \bar{Z}_M \right)^2}, \tag{7.46}$$

$$\hat{\alpha} = \bar{Z} - \hat{\beta} \bar{Z}_M \tag{7.47}$$

mit

$$\bar{Z} = \frac{1}{T} \sum_{t=1}^{T} Z_t,$$

$$\bar{Z}_M = \frac{1}{T} \sum_{t=1}^{T} Z_{Mt}.$$

Ferner ist bekannt, dass

$$\hat{\beta} | Z_M \sim N \left(\beta, \frac{\sigma^2}{\sum_{t=1}^{T} \left(Z_{Mt} - \bar{Z}_M \right)^2} \right), \tag{7.48}$$

$$\hat{\alpha} | Z_M \sim N \left(\alpha, \frac{\sigma^2 \frac{1}{T} \sum_{\tau=1}^{T} Z_{Mt}^2}{\sum_{t=1}^{T} \left(Z_{Mt} - \bar{Z}_M \right)^2} \right). \tag{7.49}$$

Ersetzt man die unbekannte Varianz σ^2 in (7.48) und (7.49) durch

$$\hat{\sigma}^2 = \frac{1}{T-2} \sum_{t=1}^{T} \left(Z_t - \hat{\alpha} - \hat{\beta} Z_{Mt} \right)^2, \tag{7.50}$$

so ergibt sich

$$\frac{\hat{\beta} - \beta}{\sqrt{\hat{\sigma}^2 / \sum_{t=1}^{T} \left(Z_{Mt} - \bar{Z}_M \right)^2}} | Z_M \sim t_{T-2},$$

$$\frac{\hat{\alpha} - \alpha}{\sqrt{\hat{\sigma}^2 \left(\frac{1}{T} \sum_{\tau=1}^{T} Z_{Mt}^2 \right) / \sum_{t=1}^{T} \left(Z_{Mt} - \bar{Z}_M \right)^2}} | Z_M \sim t_{T-2}. \tag{7.51}$$

Aus diesen Beziehungen ergeben sich die Tests für die Nullhypothese (7.45) unmittelbar. Man lehnt die Nullhypothese $H_0 : \alpha = 0$ ab, wenn der Ausdruck (7.51) mit $\alpha = 0$ betragsmäßig größer ist als das $(1 - \alpha/2)$-Quantil[1] der t-Verteilung mit $T - 2$ Freiheitsgraden.

Beispiel 7.6. Tabelle 7.2 zeigt die geschätzten Werte von β und α für die einzelnen Aktien sowie die Standardfehler von α, den Wert der Teststatistik für (7.45) und den zugehörigen p-Wert. Offensichtlich ist die Hypothese, dass der Achsenabschnitt null beträgt, bei den meisten Aktien unproblematisch. Nur in einem Fall (Continental) wird die Nullhypothese auf einem Niveau von 5 % verworfen. Ein Vergleich der Schätzwerte für β mit Tabelle 7.1 aus Beispiel 7.5 zeigt, dass sich die Werte wenig unterscheiden.

Das oben beschriebene Testverfahren berücksichtigt jeweils nur eine einzelne Gleichung des CAPM-Gleichungssystems. Die kontemporäre Abhängigkeit zwischen den Störtermen wird vernachlässigt. Für die Power des Tests wäre es günstiger, einen Test für die Hypothese

$$H_0 : \boldsymbol{\alpha} = \mathbf{0} \qquad\qquad (7.52)$$
$$H_1 : \boldsymbol{\alpha} \neq \mathbf{0}$$

zu benutzen, wobei $\boldsymbol{\alpha} = (\alpha_1, \ldots, \alpha_n)'$ ist. Schreibt man die Regressionsmodelle (7.44) in Vektorform, ergibt sich

$$\mathbf{Z}_t = \boldsymbol{\alpha} + \boldsymbol{\beta} Z_{\mathrm{M}t} + \boldsymbol{\varepsilon}_t.$$

Die Störterme seien zwar weiterhin intertemporär unkorreliert, aber sie dürfen innerhalb einer Periode miteinander korreliert sein. Ihre Kovarianzmatrix bezeichnen wir mit

$$Cov\,(\boldsymbol{\varepsilon}_t | Z_{\mathrm{M}}) = Cov\,(\mathbf{R}_t | Z_{\mathrm{M}}) = \boldsymbol{\Sigma}.$$

Die übrigen Annahmen über die Störterme bleiben unverändert. Die Methode der kleinsten Quadrate liefert

$$\hat{\boldsymbol{\beta}} = \frac{\sum_{t=1}^{T} (\mathbf{Z}_t - \bar{\mathbf{Z}}) (Z_{\mathrm{M}t} - \bar{Z}_{\mathrm{M}})}{\sum_{t=1}^{T} (Z_{\mathrm{M}t} - \bar{Z}_{\mathrm{M}})^2},$$

$$\hat{\boldsymbol{\alpha}} = \bar{\mathbf{Z}} - \hat{\boldsymbol{\beta}} \bar{Z}_{\mathrm{M}},$$

$$\hat{\boldsymbol{\Sigma}} = \frac{1}{T - 2} \sum_{t=1}^{T} \left(\mathbf{Z}_t - \hat{\boldsymbol{\alpha}} - \hat{\boldsymbol{\beta}} Z_{\mathrm{M}t}\right) \left(\mathbf{Z}_t - \hat{\boldsymbol{\alpha}} - \hat{\boldsymbol{\beta}} Z_{\mathrm{M}t}\right)'.$$

Weiter kann man zeigen, dass die Zufallsvektoren $\hat{\boldsymbol{\beta}}$ und $\hat{\boldsymbol{\alpha}}$ multivariat normalverteilt sind,

---

[1]Wir nutzen an dieser Stelle und im Folgenden weiterhin die gängige Notation α für das Niveau des Tests, obwohl sie mit der Notation α für den Achsenabschnitt kollidiert.

	$\hat{\beta}$	$\hat{\alpha}$	$\widehat{se}(\hat{\alpha})$	τ	p-Wert
Adidas	0.404	1.220	1.179	1.035	0.305
Allianz	1.351	−0.339	1.069	−0.317	0.752
Altana	0.126	1.468	1.270	1.156	0.252
BASF	0.655	0.530	0.705	0.752	0.455
HypoVereinsbank	1.633	0.290	1.584	0.183	0.856
BMW	0.666	0.732	0.932	0.785	0.435
Bayer	1.057	0.009	0.969	0.009	0.993
Commerzbank	1.471	0.366	1.168	0.314	0.755
Continental	0.679	1.967	0.942	2.088	0.041
DaimlerChrysler	0.877	−0.480	0.831	−0.578	0.566
Deutsche Bank	0.975	0.729	0.827	0.881	0.382
Deutsche Börse	0.571	0.870	0.928	0.937	0.354
Deutsche Post	0.832	0.187	1.014	0.185	0.854
Deutsche Telekom	1.031	−1.022	1.169	−0.875	0.385
Eon	0.286	0.526	0.804	0.654	0.516
Fresenius	0.594	0.076	1.448	0.053	0.958
Henkel	0.245	0.093	0.720	0.130	0.897
Infineon	1.906	0.469	2.135	0.220	0.827
Linde	0.618	0.271	0.794	0.341	0.734
Lufthansa	1.043	−0.241	1.026	−0.235	0.815
MAN	1.050	0.940	1.219	0.771	0.444
Metro	0.749	0.108	1.102	0.098	0.922
Münchener Rück	1.189	−0.121	1.288	−0.094	0.925
RWE	0.428	0.370	0.982	0.377	0.708
SAP	1.931	3.021	1.804	1.675	0.099
Schering	0.227	0.684	1.003	0.682	0.498
Siemens	1.527	1.388	0.969	1.432	0.158
Thyssen	1.100	0.132	1.017	0.130	0.897
TUI	1.190	−0.625	1.177	−0.530	0.598
Volkswagen	0.722	0.085	1.056	0.081	0.936

Tabelle 7.2. Schätzung des CAPM mit Achsenabschnitt

$$\hat{\boldsymbol{\beta}}|Z_M \sim N\left(\boldsymbol{\beta}, \frac{1}{\sum_{t=1}^{T}\left(Z_{Mt}-\bar{Z}_M\right)^2}\boldsymbol{\Sigma}\right), \tag{7.53}$$

$$\hat{\boldsymbol{\alpha}}|Z_M \sim N\left(\boldsymbol{\alpha}, \frac{\frac{1}{T}\sum_{t=1}^{T}Z_{Mt}^2}{\sum_{t=1}^{T}\left(Z_{Mt}-\bar{Z}_M\right)^2}\boldsymbol{\Sigma}\right). \tag{7.54}$$

Betrachtet man die Komponenten von (7.53) und (7.54) einzeln, kommt man wieder auf die Formeln (7.48) und (7.49). Im Gegensatz zu (7.48) und (7.49) sind jetzt aber auch die Kovarianzen der Schätzer enthalten. Eine geeignete Testgröße für (7.52) ist die Wald-Statistik

$$\tau = \hat{\alpha}' \widehat{Cov} \, (\hat{\alpha})^{-1} \, \hat{\alpha}$$

$$= \left(\frac{\sum_{t=1}^{T} \left(Z_{Mt} - \bar{Z}_M \right)^2}{\frac{1}{T} \sum_{t=1}^{T} Z_{Mt}^2} \right) \hat{\alpha}' \hat{\Sigma}^{-1} \hat{\alpha}, \tag{7.55}$$

die unter H_0 für große T näherungsweise χ_n^2-verteilt ist. Die Nullhypothese (7.52) wird also verworfen, wenn die Teststatistik (7.55) größer ist als das $(1 - \alpha)$-Quantil der χ^2-Verteilung mit n Freiheitsgraden.

Beispiel 7.7. Die multivariate Betrachtung aller Achsenabschnitte setzt voraus, dass für alle Aktien die Renditen des gesamten Zeitraums vorliegen. Wenn das nicht der Fall ist, muss man entweder die Zeiträume mit fehlenden Werten oder die Aktien mit fehlenden Werten weglassen. Wir betrachten in diesem Beispiel wieder die Monatsrenditen der DAX-Aktien von Januar 2000 bis Dezember 2004. Da die Aktien Deutsche Börse, Deutsche Post und Infineon erst später in den DAX aufgenommen wurden, werden sie im Folgenden ignoriert. Es verbleiben 27 Aktien mit jeweils 60 Monatsrenditen.

Der Wert der Teststatistik (7.55) für die Nullhypothese $H_0 : \alpha = 0$ beträgt $\tau = 40.16$. Der p-Wert dieses Tests ist etwa 0.049. Die Nullhypothese, dass alle Achsenabschnitte null sind, wird also (auf dem üblichen Niveau von 5 %) gerade verworfen.

7.2.3 Querschnittsregression

Bei der oben beschriebenen Methode, die Gültigkeit des CAPM in der Sharpe-Lintner-Version zu testen, wurden Zeitreihen-Regressionen vorgenommen. Der nachfolgende Ansatz beruht dagegen auf Querschnittsregressionen zu jedem Zeitpunkt $t = 1, \dots, T$. Hält man nicht den Index i, sondern den Zeitindex t in

$$Z_{it} = \beta_i Z_{Mt} + \varepsilon_{it}$$

fest, so impliziert das CAPM, dass zwischen den Überrenditen der n Aktien und der Marktüberrendite eine lineare Beziehung (ohne Achsenabschnitt) besteht. Für einen gegebenen Zeitpunkt lässt sich somit eine Regression durchführen. Da es jedoch keinen Sinn machen würde, nur einen einzigen Zeitpunkt zu untersuchen, führt man für *jeden* Zeitpunkt eine eigenständige lineare Regression durch.

Sei $\mathbf{1}$ ein $(n \times 1)$-Vektor aus Einsen. Wir nehmen zunächst an, dass $\beta = (\beta_1, \dots, \beta_n)'$ bekannt ist, und betrachten die T Regressionsgleichungen

$$\mathbf{Z}_t = \gamma_{0t} \mathbf{1} + \gamma_{1t} \beta + \eta_t, \tag{7.56}$$

die man auch als

$$\mathbf{Z}_t = [\mathbf{1} \quad \beta] \begin{bmatrix} \gamma_{0t} \\ \gamma_{1t} \end{bmatrix} + \eta_t$$

schreiben kann. Über den Störtermvektor η_t machen wir die üblichen Annahmen für alle $t = 1, \dots, T$. Ferner nehmen wir an, dass $\eta_1, \dots, \eta_T$ unabhängig sind. Mit der Methode der kleinsten Quadrate schätzen wir jede dieser T Regressionen und erhalten die Schätzwerte

$$\begin{bmatrix} \hat{\gamma}_{01} \\ \hat{\gamma}_{11} \end{bmatrix}, \ldots, \begin{bmatrix} \hat{\gamma}_{0T} \\ \hat{\gamma}_{1T} \end{bmatrix}.$$

Aufgrund der obigen Annahmen handelt es sich bei diesen Schätzwerten um Realisierungen von unabhängigen und identisch normalverteilten Zufallsvariablen mit

$$\gamma_0 = E\left(\hat{\gamma}_{0t}\right),$$
$$\gamma_1 = E\left(\hat{\gamma}_{1t}\right)$$

für $t = 1, \ldots, T$. Das CAPM in der Sharpe-Lintner-Version impliziert $\gamma_0 = 0$ sowie $\gamma_1 \geq 0$ (nichtnegative Risikoprämie für das Marktportfolio). Wir betrachten das Testproblem

$$H_0 : \gamma_0 = 0$$
$$H_1 : \gamma_0 \neq 0.$$

Es kann mit dem gewöhnlichen t-Test durchgeführt werden. Sei also

$$\tau = \sqrt{T}\frac{\overline{\hat{\gamma}}_0}{s_{\hat{\gamma}_0}} \qquad (7.57)$$

mit

$$\overline{\hat{\gamma}}_0 = \frac{1}{T}\sum_{t=1}^{T}\hat{\gamma}_{0t},$$

$$s_{\hat{\gamma}_0}^2 = \frac{1}{T-1}\sum_{t=1}^{T}\left(\hat{\gamma}_{0t} - \overline{\hat{\gamma}}_0\right)^2.$$

Die Nullhypothese wird abgelehnt, wenn $|\tau|$ größer als das $(1 - \alpha/2)$-Quantil der t_{T-1}-Verteilung ist. Analog kann ein t-Test für

$$H_0 : \gamma_1 \geq 0 \qquad (7.58)$$
$$H_1 : \gamma_1 < 0$$

konstruiert werden. Das Hauptproblem bei der Anwendung dieser Methode ist, dass der Vektor β nicht bekannt ist und in einer Vorstufe erst geschätzt werden muss (z.B. durch die weiter oben beschriebenen Verfahren). Man führt also die Querschnittsregression nicht mit β selbst durch, sondern mit $\hat{\beta}$. Dadurch entsteht das sogenannte Problem der „Fehler in den Variablen". Wir wollen jedoch hier nicht weiter auf die Konsequenzen dieses Problems eingehen.

Beispiel 7.8. Für den unbekannten Vektor β werden die Schätzwerte $\hat{\beta}$ aus Beispiel 7.6 eingesetzt. Abschließend führt man $T = 60$ Querschnittsregressionen der Form (7.56) durch. Als $\overline{\hat{\gamma}}_0$ erhält man 0.3406, und als $s^2_{\hat{\gamma}_0}$ erhält man 26.311. Der Wert der Teststatistik (7.57) ist somit 0.5144 und der p-Wert dieses zweiseitigen t-Tests (mit 59 Freiheitsgraden) ist 0.6089. Die Nullhypothese $H_0 : \gamma_0 = 0$ kann also nicht abgelehnt werden. Die Sharpe-Lintner-Version des CAPM ist durchaus mit den Daten vereinbar.

Für den Test der Hypothese (7.58) ergeben sich die Werte $\overline{\hat{\gamma}}_1 = -0.4273$ und $s^2_{\hat{\gamma}_1} = 80.071$. Der Wert der Teststatistik ist demnach

$$\tau = \sqrt{T}\frac{\overline{\hat{\gamma}}_1}{s_{\hat{\gamma}_1}} = -0.370.$$

Da der Test einseitig ist, ergibt sich der p-Wert 0.3564. Die Nullhypothese einer nicht-negativen Risikoprämie kann also ebenfalls nicht verworfen werden.

7.2.4 Test auf Stabilität der Betas

Eine wesentliche Annahme für die Schätz- und Testverfahren ist die Stabilität der Betas über den gesamten Beobachtungszeitraum hinweg. Diese Annahme sollte getestet werden, wenn sie nicht unmittelbar plausibel ist. Wir betrachten zunächst den Fall, dass man den Zeitpunkt T_1 des Strukturbruchs kennt. Wenn β_i sich ändert, dann nur in diesem Zeitpunkt T_1. Der Zeitpunkt kann durch ein den Kapitalmarkt stark beeinflussendes Ereignis gegeben sein.

Es gibt nun zwei Regressionsgleichungen

$$Z_{it} = \alpha_i^{(1)} + \beta_i^{(1)} Z_{Mt} + \varepsilon_{it} \quad \text{für } t = 1, \ldots, T_1,$$
$$Z_{it} = \alpha_i^{(2)} + \beta_i^{(2)} Z_{Mt} + \varepsilon_{it} \quad \text{für } t = T_1 + 1, \ldots, T_1 + T_2 = T.$$

Es gelten wieder die üblichen Annahmen. Wie bisher lassen wir den Subskript i im Folgenden wieder fort. Zu testen ist

$$H_0 : \beta^{(1)} = \beta^{(2)}$$
$$H_1 : \beta^{(1)} \neq \beta^{(2)}$$

oder die entsprechenden einseitigen Hypothesen. Wendet man die Methode der kleinsten Quadrate auf die beiden Zeiträume separat an, so erhält man die Schätzer $\hat{\beta}^{(1)}$ und $\hat{\beta}^{(2)}$, für die analog zu (7.48) gilt

$$\hat{\beta}^{(1)} | \mathbf{Z}_M \sim N\left(\beta^{(1)}, \frac{\sigma^2}{\sum_{t=1}^{T_1} \left(Z_{Mt} - \bar{Z}_M^{(1)}\right)^2}\right),$$

$$\hat{\beta}^{(2)} | \mathbf{Z}_M \sim N\left(\beta^{(2)}, \frac{\sigma^2}{\sum_{t=T_1+1}^{T} \left(Z_{Mt} - \bar{Z}_M^{(2)}\right)^2}\right)$$

mit den Mittelwerten

$$\bar{Z}_{\mathrm{M}}^{(1)} = \frac{1}{T_1} \sum_{t=1}^{T_1} Z_{\mathrm{M}t},$$

$$\bar{Z}_{\mathrm{M}}^{(2)} = \frac{1}{T - T_1} \sum_{t=T_1+1}^{T} Z_{\mathrm{M}t}.$$

Außerdem sind $\hat{\beta}^{(1)}$ und $\hat{\beta}^{(2)}$ stochastisch unabhängig. Unter der Nullhypothese gilt also

$$\frac{\hat{\beta}^{(1)} - \hat{\beta}^{(2)}}{\sqrt{\sigma^2 \left(\frac{1}{\sum_{t=1}^{T_1} \left(Z_{\mathrm{M}t} - \bar{Z}_{\mathrm{M}}^{(1)} \right)^2} + \frac{1}{\sum_{t=T_1+1}^{T} \left(Z_{\mathrm{M}t} - \bar{Z}_{\mathrm{M}}^{(2)} \right)^2} \right)}} \sim N\left(0, 1\right).$$

Außerdem folgt

$$\frac{\sum_{t=1}^{T_1} \left(Z_t - \hat{\alpha}^{(1)} - \hat{\beta}^{(1)} Z_{\mathrm{M}t} \right)^2}{\sigma^2} + \frac{\sum_{t=T_1+1}^{T} \left(Z_t - \hat{\alpha}^{(2)} - \hat{\beta}^{(2)} Z_{\mathrm{M}t} \right)^2}{\sigma^2} \tag{7.59}$$

einer $\chi^2_{T_1-2+T_2-2}$-Verteilung. Der Ausdruck (7.59) ist stochastisch unabhängig von $\hat{\beta}^{(1)}$ und $\hat{\beta}^{(2)}$ (was man nicht unmittelbar sieht). Als Teststatistik bietet sich daher

$$\tau = \frac{\hat{\beta}^{(1)} - \hat{\beta}^{(2)}}{\sqrt{\hat{\sigma}^2 \left(\frac{1}{\sum_{t=1}^{T_1} \left(Z_{\mathrm{M}t} - \bar{Z}_{\mathrm{M}}^{(1)} \right)^2} + \frac{1}{\sum_{t=T_1+1}^{T} \left(Z_{\mathrm{M}t} - \bar{Z}_{\mathrm{M}}^{(2)} \right)^2} \right)}} \sim t_{T-4} \tag{7.60}$$

an, wobei

$$\hat{\sigma}^2 = \frac{1}{T-4} \left[\sum_{t=1}^{T_1} \left(Z_t - \hat{\alpha}^{(1)} - \hat{\beta}^{(1)} Z_{\mathrm{M}t} \right)^2 + \sum_{t=T_1+1}^{T} \left(Z_t - \hat{\alpha}^{(2)} - \hat{\beta}^{(2)} Z_{\mathrm{M}t} \right)^2 \right]$$

ist. Die Nullhypothese wird abgelehnt, wenn der Wert der Teststatistik (betragsmäßig) größer ist als das $(1 - \alpha/2)$-Quantil der t_{T-4}-Verteilung.

Man kann auch die Konstanz beider Parameter α und β simultan testen (mit dem sogenannten Chow-Test). Die Nullhypothese lautet in diesem Fall

$$H_0 : \alpha^{(1)} = \alpha^{(2)} \text{ und } \beta^{(1)} = \beta^{(2)}$$

$$H_1 : \text{nicht } H_0.$$

Im Folgenden skizzieren wir kurz das Vorgehen. Sei

$$Q^{(1)} = \hat{\varepsilon}^{(1)\prime}\hat{\varepsilon}^{(1)}$$

die Summe der Quadrate der Residuen aus der Regression für den Zeitraum $t = 1, \ldots, T_1$. Analog dazu sei $Q^{(2)}$ die Summe der Quadrate der Residuen für den zweiten Zeitraum. Ferner sei Q die Summe der Residuen, wenn man eine Regression über den gesamten Zeitraum schätzt – also unter der Restriktion, dass sich die Koeffizienten im Zeitablauf nicht ändern. Offensichtlich muss gelten $Q \geq Q^{(1)} + Q^{(2)}$, denn die Summe der quadrierten Residuen ist unter der Restriktion konstanter Koeffizienten natürlich größer, als wenn man diese Restriktion aufgibt.

Unter der Nullhypothese gilt

$$\tau = \frac{\frac{Q - \left(Q^{(1)} + Q^{(2)}\right)}{2}}{\frac{Q^{(1)} + Q^{(2)}}{T - 4}} \sim F_{2, T-4}. \tag{7.61}$$

Die Nullhypothese wird verworfen, wenn der Wert der Teststatistik größer ist als das $(1 - \alpha)$-Quantil der F-Verteilung mit 2 Zähler- und $T - 4$ Nenner-freiheitsgraden. Der Chow-Test reagiert nicht nur auf echte Strukturbrüche, sondern auch auf Fehlspezifikationen (z.B. wenn der tatsächliche Zusammenhang nichtlinear ist).

Beispiel 7.9. Ein einschneidendes Ereignis für die Kapitalmärkte war die Ankündigung des Bundesfinanzministeriums am 21. Dezember 1999, dass bei Unternehmensverkäufen aufgelöste stille Reserven nicht mehr besteuert werden. Als Zeitraum vor dem möglichen Strukturbruch verwenden wir Februar 1995 bis Dezember 1999 ($t = 1, \ldots, 59$); der Zeitraum nach dem möglichen Strukturbruch ist Januar 2000 bis Dezember 2004 ($t = 60, \ldots, 119$).

Nur für die Aktien Allianz, BASF, HypoVereinsbank, BMW, Bayer, Commerzbank, Continental, Deutsche Bank, EON, Henkel, Linde, Lufthansa, MAN, RWE, Schering, Siemens, Thyssen, TUI und Volkswagen waren im gesamten Zeitraum im DAX enthalten. Alle übrigen Aktien wurden aus der Analyse ausgeschlossen.

Tabelle 7.3 zeigt die Schätzwerte für $\alpha^{(1)}$, $\beta^{(1)}$, $\alpha^{(2)}$ und $\beta^{(2)}$ sowie die p-Werte zu den Teststatistiken (7.60) und (7.61).

Die Ergebnisse der Tabelle 7.3 zeigen, dass die Nullhypothese unveränderter Betas auf einem Niveau von 5 % in 10 Fällen verworfen werden muss (Spalte p-Wert (1)): vor der Ankündigung des Bundesfinanzministeriums war das Beta signifikant anders als nach der Ankündigung. Testet man (wieder auf einem Niveau von 5 %) auf Konstanz der Betas und der Achsenabschnitte, dann wird die Nullhypothese der Parameterkonstanz in 6 Fällen verworfen. Die Annahme konstanter Parameter scheint also recht oft verletzt zu sein; sie sollte daher bei der Schätzung eines CAPM regelmäßig getestet werden.

Ein Nachteil der beiden Strukturbruchtests besteht darin, dass der Zeitpunkt T_1 des Strukturbruchs vorgegeben werden muss. Diesen Nachteil hat der im Folgenden skizzierte CUSUM-Test nicht (CUSUM steht für Cumulated

	$\hat{\alpha}^{(1)}$	$\hat{\alpha}^{(2)}$	$\hat{\beta}^{(1)}$	$\hat{\beta}^{(2)}$	p-Wert(1)	p-Wert(2)
Allianz	−0.284	−0.339	1.129	1.351	0.231	0.484
BASF	0.237	0.530	0.961	0.655	0.043	0.127
HypoVereinsbank	0.232	0.290	0.990	1.633	0.021	0.066
BMW	−0.385	0.732	1.148	0.666	0.010	0.031
Bayer	−0.183	0.009	0.946	1.057	0.507	0.779
Commerzbank	−0.247	0.366	0.841	1.471	0.003	0.010
Continental	−0.895	1.967	1.149	0.679	0.009	0.005
Deutsche Bank	−0.948	0.729	1.275	0.975	0.059	0.072
Eon	−0.215	0.526	0.674	0.286	0.011	0.036
Henkel	−0.019	0.093	0.836	0.245	0.001	0.003
Linde	−0.741	0.271	0.618	0.618	0.997	0.689
Lufthansa	−0.129	−0.241	0.978	1.043	0.731	0.941
MAN	−0.793	0.940	0.864	1.050	0.389	0.312
RWE	−0.337	0.370	0.730	0.428	0.087	0.215
Schering	−0.056	0.684	0.861	0.227	0.001	0.003
Siemens	0.151	1.388	1.129	1.527	0.040	0.061
Thyssen	−0.426	0.132	0.893	1.100	0.291	0.495
TUI	−0.016	−0.625	0.828	1.190	0.092	0.234
Volkswagen	−0.340	0.085	1.155	0.722	0.046	0.135

Tabelle 7.3. Tests auf Konstanz der Parameter

Sums of Squares). Die Grundbausteine des CUSUM-Tests sind die rekursiven Residuen e_t. Sie sind wie folgt definiert:

Seien $\hat{\alpha}_{(r-1)}$ und $\hat{\beta}_{(r-1)}$ die gemäß (7.47) und (7.46) geschätzten Parameter, wobei allerdings nicht alle T Beobachtungen verwendet werden, sondern nur die Beobachtungen $t = 1, \ldots, r-1$. Auf der Grundlage dieser Schätzung lautet die Prognose für r natürlich $\hat{Z}_r = \hat{\alpha}_{(r-1)} + \hat{\beta}_{(r-1)} Z_{\mathrm{M}r}$. Die Prognosefehler $Z_r - \hat{Z}_r$ haben einen Erwartungswert von null und eine etwas unübersichtliche Varianz von

$$Var\left(Z_r - \hat{Z}_r\right) = \sigma^2 \left(1 + \frac{(r-1)\, Z_{\mathrm{M}r}^2 + \sum_{t=1}^{r-1} Z_{\mathrm{M}t}^2 - 2 Z_{\mathrm{M}r} \sum_{t=1}^{r-1} Z_{\mathrm{M}t}}{(r-1)\sum_{t=1}^{r-1} Z_{\mathrm{M}t}^2 - \left(\sum_{t=1}^{r-1} Z_{\mathrm{M}t}\right)^2} \right).$$

Die normierten Prognosefehler

$$e_r = \frac{Z_r - \hat{Z}_r}{\sqrt{1 + \frac{(r-1)Z_{\mathrm{M}r}^2 + \sum_{t=1}^{r-1} Z_{\mathrm{M}t}^2 - 2 Z_{\mathrm{M}r} \sum_{t=1}^{r-1} Z_{\mathrm{M}t}}{(r-1)\sum_{t=1}^{r-1} Z_{\mathrm{M}t}^2 - \left(\sum_{t=1}^{r-1} Z_{\mathrm{M}t}\right)^2}}}$$

nennt man rekursive Residuen; sie sind definiert für $r = 3, \ldots, T$. Die rekursiven Residuen sind zwar etwas mühsam zu berechnen, aber sie haben einige attraktive Eigenschaften: Sie sind stochastisch unabhängig und normalverteilt mit einem Erwartungswert von null und einer konstanten Varianz von

σ^2. Zumindest gelten diese Eigenschaften solange die Parameter des Modells im Zeitablauf konstant sind. Kommt es dagegen in irgendeinem Zeitpunkt zu einem Strukturbruch, so ist der Erwartungswert der rekursiven Residuen im Allgemeinen nicht mehr null.

Zur Durchführung des Tests kumuliert man die (normierten) rekursiven Residuen

$$C_t = \frac{1}{\hat{\sigma}} \sum_{r=3}^{t} e_r$$

für $t = 3, \ldots, T$, wobei $\hat{\sigma}^2$ der übliche Schätzer für die Varianz der Störterme ist.[2] Wenn β tatsächlich im Zeitablauf konstant ist, bleibt C_t für $t = 3, \ldots, T$ meist in der Nähe von null. Zu große Abweichungen von C_t nach oben oder nach unten deuten auf einen Strukturbruch in α oder β hin.

Nicht ganz einfach ist die Beantwortung der Frage, wann eine Abweichung als zu groß anzusehen ist. Zu bestimmen ist eine Funktion $c_\alpha(t)$ (wobei das α jetzt nicht der Achsenabschnitt, sondern das Signifikanzniveau ist) mit der Eigenschaft

$$P\left(|C_t| < c_\alpha(t), t = 3, \ldots, T \| H_0 \text{ richtig}\right) = 1 - \alpha.$$

Brown, Durbin und Evans (1975) haben gezeigt, dass eine gute Näherung für $c_\alpha(t)$ durch die Gerade

$$c_\alpha(t) = h_\alpha \sqrt{T-2} + 2h_\alpha \frac{t-2}{\sqrt{T-2}}$$

gegeben ist, wobei h_α die Lösung der Gleichung

$$1 - \Phi(3h_\alpha) + \Phi(h_\alpha) e^{-4h_\alpha^2} = \frac{\alpha}{2}$$

ist. Für ein Signifikanzniveau von $\alpha = 0.05$ ergibt sich der Wert $h_\alpha = 0.948$.

Beispiel 7.10. Abbildung 7.4 zeigt den Verlauf der kumulierten rekursiven Residuen C_t für sechs DAX-Aktien. Die Überrenditen der Aktien und die Marktüberrendite wurden wie in den vorausgegangenen Beispielen für den Zeitraum Februar 1995 bis Dezember 2004 berechnet (119 Monatsrenditen). Die beiden Geraden sind die kritischen Grenzen bei einem Signifikanzniveau von $\alpha = 0.05$. Offenbar erreicht die CUSUM-Linie den kritischen Bereich in keinem Fall. Die Nullhypothese, dass die Parameter konstant bleiben, wird also aufrechterhalten.

Der Vorteil des CUSUM-Tests besteht darin, dass der Zeitpunkt eines möglichen Strukturbruchs nicht vorgegeben werden muss. Die Parameter dürfen sich sogar allmählich verändern. Dieser Vorteil hat jedoch einen Preis: Die

---

[2] Die Größe $\hat{\sigma}^2$ lässt sich alternativ als Summe aller quadrierten rekursiven Residuen dividiert durch $T - 2$ ermitteln.

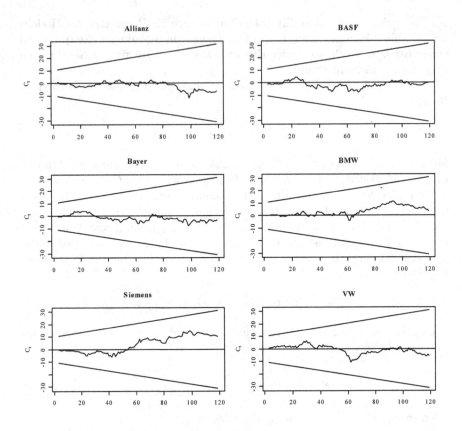

Abbildung 7.4. CUSUM-Tests auf Konstanz der Parameter des CAPM

Power des CUSUM-Tests ist meist niedrig – die Wahrscheinlichkeit, dass eine tatsächlich vorhandene Veränderung in den Parametern vom Test nicht erkannt wird, ist recht hoch. Daher darf man aus den Ergebnissen des Beispiels 7.10 auch nicht zwingend folgern, dass es keine Parameterveränderungen gegeben hat.

7.2.5 Black-Version

In der Black-Version des CAPM gibt es keine risikolose Anlagemöglichkeit. An die Stelle des risikolosen Zinssatzes tritt der Erwartungswert der Rendite des Zero-Beta-Portfolios $\mathbb{Z}$. In die CAPM-Gleichungen gehen daher nicht die erwarteten Überschussrenditen ein, sondern die erwarteten Renditen selber (vgl. (7.24)). In Vektorschreibweise ergibt sich

$$\boldsymbol{\mu} - \mu_{\mathbb{Z}} = \boldsymbol{\beta} \left(\mu_{\mathbb{M}} - \mu_{\mathbb{Z}} \right). \tag{7.62}$$

Die Größe $\mu_{\mathbb{Z}}$ ist nicht beobachtbar; daher fassen wir $\gamma = \mu_{\mathbb{Z}}$ als weiteren unbekannten Parameter auf (neben den Betas). Auch bei der Black-Version der CAPM-Gleichungen muss man zunächst zu einem Modell in beobachtbaren Größen übergehen. Sei

$$\mathbf{R}_t = (R_{1t}, \ldots, R_{nt})'$$

der Vektor der Renditen der n Finanztitel, $R_{\mathrm{M}t}$ die Rendite des Marktportfolios und $\boldsymbol{\beta} = (\beta_1, \ldots, \beta_n)'$ der Vektor der Betas. Die empirische Version von (7.62) lautet

$$\mathbf{R}_t - \mathbf{1}\gamma = \boldsymbol{\beta}\left(R_{\mathrm{M}t} - \gamma\right) + \boldsymbol{\varepsilon}_t, \tag{7.63}$$

wobei $\boldsymbol{\varepsilon}_t$ ein Vektor von Störtermen ist mit

$$\boldsymbol{\varepsilon}_t \sim N\left(\mathbf{0}, \boldsymbol{\Sigma}\right)$$

für $t = 1, \ldots, T$. Außerdem sollen $\boldsymbol{\varepsilon}_t$ und $\boldsymbol{\varepsilon}_s$ für $s \neq t$ stochastisch unabhängig sein. Umformen von (7.63) ergibt

$$\mathbf{R}_t = (\mathbf{1} - \boldsymbol{\beta})\gamma + R_{\mathrm{M}t}\boldsymbol{\beta} + \boldsymbol{\varepsilon}_t. \tag{7.64}$$

Unter der Annahme, dass das Modell tatsächlich zutrifft, sollen im Folgenden die Kleinste-Quadrate-Schätzer für γ und $\boldsymbol{\beta}$ sowie ein Schätzer für die Kovarianzmatrix $\boldsymbol{\Sigma}$ hergeleitet werden. Wäre γ bekannt, so ergäbe sich als KQ-Schätzer für $\boldsymbol{\beta}$ analog zu (7.40)

$$\hat{\boldsymbol{\beta}}^* = \frac{\sum_{t=1}^{T}\left(\mathbf{R}_t - \mathbf{1}\gamma\right)\left(R_{\mathrm{M}t} - \gamma\right)}{\sum_{t=1}^{T}\left(R_{\mathrm{M}t} - \gamma\right)^2}. \tag{7.65}$$

Wäre hingegen $\boldsymbol{\beta}$ bekannt, so ergäbe sich als KQ-Schätzer für γ

$$\hat{\gamma}^* = \frac{\sum_{t=1}^{T}\left(\mathbf{R}_t - R_{\mathrm{M}t}\boldsymbol{\beta}\right)'\left(\mathbf{1} - \boldsymbol{\beta}\right)}{T \cdot (\mathbf{1} - \boldsymbol{\beta})'(\mathbf{1} - \boldsymbol{\beta})}. \tag{7.66}$$

Um nun berechenbare Schätzer zu bestimmen, iteriert man zwischen (7.65) und (7.66) hin und her, bis die Schätzwerte sich nicht weiter merklich verändern (die Kovergenz ist sichergestellt). Als Startwert kann man beispielsweise $\gamma = 0$ setzen. Die durch das Iterationsverfahren bestimmten Schätzer bezeichnen wir mit $\hat{\gamma}$ und $\hat{\boldsymbol{\beta}}$. Sobald $\hat{\gamma}$ und $\hat{\boldsymbol{\beta}}$ errechnet sind, kann man auch die Kovarianzmatrix schätzen und zwar durch

$$\hat{\boldsymbol{\Sigma}} = \frac{1}{T}\sum_{t=1}^{T}\left(\mathbf{R}_t - (\mathbf{1} - \hat{\boldsymbol{\beta}})\hat{\gamma} - \hat{\boldsymbol{\beta}}R_{\mathrm{M}t}\right)\left(\mathbf{R}_t - (\mathbf{1} - \hat{\boldsymbol{\beta}})\hat{\gamma} - \hat{\boldsymbol{\beta}}R_{\mathrm{M}t}\right)'.$$

Bei dieser Herleitung von $\hat{\gamma}$ und $\hat{\boldsymbol{\beta}}$ haben wir die gewöhnliche Methode der kleinsten Quadrate verwendet. Dabei wird die Korrelationsstruktur der $\boldsymbol{\varepsilon}_t$, die durch $\boldsymbol{\Sigma}$ gegeben ist, vernachlässigt. Mit der verallgemeinerten Methode der kleinsten Quadrate könnte man sie berücksichtigen. Als weiteres mögliches Schätzverfahren bietet sich die Maximum-Likelihood-Methode an. Iterationsverfahren sind aber in jedem Fall nötig.

Beispiel 7.11. Die iterative Schätzung von $\hat{\boldsymbol{\beta}}^*$ aus (7.65) und (7.66) für die Monatsrenditen der 27 DAX-Aktien, die im gesamten Zeitraum von Januar 2000 bis Dezember 2004 im DAX enthalten waren, sind in Tabelle 7.4 gezeigt. Der Schätzwert $\hat{\gamma}^*$, also die erwartete Monatsrendite des Zero-Beta-Portfolios, beträgt 0.4436% (bzw. annualisiert 5.32%).

	$\hat{\beta}^*$		$\hat{\beta}^*$
Adidas	0.3900	Henkel	0.2451
Allianz	1.3559	Linde	0.6157
Altana	0.1121	Lufthansa	1.0462
BASF	0.6494	MAN	1.0379
HypoVereinsbank	1.6295	Metro	0.7476
BMW	0.6591	Münchener Rück	1.1928
Bayer	1.0583	RWE	0.4242
Commerzbank	1.4663	SAP	1.8967
Continental	0.6528	Schering	0.2193
DaimlerChrysler	0.8829	Siemens	1.5103
Deutsche Bank	0.9673	Thyssen	1.0983
Deutsche Telekom	1.0410	TUI	1.1990
Eon	0.2792	Volkswagen	0.7236
Fresenius	0.5926		

Tabelle 7.4. Schätzwerte für β^* des CAPM in der Black-Version

Wie in der Sharpe-Lintner-Version des CAPM soll nun die Gültigkeit der Annahme überprüft werden, dass der Achsenabschnitt in (7.64) tatsächlich $(1 - \boldsymbol{\beta})\gamma$ ist. Das Regressionsmodell mit beliebigem Achsenabschnitt lautet in Vektorschreibweise

$$\mathbf{R}_t = \boldsymbol{\alpha} + R_{\mathrm{M}t}\boldsymbol{\beta} + \boldsymbol{\varepsilon}_t.$$

Um die empirische Gültigkeit der Black-Version zu testen, muss man also

$$H_0 : \boldsymbol{\alpha} = (1 - \boldsymbol{\beta})\,\gamma$$
$$H_1 : \boldsymbol{\alpha} \neq (1 - \boldsymbol{\beta})\,\gamma$$

testen. Dieses Testproblem ist nicht trivial, da die Nullhypothese nichtlinear in den Parametern ist. In der Literatur werden verschiedene Tests für diese Nullhypothese vorgeschlagen. Im Folgenden werden wir einen solchen Test vorstellen.

Zunächst gehen wir zur Vereinfachung davon aus, dass der Parameter γ bekannt ist. Nun erweitern wir das Modell (7.63) um einen Achsenabschnitt $\boldsymbol{\alpha}^*(\gamma)$, den wir als Funktion von γ ansehen, so dass

$$\mathbf{R}_t - \mathbf{1}\gamma = \boldsymbol{\alpha}^*(\gamma) + \boldsymbol{\beta}\left(R_{\mathrm{M}t} - \gamma\right) + \boldsymbol{\varepsilon}_t. \tag{7.67}$$

Unter Gültigkeit der Nullhypothese gilt $\boldsymbol{\alpha}^*\left(\gamma\right) = \mathbf{0}$. Im Modell (7.67) erhält man als KQ-Schätzer für β

$$\hat{\beta} = \frac{\sum_{t=1}^T \left(\mathbf{R}_t - \bar{\mathbf{R}}\right)\left(R_{Mt} - \bar{R}_M\right)}{\sum_{t=1}^T \left(R_{Mt} - \bar{R}_M\right)^2}.$$

Dieser Schätzer hängt gar nicht von γ ab und ist sowohl unter der Nullhypothese als auch unter der Alternativhypothese gültig. Der Schätzer für den Achsenabschnitt

$$\hat{\boldsymbol{\alpha}}^*\left(\gamma\right) = \left(\bar{\mathbf{R}} - \mathbf{1}\gamma\right) - \left(\bar{R}_M - \gamma\right)\hat{\beta}$$

hängt dagegen von γ ab. In den Residuen

$$\begin{aligned}\hat{\boldsymbol{\varepsilon}}^*\left(\gamma\right) &= \left(\mathbf{R}_t - \mathbf{1}\gamma\right) - \hat{\boldsymbol{\alpha}}^*\left(\gamma\right) - \beta\left(R_{Mt} - \gamma\right)\\ &= \mathbf{R}_t - \bar{\mathbf{R}} - \left(R_{Mt} - \bar{R}_M\right)\hat{\beta}\end{aligned}$$

kürzt sich der Achsenabschnitt wiederum heraus. Als Schätzer für die Kovarianzmatrix $\boldsymbol{\Sigma}$ ergibt sich

$$\hat{\boldsymbol{\Sigma}} = \frac{1}{T}\sum_{t=1}^T \hat{\boldsymbol{\varepsilon}}^*\left(\gamma\right)\hat{\boldsymbol{\varepsilon}}^*\left(\gamma\right)'.$$

Dieser Schätzer hängt also ebenfalls nicht von γ ab. Um einen Test für $\boldsymbol{\alpha}^*\left(\gamma\right) = \mathbf{0}$ herleiten zu können, brauchen wir die Verteilung von $\hat{\boldsymbol{\alpha}}^*\left(\gamma\right)$ unter Gültigkeit der Nullhypothese. Nun gilt aber

$$\hat{\boldsymbol{\alpha}}^*\left(\gamma\right)|\mathbf{R}_M \sim N\left(\mathbf{0}, \frac{\sum_{t=1}^T \left(R_{Mt} - \gamma\right)^2}{T\sum_{t=1}^T \left(R_{Mt} - \bar{R}_M\right)^2}\boldsymbol{\Sigma}\right),$$

so dass unter H_0 wegen (3.28)

$$T\frac{\sum_{t=1}^T \left(R_{Mt} - \bar{R}_M\right)^2}{\sum_{t=1}^T \left(R_{Mt} - \gamma\right)^2}\left(\hat{\boldsymbol{\alpha}}^*\left(\gamma\right)'\boldsymbol{\Sigma}^{-1}\hat{\boldsymbol{\alpha}}^*\left(\gamma\right)\right) \sim \chi_n^2.$$

Im nächsten Schritt werden die unbekannten Parameter γ und $\boldsymbol{\Sigma}$ durch ihre konsistenten Schätzer $\hat{\boldsymbol{\Sigma}}$ und $\hat{\gamma}$ ersetzt, wodurch sich die Verteilung asymptotisch nicht ändert. Die Teststatistik ist also

$$\tau = T\frac{\sum_{t=1}^T \left(R_{Mt} - \bar{R}_M\right)^2}{\sum_{t=1}^T \left(R_{Mt} - \hat{\gamma}\right)^2}\left(\hat{\boldsymbol{\alpha}}^*\left(\hat{\gamma}\right)'\hat{\boldsymbol{\Sigma}}^{-1}\hat{\boldsymbol{\alpha}}^*\left(\hat{\gamma}\right)\right). \tag{7.68}$$

Man lehnt die Nullhypothese ab, wenn der Wert der Teststatistik größer ist als das $(1-\alpha)$-Quantil der χ^2-Verteilung mit n Freiheitsgraden.

Beispiel 7.12. Tabelle 7.5 zeigt die geschätzten Werte von $\alpha^*(\gamma)$ und β für die einzelnen Aktien im Modell (7.67). Der Schätzwert für γ ist $\hat{\gamma} = 0.4436$. Der Wert der Teststatistik (7.68) beträgt $\tau = 42.14$. Der zugehörige p-Wert für eine χ^2-Verteilung mit $K = 27$ Freiheitsgraden ist 0.0319. Die Nullhypothese $H_0 : \alpha = (1-\beta)\gamma$ wird also auf einem Signifikanzniveau von 5% verworfen, nicht jedoch auf einem Niveau von 1%.

	$\hat{\alpha}^*(\gamma)$	$\hat{\beta}$		$\hat{\alpha}^*(\gamma)$	$\hat{\beta}$
Adidas	1.1177	0.4037	Henkel	−0.0364	0.2446
Allianz	−0.2780	1.3525	Linde	0.2054	0.6182
Altana	1.3202	0.1282	Lufthansa	−0.2330	1.0434
BASF	0.4713	0.6551	MAN	0.9475	1.0495
HypoVereinsbank	0.3992	1.6344	Metro	0.0646	0.7484
BMW	0.6758	0.6673	Münchener Rück	−0.0870	1.1917
Bayer	0.0198	1.0586	RWE	0.2717	0.4276
Commerzbank	0.4472	1.4718	SAP	3.1842	1.9357
Continental	1.9093	0.6761	Schering	0.5509	0.2260
DaimlerChrysler	−0.5009	0.8768	Siemens	1.4791	1.5284
Deutsche Bank	0.7255	0.9762	Thyssen	0.1487	1.1001
Deutsche Telekom	−1.0192	1.0286	TUI	−0.5910	1.1918
Eon	0.4029	0.2842	Volkswagen	0.0389	0.7241
Fresenius	0.0062	0.5927			

Tabelle 7.5. Schätzwerte für das CAPM in der unrestringierten Black-Version

Die statistische Inferenz im Rahmen des CAPM (insbesondere der Versuch seine Gültigkeit zu überprüfen) ist nicht unproblematisch. Neben den üblichen Einwänden gegen inferenzielle Methoden (beispielsweise dass die Unabhängigkeitsannahme und die Normalverteilungsannahme nicht erfüllt sind), gibt es grundsätzliche Kritik, die unter anderem damit zusammenhängt, dass das Marktportfolio und seine Rendite nicht direkt beobachtet werden können, sondern durch einen Index und seine Rendite ersetzt werden. Dies hat für die Testbarkeit des CAPM gravierende Auswirkungen. Auf dieses und weitere Probleme hat Roll (1977) hingewiesen; auch in vielen späteren Arbeiten hat diese Kritik ihren Niederschlag gefunden. Wir verweisen auf Warfsmann (1993), Ulschmid (1994) sowie Hamerle und Ulschmid (1996).

7.3 Performance-Messung

Das wichtigste Ziel der Performance-Messung ist die Kontrolle des (aktiven) Portfoliomanagements. Man setzt das Ergebnis des zu bewertenden Portfolios in Relation zu dem Ergebnis, das in derselben Periode mit einem Benchmark-Portfolio hätte erzielt werden können (siehe Spremann 2000, Kap. 7). Es gibt Maße, die auf kapitalmarkttheoretischen Modellen (z.B. CAPM) beruhen, und solche, die ohne Modell auskommen. Dieses Kapitel gibt einen Überblick über die am meisten verwendeten Maße.

Im Folgenden wird davon ausgegangen, dass die Performance eines Portfolios $\mathbb{P}$ für einen Zeitraum von einem Jahr gemessen werden soll. Es liegen zwölf Monatsrenditen $R_{\mathbb{P},1}, \ldots, R_{\mathbb{P},12}$ vor, die gemäß Renditedefinition (1.1) aus den Kursen berechnet werden. Dass diese Renditen eine schlechte zeitliche Aggregationseigenschaft haben (siehe Abschnitt 1.2), soll im Folgenden

zur Vereinfachung ignoriert werden. Wir tun so, als ob die Renditen gemäß
(1.5) errechnet wurden. Für das Marktportfolio liegen ebenfalls zwölf Monatsrenditen vor, $R_{M,1}, \ldots, R_{M,12}$.

7.3.1 Sharpe-Ratio

Die Sharpe-Ratio $SR_{\mathbb{P}}$ ist für ein Portfolio $\mathbb{P}$ mittels

$$SR_{\mathbb{P}} = \frac{\mu_{\mathbb{P}} - R_f}{\sigma_{\mathbb{P}}} \tag{7.69}$$

definiert (siehe Sharpe 1966), wobei R_f der risikolose Zinssatz ist. Die Grö-
ße $\mu_{\mathbb{P}}$ ist durch (7.2) definiert, und $\sigma_{\mathbb{P}}$ ist gegeben durch (7.3). Während der
risikolose Zinssatz R_f direkt zur Verfügung steht, müssen die theoretischen
Größen $\mu_{\mathbb{P}}$ und $\sigma_{\mathbb{P}}$ geschätzt werden. Die Sharpe-Ratio wird hier als eine theoretische, nicht beobachtbare Größe aufgefasst, die jedoch aus den beobachteten
Daten geschätzt werden kann. Aus den realisierten Renditen ergibt sich die
Realisation der Sharpe-Ratio. Aus den zwölf Monatsrenditen $R_{\mathbb{P},1}, \ldots, R_{\mathbb{P},12}$
des Berichtsjahres errechnet man die geschätzte erwartete (annualisierte) Ren-
dite und die geschätzte (annualisierte) Standardabweichung des Portfolios

$$\hat{\mu}_{\mathbb{P}} = \sum_{i=1}^{12} R_{\mathbb{P},i},$$

$$\hat{\sigma}_{\mathbb{P}} = \sqrt{\frac{12}{11} \sum_{i=1}^{12} \left(R_{\mathbb{P},i} - \frac{\hat{\mu}_{\mathbb{P}}}{12} \right)^2}.$$

Die geschätzte erwartete annualisierte Rendite entspricht offenbar gerade der
tatsächlich beobachteten Jahresrendite (wenn man – wie wir es hier tun –
das Problem der zeitlichen Aggregation der Renditen unberücksichtigt lässt).
Der risikolose Zinssatz R_f ändert sich natürlich im Laufe der Zeit. Wir approximieren ihn im Folgenden durch den Zinssatz (per annum) zu Beginn der
Beobachtungszeit.

Die geschätzte Sharpe-Ratio ist dann

$$\widehat{SR}_{\mathbb{P}} = \frac{\hat{\mu}_{\mathbb{P}} - R_f}{\hat{\sigma}_{\mathbb{P}}}.$$

Die Sharpe-Ratio (7.69) ist diejenige Überschussrendite, die man mit einem
Risiko von 1 (also 100%) erzielt hätte – also die Überschussrendite pro Einheit
Risiko. $SR_{\mathbb{P}}$ entspricht der Steigung der Geraden von $(0, R_f)$ nach $(\sigma_{\mathbb{P}}, \mu_{\mathbb{P}})$.
Analog entspricht $\widehat{SR}_{\mathbb{P}}$ der Steigung der Geraden von $(0, R_f)$ nach $(\hat{\sigma}_{\mathbb{P}}, \hat{\mu}_{\mathbb{P}})$.
Berechnet man $SR_{\mathbb{P}}$ bzw. $\widehat{SR}_{\mathbb{P}}$ für eine andere Periodenlänge (z.B. nicht per
annum, sondern auf Monatsbasis), so ändert sich der Wert, da Zähler und
Nenner nicht mit dem gleichen Faktor umgerechnet werden.

Beispiel 7.13. Die folgende Tabelle zeigt die Jahresrendite und die geschätzte Standardabweichung der Rendite für zwei Portfolios A und B. Der risikolose Zinssatz ist 4% p.a. Man erkennt, dass das Portfolio A zwar eine höhere Rendite, aber auch ein höheres Risiko als Portfolio B aufgewiesen hat.

Portfolio	$\hat{\mu}_{\mathbb{P}}$	$\hat{\sigma}_{\mathbb{P}}$
A	25%	30%
B	10%	7%

Die geschätzten Sharpe-Ratios dieser beiden Portfolios sind

$$\widehat{SR}_{\mathbb{A}} = \frac{0.25 - 0.04}{0.3} = 0.7,$$

$$\widehat{SR}_{\mathbb{B}} = \frac{0.10 - 0.04}{0.07} = 0.857.$$

Folglich hatte Portfolio B eine bessere Performance als A. Man hätte mit B und einer Kreditaufnahme zum sicheren Zinssatz mehr Rendite als mit A erzielt, wenn man das gleiche Risiko wie in A eingegangen wäre. Die Strategie dazu sieht so aus: Eigenkapital sei in einer Höhe von eins vorhanden. Man nimmt einen Kredit in Höhe von x zum sicheren Zinssatz von 4% auf und investiert $(1 + x)$ in Portfolio B. Das Risiko ist in diesem Fall $(1 + x) \cdot 7\%$. Will man das Risiko von Portfolio A (also 30%) eingehen, muss folglich $x = 3.286$ gelten. Die Rendite, die durch diese Strategie erzielt werden kann, beträgt dann $(1 + x) \cdot 10\% - x \cdot 4\% = 29.716\%$ und damit mehr als bei gleichem Risiko mit Portfolio A hätte erzielt werden können. Offen bleibt an dieser Stelle jedoch noch, ob der Unterschied zwischen den beiden Schätzungen überhaupt statistisch signifikant ist: kann man aus $\widehat{SR}_{\mathbb{B}} > \widehat{SR}_{\mathbb{A}}$ wirklich den Schluss ziehen, dass auch $SR_{\mathbb{B}} > SR_{\mathbb{A}}$ gilt?

7.3.2 Treynor-Ratio

Die Treynor-Ratio $TR_{\mathbb{P}}$ ist für ein Portfolio $\mathbb{P}$ als

$$TR_{\mathbb{P}} = \frac{\mu_{\mathbb{P}} - R_f}{\beta_{\mathbb{P}}}$$

definiert (siehe Treynor 1965). Hierbei ist $\beta_{\mathbb{P}}$ das Beta des Portfolios im CAPM

$$\mu_{\mathbb{P}} - R_f = \alpha_{\mathbb{P}} + \beta_{\mathbb{P}} (\mu_{\mathbb{M}} - R_f),$$

wobei $\mu_{\mathbb{M}}$ die erwartete Rendite des Marktportfolios ist. Um $TR_{\mathbb{P}}$ zu schätzen, muss also neben $\mu_{\mathbb{P}}$ auch $\beta_{\mathbb{P}}$ geschätzt werden. Hierzu benötigt man das Marktportfolio oder einen geeigneten Ersatz (z.B. einen Index). Damit beruht $TR_{\mathbb{P}}$ – im Gegensatz zu $SR_{\mathbb{P}}$ – auf einer „Benchmark". Die Wahl der Benchmark ist kritisch für $TR_{\mathbb{P}}$. Die Schätzungen erfolgen analog zur Sharpe-Ratio;

wie $\beta_{\mathbb{P}}$ geschätzt wird, wurde ja in den vorhergehenden Abschnitten ausführlich erörtert. In diesem Abschnitt gehen wir jedoch zur Vereinfachung davon aus, dass $\beta_{\mathbb{P}}$ nur aus den zwölf beobachteten Monatsrenditen geschätzt wird.[3]

7.3.3 Jensens Alpha

Das CAPM in der Sharpe-Lintner-Version besagt, dass

$$\mu_{\mathbb{P}} - R_f = \beta_{\mathbb{P}}\left(\mu_{\mathbb{M}} - R_f\right),$$

wobei $\beta_{\mathbb{P}}$ das Beta des Portfolios $\mathbb{P}$ in Bezug auf das Marktportfolio $\mathbb{M}$ ist. Das CAPM sagt etwas über die erwartete Überschussrendite des Portfolios $\mathbb{P}$ aus. Wenn der Portfolio-Manager des Portfolios $\mathbb{P}$ eine höhere erwartete Rendite erreichen kann, wäre $\mu_{\mathbb{P}} - R_f - \beta_{\mathbb{P}}\left(\mu_{\mathbb{M}} - R_f\right) > 0$. Die Differenz

$$\alpha_{\mathbb{P}} = \mu_{\mathbb{P}} - R_f - \beta_{\mathbb{P}}\left(\mu_{\mathbb{M}} - R_f\right) \tag{7.70}$$

entspricht aber gerade dem Achsenabschnitt $\alpha_{\mathbb{P}}$ des CAPM in der Black-Version. Diese Größe ist unter der Bezeichnung Jensens Alpha ein Maß für die Performance (Jensen 1968). Wie auch die übrigen Maße ist Jensens Alpha eine theoretische Größe, die nicht beobachtbar ist, sondern aus Daten geschätzt werden muss. Das geschätzte Pendant zu (7.70) ist natürlich

$$\hat{\alpha}_{\mathbb{P}} = \hat{\mu}_{\mathbb{P}} - R_f - \hat{\beta}_{\mathbb{P}}\left(\hat{\mu}_{\mathbb{M}} - R_f\right).$$

Zu schätzen sind also die gleichen Größen wie bei der Treynor-Ratio.

7.3.4 Treynor-Black-Maß

Treynor und Black (1973) schlagen vor, Jensens Alpha durch das spezifische Risiko des Portfolios $\mathbb{P}$ zu dividieren. Wir betrachten erneut die Regressionsgleichung (7.39), modifiziert für das Portfolio $\mathbb{P}$ im Verhältnis zum Marktportfolio $\mathbb{M}$,

$$Z_{\mathbb{P}t} = \alpha_{\mathbb{P}} + \beta_{\mathbb{P}} Z_{\mathbb{M}t} + \varepsilon_t.$$

Die Standardabweichung σ_ε des Störterms ε ist das spezifische Risiko von $\mathbb{P}$. Als Performance-Maß erhält man das Treynor-Black-Maß, das auch als Appraisal-Ratio bezeichnet wird,

$$AR_{\mathbb{P}} = \frac{\alpha_{\mathbb{P}}}{\sigma_\varepsilon}.$$

Für die Berechnung dieses Maßes benötigt man eine Schätzung des (annualisierten) spezifischen Risikos. Es wird durch

$$\hat{\sigma}_\varepsilon = \sqrt{\frac{12}{11}\sum_{t=1}^{12}\left(Z_{\mathbb{P}t} - \hat{\alpha}_{\mathbb{P}} - \hat{\beta}_{\mathbb{P}} Z_{\mathbb{M}t}\right)^2}$$

erwartungstreu geschätzt.

---

[3]Von den beobachteten Monatsrenditen wird der risikolose (Monats-)Zinssatz $(R_f/12)$ abgezogen, um die Überschussrenditen zu erhalten.

7.3.5 Die risikobereinigte Performance

Modigliani und Modigliani (1997) schlagen eine Maßzahl vor, die man als risk-adjusted performance bezeichnen könnte. Sie ist mittels

$$MM = (\mu_{\mathbb{P}} - R_f) \frac{\sigma_{\mathrm{M}}}{\sigma_{\mathbb{P}}} - (\mu_{\mathrm{M}} - R_f)$$

definiert. Die erwartete Überschussrendite $\mu_{\mathbb{P}} - R_f$ wird so umskaliert, als ob $\mathbb{P}$ und $\mathbb{M}$ dasselbe Risiko hätten. Die Schätzung von σ_{M} und $\sigma_{\mathbb{P}}$ erfolgt wie in Abschnitt 7.3.1 beschrieben. Es folgt

$$\frac{MM}{\sigma_{\mathrm{M}}} = SR_{\mathbb{P}} - SR_{\mathrm{M}}.$$

Beispiel 7.14. Wir schätzen die Werte der fünf Maße für

- *die sechs DAX-Aktien Allianz, BASF, Bayer, BMW, Siemens und Volkswagen (jede Aktie stellt ein degeneriertes Portfolio dar),*
- *das global varianzminimale Portfolio mit den Gewichten $a_{\min}$ aus Beispiel 7.3; dieses Portfolio wird in Tabelle 7.6 mit $\mathbb{P}_1$ bezeichnet,*
- *das naiv diversifizierte Portfolio mit den Portfolioanteilen $a_i = \frac{1}{6}$; dieses Portfolio wird in Tabelle 7.6 mit $\mathbb{P}_2$ bezeichnet.*

Die Maße werden für die Jahre 2000 bis 2004 (jeweils Januar bis Dezember) getrennt ermittelt. Als Benchmark (Marktportfolio) dient der DAX-Index; die Betas werden jeweils aus den zwölf Monatsrenditen der einzelnen Jahre geschätzt. Als risikoloser Zinssatz wurde der 12-Monatsgeldindex ECWGM1Y der Datenbank Datastream (Stand am ersten Börsentag des jeweiligen Jahres) verwendet.[4]

Tabelle 7.6 zeigt die Ergebnisse. Es fällt auf, dass die Schätzungen sehr volatil sind. Damit stellt sich unmittelbar die Frage, wie präzise die Schätzwerte sind. Ist es möglich Konfidenzintervalle zu konstruieren, die die theoretischen Größen SR, TR, α, AR und MM mit großer Wahrscheinlichkeit überdecken? Wie werden solche Konfidenzintervalle gebildet? Wie breit sind diese Konfidenzintervalle? Diesen Fragen wenden wir uns im nächsten Abschnitt zu.

7.4 Der parametrische Bootstrap

Zur Konstruktion von Konfidenzintervallen für einen Parameter – zum Beispiel ein Performance-Maß – benötigt man die Verteilung einer geeigneten Schätzfunktion. Falls diese Verteilung nicht von unbekannten Parametern abhängt, nennt man die Schätzfunktion ein „Pivot". Ein bekanntes Beispiel aus der Statistik für ein Pivot ist

---

[4]Die Jahresanfangswerte (in % p.a.) der Zeitreihe ECWGM1Y sind 3.8750 (2000), 4.6875 (2001), 3.3125 (2002), 2.7344 (2003) und 2.2656 (2004).

		ALV	BAS	BAY	BMW	SIE	VOW	$\mathbb{P}_1$	$\mathbb{P}_2$
$\widehat{SR}$	2000	1.337	-0.226	0.615	0.570	0.753	0.564	0.320	1.043
	2001	-1.643	-0.162	-0.906	0.291	-0.368	-0.349	-0.176	-0.525
	2002	-1.413	-0.168	-0.848	-0.331	-0.222	-0.584	-0.369	-0.746
	2003	0.211	0.180	0.165	0.314	0.598	0.200	0.275	0.319
	2004	-0.000	1.481	0.238	-1.136	-0.309	-0.994	0.476	-0.208
$\widehat{TR}$	2000	115.645	-14.380	41.040	122.905	19.596	101.326	15.907	35.128
	2001	-69.517	-6.653	-34.963	9.464	-11.868	-12.252	-5.785	-16.591
	2002	-47.691	-7.160	-34.512	-14.966	-8.113	-23.399	-13.053	-24.849
	2003	7.863	7.236	6.479	11.666	23.661	11.206	10.025	10.847
	2004	-0.001	20.808	4.014	-64.581	-4.128	-50.507	6.921	-2.701
$\hat{\alpha}$	2000	2.472	-0.818	1.280	1.917	2.207	1.672	0.343	1.455
	2001	-2.255	1.105	-0.599	3.603	2.280	1.285	1.574	0.903
	2002	-1.389	1.564	0.163	0.876	3.743	0.764	1.401	0.953
	2003	-1.189	-0.490	-0.922	-0.188	0.855	-0.223	-0.327	-0.359
	2004	-1.145	1.017	-0.431	-1.512	-0.861	-1.983	-0.036	-0.819
$\widehat{AR}$	2000	0.108	-0.031	0.044	0.045	0.074	0.044	0.015	0.091
	2001	-0.115	0.059	-0.026	0.211	0.092	0.063	0.116	0.071
	2002	-0.116	0.090	0.006	0.057	0.144	0.047	0.145	0.160
	2003	-0.033	-0.027	-0.032	-0.014	0.035	-0.006	-0.025	-0.042
	2004	-0.100	0.137	-0.024	-0.108	-0.142	-0.098	-0.005	-0.141
$\widehat{MM}$	2000	22.061	-12.708	6.003	4.996	9.083	4.877	-0.557	15.537
	2001	-20.814	22.322	0.671	35.517	16.311	16.882	21.913	11.748
	2002	-9.949	30.820	8.554	25.485	29.076	17.197	24.244	11.888
	2003	-7.507	-8.562	-9.036	-4.102	5.315	-7.879	-5.384	-3.923
	2004	-7.491	9.506	-4.754	-20.523	-11.038	-18.898	-2.027	-9.882

Tabelle 7.6. Performance-Maße für einzelne Aktien und Portfolios

$$\sqrt{n}\frac{\bar{X} - \mu}{S},$$

wobei $\bar{X}$ das Stichprobenmittel aus einer einfachen Stichprobe $X_1, \ldots, X_n$ ist und S die Stichprobenstandardabweichung. Dieses Pivot folgt bekanntlich einer t-Verteilung mit $n-1$ Freiheitsgraden, wenn die Stichprobenelemente identisch und unabhängig normalverteilt sind. Es wird bei der Konstruktion von (exakten) Konfidenzintervallen für den Erwartungswert μ einer Normalverteilung verwendet, wenn man die Varianz nicht kennt. Leider findet man nicht für jeden Parameter ein Pivot. Dann hängt die Verteilung der Schätzfunktion von unbekannten Parametern ab, und es ist nicht mehr ohne weiteres möglich ein exaktes Konfidenzintervall zu finden. Leider taucht genau dieses Problem auf, wenn wir Konfidenzintervalle für Performance-Maße suchen.

Ein einfaches Verfahren, mit dem man trotzdem (approximative) Konfidenzintervalle bilden kann, ist der parametrische Bootstrap. Im Folgenden wird die allgemeine Grundidee kurz dargestellt (siehe Davison und Hinkley 1997). Eine Anwendung des (nichtparametrischen) Bootstraps auf die

Performance-Messung findet sich in Morey und Vinod (2000). Sei $\boldsymbol{\theta}_0$ ein Vektor von unbekannten Parametern, die den stochastischen Mechanismus charakterisieren, durch den die Stichprobe erzeugt wird (dieser Mechanismus heißt auch Daten erzeugender Prozess oder data generating process, DGP). Die uns interessierende Größe bezeichnen wir mit τ_0; es handelt sich dabei um eine Funktion der Parameter $\boldsymbol{\theta}_0$. Der Daten erzeugende Prozess liefert uns eine Stichprobe, die wir allgemein als $X_1, \ldots, X_n$ bezeichnen.

Im Rahmen des CAPM beinhaltet der Vektor $\boldsymbol{\theta}_0$ die Parameter $\mu_\mathbb{P}$, μ_M, $\beta_\mathbb{P}$, σ_M^2 und σ_ε^2. Anstelle von $\mu_\mathbb{P}$ kann man als Parameter auch $\alpha_\mathbb{P}$ benutzen, denn einer dieser beiden Parameter bedingt jeweils den anderen. Mit τ_0 bezeichnen wir den theoretischen Wert eines der Performance-Maße. Der Daten erzeugende Prozess ist durch folgende Gleichungen und Verteilungsannahmen gegeben[5]

$$R_{\mathrm{M},i} = \frac{\mu_\mathrm{M}}{12} + \varepsilon_{\mathrm{M},i}, \tag{7.71}$$

$$R_{\mathbb{P},i} = \frac{\alpha_\mathbb{P}}{12} + \frac{R_f}{12} + \beta_\mathbb{P}\left(R_{\mathrm{M},i} - \frac{R_f}{12}\right) + \varepsilon_i, \tag{7.72}$$

$$\varepsilon_{\mathrm{M},i} \sim N\left(0, \sigma_\mathrm{M}^2/12\right), \tag{7.73}$$

$$\varepsilon_i \sim N\left(0, \sigma_\varepsilon^2/12\right). \tag{7.74}$$

Die Stichprobe ist also durch die Monatsrenditen $R_{\mathrm{M},i}$ und $R_{\mathbb{P},i}$ für $i = 1, \ldots, 12$ gegeben.

Die Verteilung des Schätzers $\hat{\tau}$ hängt von den unbekannten Parametern $\boldsymbol{\theta}_0$ ab und ist damit selbst unbekannt. Man betrachtet nun den Daten erzeugenden Prozess, der durch den (bekannten) Vektor $\hat{\boldsymbol{\theta}}$ anstelle des (unbekannten) Vektors $\boldsymbol{\theta}_0$ charakterisiert wird. Anschließend untersucht man wie die Verteilung der Schätzfunktion aussieht, wenn der Daten erzeugende Prozess durch $\hat{\boldsymbol{\theta}}$ beschrieben wird. Zur Unterscheidung der beiden Schätzfunktionen nennt man letztere meist τ^*. Die Verteilung von τ^* kann man durchaus ermitteln, denn sie hängt ja von den bekannten Parametern $\hat{\boldsymbol{\theta}}$ ab (wie man diese Verteilung konkret ermittelt wird in Kürze behandelt).

Die Verteilung von τ^* in Relation zu $\hat{\boldsymbol{\theta}}$ dient nun als Approximation für die Verteilung von $\hat{\tau}$ in Relation zu $\boldsymbol{\theta}_0$. Konkret nutzt man für ein vorgegebenes Konfidenzniveau von $1 - \alpha$ das $\alpha/2$-Quantil von τ^* als Untergrenze eines Konfidenzintervalls und das $(1 - \alpha/2)$-Quantil als Obergrenze.[6]

Die Ermittlung der Quantile von τ^* ist ausgesprochen einfach, wenn man das Problem nicht analytisch, sondern numerisch angeht. Man erzeugt im Computer mit Hilfe des Daten erzeugenden Prozesses, der durch $\hat{\boldsymbol{\theta}}$ beschrieben wird, eine sogenannte Pseudostichprobe $X_1^*, \ldots, X_{12}^*$. Anschließend berechnet

---

[5]Die Divisionen durch 12 sind notwendig, da die Parameterwerte sich auf das gesamte Jahr beziehen, die Renditen jedoch Monatsrenditen sind. Diese nicht ganz korrekte Aggregation über die Zeit hinweg dient nur zur einfacheren Darstellung.

[6]Das Signifikanzniveau α darf natürlich nicht verwechselt werden mit dem Parameter $\alpha_\mathbb{P}$ des Modells.

man für diese Pseudostichprobe den Wert des Parameters τ^*. Nun werden weitere Pseudostichproben erzeugt und für jede Pseudostichprobe wird τ^* bestimmt. Sei B die Anzahl der erzeugten Pseudostichproben (man nennt B die Anzahl der Bootstrap-Replikationen). Die Werte des Parameters τ^* werden mit τ_b^*, $b = 1, \ldots, B$ bezeichnet. Man bestimmt nun das $\alpha/2$-Quantil und das $(1 - \alpha/2)$-Quantil aus den Daten τ_b^*, $b = 1, \ldots, B$. Dazu ordnet man die Werte aufsteigend an

$$\tau_{(1)}^* \leq \cdots \leq \tau_{(B)}^*.$$

Das $\alpha/2$-Quantil ist gegeben durch $\tau_{(\alpha B/2)}^*$, wobei wir davon ausgehen, dass $\alpha B/2$ ganzzahlig ist (sonst rundet man auf die nächste ganze Zahl auf). Entsprechend ist das $(1 - \alpha/2)$-Quantil gegeben durch $\tau_{((1-\alpha/2)B)}^*$. Für großes B sind die so ermittelten Quantile gute Approximationen der wahren Quantile von τ^*. Im Allgemeinen reicht $B = 5000$ durchaus, um eine akzeptable Genauigkeit zu erzielen.

Im Folgenden wird das Vorgehen noch einmal schrittweise für das CAPM beschrieben:

1. Berechne aus den Monatsrenditen $R_{M,i}$ und $R_{P,i}$ die Schätzwerte $\hat{\mu}_P$ (oder $\hat{\alpha}_P$), $\hat{\mu}_M$, $\hat{\beta}_P$, $\hat{\sigma}_M$ und $\hat{\sigma}_\varepsilon$.
2. Berechne aus den Monatsrenditen $R_{M,i}$ und $R_{P,i}$ den Schätzwert des Performance-Maßes, z.B. $\widehat{MM}$.
3. Setze die Anzahl B der Bootstrap-Replikationen fest.
4. Erzeuge mit Hilfe des Daten erzeugenden Prozesses (7.71) bis (7.74) für die Parameterwerte $\hat{\mu}_P$ (oder $\hat{\alpha}_P$), $\hat{\mu}_M$, $\hat{\beta}_P$, $\hat{\sigma}_M$ und $\hat{\sigma}_\varepsilon$ eine Pseudostichprobe $R_{M,1}^*, \ldots, R_{M,12}^*$ und $R_{P,1}^*, \ldots, R_{P,12}^*$.
5. Berechne aus den Monatsrenditen $R_{M,i}^*$ und $R_{P,i}^*$ der Pseudostichprobe den Bootstrap-Schätzwert MM_b^*. Dieser Wert wird abgespeichert.
6. Wiederhole die Schritte 4 und 5 insgesamt B-mal. Es ergeben sich B Bootstrap-Schätzwerte $MM_1^*, \ldots, MM_B^*$.
7. Ordne die Bootstrap-Schätzwerte aufsteigend $MM_{(1)}^* \leq \cdots \leq MM_{(B)}^*$.
8. Bei vorgegebenem Signifikanzniveau α ist ein $(1 - \alpha)$-Konfidenzintervall für MM gegeben durch

$$\left[MM_{(\alpha B/2)}^*; MM_{((1-\alpha/2)B)}^* \right].$$

Mit einem einfachen Simulationsbeispiel soll nun gezeigt werden, dass mit diesem Verfahren tatsächlich Konfidenzintervalle für die Performance-Maße mit der gewünschten Überdeckungswahrscheinlichkeit $1 - \alpha$ gefunden werden. Um die Genauigkeit der Konfidenzintervalle zu testen, müssen die wahren Werte der Performance-Maße (und damit die wahren Werte der Parameter des Daten erzeugenden Prozesses) bekannt sein. Wir setzen die Werte willkürlich auf

$$\mu_{\mathbb{P}} = 0.09,$$
$$\mu_{\mathrm{M}} = 0.10,$$
$$\sigma_{\mathrm{M}} = 0.0625,$$
$$\beta_{\mathbb{P}} = 0.9,$$
$$\sigma_{\varepsilon}^2 = 0.005,$$
$$R_f = 0.05.$$

Damit ergibt sich unter Berücksichtigung von (7.71) bis (7.74) für die wahren Werte der Performance-Maße

$$SR = 0.1695,$$
$$TR = 0.0444,$$
$$\alpha = -0.0050,$$
$$AR = -0.0707,$$
$$MM = -0.0076.$$

Nun wird mit Hilfe des Daten erzeugenden Prozesses eine Stichprobe der Portfoliorenditen $R_{\mathbb{P},1}, \ldots, R_{\mathbb{P},12}$ und der Marktrenditen $R_{\mathrm{M},1}, \ldots, R_{\mathrm{M},12}$ erzeugt. Aus der Stichprobe berechnet man die geschätzten Werte der Performance-Maße $\widehat{SR}$, $\widehat{TR}$, $\hat{\alpha}$, $\widehat{AR}$ und $\widehat{MM}$. Anschließend wird gemäß dem Bootstrap-Verfahren ein 0.9-Konfidenzintervall für jedes Maß bestimmt. Man hält fest, ob das Konfidenzintervall den wahren Wert überdeckt oder nicht.

Nun werden weitere Stichproben erzeugt, und das gleiche Verfahren wird für jede Stichprobe durchgeführt. Sei N die Anzahl der erzeugten Stichproben (Anzahl der Simulationsdurchläufe). Für große Werte von N ist nach dem Gesetz der großen Zahl der Anteil der Konfidenzintervalle, die den wahren Wert überdecken, ein guter Schätzer für die Überdeckungswahrscheinlichkeit. Tabelle 7.7 zeigt die geschätzten Überdeckungswahrscheinlichkeiten der 0.9-Bootstrap-Konfidenzintervalle der fünf Performance-Maße für $N = 10000$ und $B = 5000$. Man erkennt, dass das nominale Niveau recht gut eingehalten wird. Die Konfidenzintervalle für SR und TR sind offenbar tendenziell ein wenig zu schmal, während die Intervalle der übrigen Maße tendenziell ein wenig zu breit sind (solche Konfidenzmaße nennt man konservativ).

Das hier beschriebene Bootstrap-Verfahren eignet sich nur für Schätzer mit asymptotisch symmetrischer Verteilung. Andere Bootstrap-Methoden (wie beispielsweise der doppelte Bootstrap) können auch für nicht symmetrische Schätzer Konfidenzintervalle erzeugen; sie könnten möglicherweise auch das Ergebnis für die hier untersuchten Performance-Maße weiter verbessern, allerdings würde der Rechenaufwand beträchtlich ansteigen.

Beispiel 7.15. Der parametrische Bootstrap wird nun zur Konstruktion von 0.9-Konfidenzintervallen für die Daten aus Beispiel 7.14 verwendet. Zur Vereinfachung wird der risikolose Zinssatz, der zu Beginn eines Beobachtungszeitraums galt, über den ganzen Beobachtungszeitraum (also jeweils ein

Performance-Maß	Überdeckungs-wahrscheinlichkeit
SR	0.87
TR	0.87
α	0.92
AR	0.92
MM	0.92

Tabelle 7.7. Geschätzte Überdeckungswahrscheinlichkeiten der 0.9-Bootstrap-Konfidenz-Intervalle der fünf Performance-Maße

Jahr) als konstant angenommen. Die Anzahl der Bootstrap-Replikationen ist $B = 10000$. Tabelle 7.8 zeigt die Konfidenzintervalle aller Maße; die Tabelle ist analog zu Tabelle 7.6 aufgebaut. Aus Platzgründen werden jedoch nur die Ergebnisse für die Aktien BASF und Siemens sowie die beiden Portfolios ($\mathbb{P}_1$ ist das varianzminimale, $\mathbb{P}_2$ das naive Portfolio) ausgewiesen.

		BAS	SIE	$\mathbb{P}_1$	$\mathbb{P}_2$
$\widehat{SR}$	2000	[-1.71,1.88]	[-1.44,2.17]	[-1.66,1.94]	[-1.44,2.14]
	2001	[-2.55,1.14]	[-2.73,0.89]	[-2.59,1.02]	[-2.78,0.87]
	2002	[-2.77,0.89]	[-2.88,0.74]	[-2.70,0.94]	[-3.06,0.62]
	2003	[-1.40,2.18]	[-1.38,2.27]	[-1.47,2.17]	[-1.34,2.30]
	2004	[-1.10,2.52]	[-1.26,2.41]	[-1.35,2.29]	[-1.22,2.35]
$\widehat{TR}$	2000	[-229.65,240.23]	[-35.40,55.07]	[-260.66,287.56]	[-54.77,81.91]
	2001	[-115.25,48.83]	[-83.05,27.31]	[-90.04,35.05]	[-81.30,26.53]
	2002	[-123.83,38.05]	[-99.34,26.50]	[-115.09,39.37]	[-89.94,19.33]
	2003	[-55.73,86.69]	[-52.77,88.91]	[-65.39,101.25]	[-41.97,70.61]
	2004	[-14.95,35.59]	[-15.98,31.10]	[-35.70,66.23]	[-15.27,29.09]
$\hat{\alpha}$	2000	[-3.93,3.75]	[-4.13,4.52]	[-3.97,3.97]	[-2.20,2.47]
	2001	[-2.71,2.96]	[-3.47,3.95]	[-2.25,2.59]	[-1.83,2.00]
	2002	[-2.55,2.75]	[-3.69,4.31]	[-1.85,2.14]	[-0.82,0.98]
	2003	[-2.77,2.67]	[-3.45,3.64]	[-2.64,2.62]	[-1.25,1.21]
	2004	[-1.01,1.15]	[-0.96,0.86]	[-1.35,1.41]	[-0.92,0.78]
$\widehat{AR}$	2000	[-0.17,0.17]	[-0.16,0.18]	[-0.17,0.17]	[-0.16,0.18]
	2001	[-0.17,0.18]	[-0.16,0.18]	[-0.16,0.18]	[-0.17,0.18]
	2002	[-0.17,0.19]	[-0.16,0.19]	[-0.16,0.19]	[-0.16,0.19]
	2003	[-0.18,0.16]	[-0.17,0.17]	[-0.17,0.17]	[-0.17,0.16]
	2004	[-0.15,0.18]	[-0.18,0.16]	[-0.16,0.17]	[-0.19,0.16]
$\widehat{MM}$	2000	[-49.67,38.95]	[-21.06,21.01]	[-50.30,40.13]	[-31.85,31.87]
	2001	[-29.88,47.22]	[-19.08,25.89]	[-24.43,35.46]	[-18.10,22.76]
	2002	[-31.18,47.77]	[-22.60,32.08]	[-28.98,46.20]	[-9.34,12.01]
	2003	[-37.17,31.45]	[-33.60,32.49]	[-43.48,37.10]	[-12.72,11.90]
	2004	[-12.22,11.65]	[-12.08,9.33]	[-21.12,16.42]	[-11.12,8.09]

Tabelle 7.8. 0.9-Bootstrap-Konfidenzintervalle der Performance-Maße

Besonders auffällig ist die Breite der Konfidenzintervalle. Ausnahmslos überdecken die Konfidenzintervalle den Wert null; eine sichere Aussage über die Performance der einzelnen Anlagen ist nicht möglich. Auch eine sichere Aussage über den Performance-Vergleich zweier Portfolios ist nicht möglich. Die ermittelten Punktschätzer unterliegen offenbar einer sehr starken Unsicherheit. Das kann zwar an der hier getroffenen Auswahl der Portfolios liegen (schließlich sind Portfolios aus nur einer Aktie nicht gerade typisch), aber es ist zu vermuten, dass ein ähnliches Ergebnis auch bei realistischen Portfolios auftreten wird.

In Beispiel 7.15 wurden einige stark vereinfachende Annahmen gemacht, insbesondere wurde der risikolose Zinssatz über den gesamten Beobachtungszeitraum als konstant angenommen und es wurden nur sehr kurze Zeitreihen genutzt. Die Schätzung aus längeren Zeitreihen (Morey und Vinod 2000 schätzen die Performance-Maße aus 240 Monatsdaten) würde zu schmaleren Intervallen führen. Trotzdem kann man festhalten: Die Ergebnisse der statistischen Inferenz zeigen, dass Punktschätzer von CAPM-basierten Performance-Maßen mit Vorsicht zu betrachten sind, denn sie unterliegen einer großen Unsicherheit und sind daher nur bedingt aussagekräftig.

7.5 Literaturhinweise

Die Originalarbeiten zum CAPM sind Sharpe (1964), Lintner (1965), Mossin (1966) und Black (1972). Das CAPM wird in vielen Lehrbüchern ausführlich dargestellt. Wir verweisen auf Franke und Hax (1999), Kruschwitz (1999), Campbell et al. (1997). Eine fundamentale Kritik am CAPM enthält Roll (1977). Schätzen und Testen für das CAPM wird in Campbell et al. (1997) behandelt. Empirische Untersuchungen für den deutschen Aktienmarkt bieten Warfsmann (1993) sowie Bühler, Uhrig-Homburg, Walter und Weber (1999). Performance-Messung wird in Spremann (2000) behandelt. Arbeiten zur statistischen Inferenz für Performance-Maße sind Jobson und Korkie (1981), Jobson und Korkie (1988), Morey und Vinod (2000).

Stochastische Dominanz

Der Begriff der stochastischen Dominanz erster, zweiter und dritter Ordnung spielt in der Nutzen-, Risiko- und Entscheidungstheorie eine wichtige Rolle. Er findet sich deshalb in Bereichen wieder, in denen diese Theorien Anwendung finden, so auch im finanzwirtschaftlichen Bereich. Auch im Zusammenhang mit der Performance-Messung risikobehafteter Anlagen spielt die stochastische Dominanz eine Rolle. Wir führen nachfolgend die Begriffe der stochastischen Dominanz erster, zweiter und dritter Ordnung ein und zeigen anschließend, wie man Dominanzbeziehungen empirischer Verteilungen untersucht.

Wir verwenden die folgende Notation. Seien X und Y zwei Zufallsvariablen mit zugehörigen Verteilungsfunktionen F und G. Inhaltlich stellen X und Y die Renditen (oder Überschussrenditen) zweier verschiedener, risikobehafteter Anlagen (einzelner Aktien oder Portfolios) dar, die miteinander verglichen werden sollen. Die Verteilungsfunktionen $F(x)$ und $G(y)$ beschreiben die Renditeverteilungen der beiden risikobehafteten Anlagen.

8.1 Stochastische Dominanz erster Ordnung

Die Zufallsvariable X ist im Sinne der stochastischen Dominanz erster Ordnung mindestens so gut wie Y, wenn

$$F(x) \leq G(x) \text{ für alle } x \in \mathbb{R}. \tag{8.1}$$

Wir schreiben

$$X \geq_{FSD} Y,$$

wobei FSD für „First Order Stochastic Dominance" steht. Die Bedingung lässt sich umformen zu

$$1 - F(x) = P(X > x) \geq P(Y > x) = 1 - G(x)$$

für alle $x \in \mathbb{R}$. Die Wahrscheinlichkeit, dass X einen Wert größer als x annimmt, ist also mindestens so groß wie die Wahrscheinlichkeit, dass Y einen

Wert größer als x annimmt. Man nennt X daher auch „stochastisch größer" als Y. Aus $X \geq_{FSD} Y$ folgt *nicht*, dass jeder realisierte Wert von X mindestens so groß ist wie der realisierte Wert von Y. Abbildung 8.1 zeigt zwei Verteilungsfunktionen F und G. Da die Verteilungsfunktion F überall unterhalb

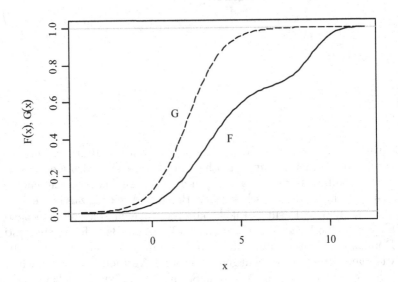

Abbildung 8.1. Stochastische Dominanz erster Ordnung

(bzw. überall rechts) von G liegt, gilt $X \geq_{FSD} Y$. Trotzdem kann es natürlich passieren, dass eine Realisation von X zufällig kleiner ist als eine Realisation von Y. Die Zufallsvariablen X und Y müssen gar keine gemeinsame Verteilung besitzen, da $X \geq_{FSD} Y$ nicht über die Realisierungen definiert ist, sondern über die Verteilungsfunktionen F und G. Aus (8.1) folgt unmittelbar, dass für die Quantilfunktionen

$$F^{-1}(p) \geq G^{-1}(p) \qquad \text{für alle } p \in {]0, 1[}$$

gelten muss. Die p-Quantile von X sind also alle mindestens so groß wie die von Y.

Die stochastische Dominanz erster Ordnung lässt sich im Rahmen der Nutzentheorie wie folgt interpretieren:

$$X \geq_{FSD} Y \quad \Leftrightarrow \quad E(u(X)) \geq E(u(Y))$$

für alle Nutzenfunktionen u mit $u' \geq 0$. Die Menge aller Nutzenfunktionen u mit dieser Eigenschaft wird im Folgenden mit U_1 bezeichnet. Stochastische Dominanz von X über Y bedeutet also, dass der Erwartungsnutzen von X mindestens so groß ist wie der Erwartungsnutzen von Y, und zwar für *jede* monoton steigende Nutzenfunktion u. Man kann davon ausgehen, dass die Nutzenfunktion eines jeden Anlegers in U_1 liegt.

Obwohl der Begriff der stochastischen Dominanz erster Ordnung über die Verteilungsfunktionen von X und Y definiert ist, lässt er sich auch über Zufallsvariablen interpretieren, und zwar in der folgenden Form. Falls $X \geq_{FSD} Y$, so gibt es Zufallsvariablen $\tilde{X}$, $\tilde{Y}$ und $\varepsilon \geq 0$ (die alle auf demselben Wahrscheinlichkeitsraum definiert sind) mit

$$\tilde{X} \overset{d}{=} X \quad \text{und} \quad \tilde{Y} \overset{d}{=} Y,$$

wobei mit dem Symbol „$\overset{d}{=}$" Gleichheit in Verteilung gemeint ist, d.h. $P(\tilde{X} \leq x) = P(X \leq x)$ und $P(\tilde{Y} \leq y) = P(Y \leq y)$, so dass mit Wahrscheinlichkeit 1

$$\tilde{X} = \tilde{Y} + \varepsilon$$

gilt. Für $\tilde{X}$ und $\tilde{Y}$ gilt also mit Wahrscheinlichkeit 1, dass $\tilde{X} \geq \tilde{Y}$ ist. Eine einfache Folgerung daraus ist

$$E(X) = E(\tilde{X}) \geq E(\tilde{Y}) = E(Y).$$

Aus der stochastischen Dominanz erster Ordnung $X \geq_{FSD} Y$ folgt also insbesondere, dass der Erwartungswert von X mindestens so groß ist wie der Erwartungswert von Y. Die Umkehrung gilt natürlich nicht.

$X \geq_{FSD} Y$ bedeutet somit, dass jeder Anleger eine Anlage mit Rendite X einer Anlage mit Rendite Y vorziehen würde. Für die praktische Anwendung ist die stochastische Dominanz erster Ordnung jedoch wenig geeignet, da sie einen sehr restriktiven Dominanzbegriff darstellt. Empirische Untersuchungen von Finanzmarktdaten zeigen, dass stochastische Dominanz erster Ordnung selten vorkommt (siehe z.B. Schmid und Trede 2000). In Bezug auf das FSD-Kriterium werden im Allgemeinen keine risikobehafteten Anlagen als dominiert ausgesondert.

8.2 Stochastische Dominanz zweiter Ordnung

Eine Abschwächung von FSD ist die stochastische Dominanz zweiter Ordnung (Second Order Stochastic Dominance, SSD). Die Zufallsvariable X ist im Sinne der stochastischen Dominanz zweiter Ordnung mindestens so gut wie Y, wenn für alle $t \in \mathbb{R}$

$$\int_{-\infty}^{t} F(x)dx \leq \int_{-\infty}^{t} G(x)dx \tag{8.2}$$

gilt. Wir schreiben

$$X \geq_{SSD} Y.$$

Man sieht, dass stochastische Dominanz erster Ordnung stochastische Dominanz zweiter Ordnung impliziert (das Umgekehrte gilt jedoch nicht). Die Fläche unter der Verteilungsfunktion F (von $-\infty$ bis t) muss für alle $t \in \mathbb{R}$ kleiner oder gleich derjenigen unter G sein. Abbildung 8.2 zeigt zwei Verteilungsfunktionen F und G. Für den Wert $t = 4$ sind die beiden Integrale aus (8.2) erkennbar. Offensichtlich ist die Fläche unterhalb von F kleiner als unterhalb von G. Man sieht leicht, dass auch für andere Werte von t die Fläche unterhalb von F stets kleiner ist. Folglich gilt $X \geq_{SSD} Y$. Mittels partieller

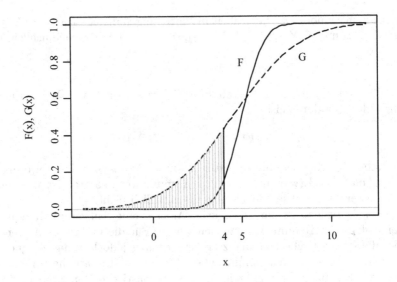

Abbildung 8.2. Stochastische Dominanz zweiter Ordnung

Integration kann man für alle $t \in \mathbb{R}$

$$\int_{-\infty}^{t} F(x)dx = \int_{-\infty}^{t} (t-x)dF(x) = E(\max\{0, t-X\}) \qquad (8.3)$$

zeigen. Also gilt die Äquivalenz

$$X \geq_{SSD} Y \quad \Longleftrightarrow \quad E(\max\{0, t-X\} \leq E(\max\{0, t-Y\}) \text{ für alle } t \in \mathbb{R}.$$

Auch SSD lässt sich im Rahmen der Nutzentheorie interpretieren, und zwar gilt

$$X \geq_{SSD} Y \quad \Longleftrightarrow \quad E(u(X)) \geq E(u(Y))$$

für alle Nutzenfunktionen u mit $u' \geq 0$ und $u'' \leq 0$. Die Menge aller Nutzenfunktionen mit diesen Eigenschaften sei mit U_2 bezeichnet. Offensichtlich gilt $U_2 \subset U_1$. Stochastische Dominanz zweiter Ordnung von X über Y gilt also genau dann, wenn der Erwartungsnutzen von X mindestens so groß ist wie derjenige von Y für *alle* Nutzenfunktionen u aus U_2. Ein Anleger, dessen Nutzenfunktion die beiden obigen Bedingungen erfüllt, wird als risikoavers bezeichnet. $X \geq_{SSD} Y$ bedeutet also, dass jeder risikoaverse Anleger eine Anlage mit Rendite X einer solchen mit Rendite Y vorziehen würde.

Auch die stochastische Dominanz zweiter Ordnung lässt sich über Zufallsvariablen interpretieren, und zwar wie folgt. Es gibt Zufallsvariablen $\tilde{X}$, $\tilde{Y}$ und ε (die wieder alle auf demselben Wahrscheinlichkeitsraum definiert sind) mit

$$\tilde{X} \overset{d}{=} X,$$
$$\tilde{Y} \overset{d}{=} Y,$$

sowie

$$E(\varepsilon|\tilde{X}) \geq 0$$

und

$$\tilde{X} = \tilde{Y} + \varepsilon.$$

Es folgt

$$\begin{aligned} E(X) &= E(\tilde{X}) \\ &= E(\tilde{Y}) + E(\varepsilon) \\ &= E(Y) + E(E(\varepsilon|\tilde{X})) \geq E(Y), \end{aligned}$$

denn da $E(\varepsilon|\tilde{X}) \geq 0$ ist, gilt auch $E(E(\varepsilon|\tilde{X})) \geq 0$, d.h. $X \geq_{SSD} Y$ impliziert $E(X) \geq E(Y)$.

Für die praktische Anwendung ist SSD durchaus geeignet. Es zeigt sich, dass mittels des SSD-Kriteriums risikobehaftete Anlagen als dominiert ausgesondert werden können.

8.3 Stochastische Dominanz dritter Ordnung

Die Zufallsvariable X ist im Sinne der stochastischen Dominanz dritter Ordnung (Third Order Stochastic Dominance, TSD) mindestens so gut wie Y, wenn für alle $z \in \mathbb{R}$ gilt

$$\int_{-\infty}^{z} \int_{-\infty}^{t} F(x) dx dt \leq \int_{-\infty}^{z} \int_{-\infty}^{t} G(x) dx dt. \tag{8.4}$$

Wir schreiben

$$X \geq_{TSD} Y.$$

Aus (8.4) lässt sich folgern (falls die Ungleichheit für alle $z \in \mathbb{R}$ gilt), dass

$$E(X) \geq E(Y).$$

Auch TSD lässt sich im Rahmen der Nutzentheorie interpretieren. Es gilt

$$X \geq_{TSD} Y \iff E(u(X)) \geq E(u(Y))$$

für alle Nutzenfunktionen u mit $u' \geq 0$, $u'' \leq 0$ und $u''' \geq 0$. Die Menge aller Nutzenfunktionen u mit diesen Eigenschaften sei mit U_3 bezeichnet. Offensichtlich gilt $U_3 \subset U_2$.

Die Forderung $u''' \geq 0$ für $u \in U_3$ lässt sich nicht ganz so leicht interpretieren wie etwa $u' \geq 0$ oder $u'' \leq 0$. Mit etwas Rechnung kann man zeigen, dass $u''' \geq 0$ eine notwendige Bedingung für zunehmende absolute Risikoaversion im Sinne von Pratt und Arrow ist (Eisenführ und Weber 2003). Diese wird mittels

$$r(x) = \frac{-u''(x)}{u'(x)}$$

gemessen. Die Bedingung $u''' \geq 0$ ist aber nicht hinreichend für zunehmende absolute Risikoaversion. Deshalb enthält U_3 nicht nur Nutzenfunktionen mit zunehmender absoluter Risikoaversion, sondern auch andere. Ein anderer Ansatz die dritte Ableitung $u''' \geq 0$ zu interpretieren besteht darin, die Nutzenfunktion u um $E(X)$ nach Taylor bis zur dritten Ordnung zu entwickeln. Es ergibt sich

$$u(x) = u(E(X)) + u'(E(X))(x - E(X)) + \frac{u''(E(X))}{2!}(x - E(X))^2$$
$$+ \frac{u'''(E(X))}{3!}(x - E(X))^3 + \text{Rest}.$$

Ersetzt man x durch X und bildet den Erwartungswert, so erhält man

$$E(u(X)) = u(E(X)) + \frac{u''(E(X))}{2!} Var(X)$$
$$+ \frac{u'''(E(X))}{3!} E((X - E(X))^3) + \text{Rest},$$

wenn man $E(X - E(X)) = 0$ berücksichtigt. $u''' \geq 0$ besagt nun, dass der erwartete Nutzen $E(u(X))$ um so größer ist, je größer $E((X - E(X))^3)$. Da $E((X - E(X))^3)$ das Vorzeichen der Schiefe von X hat, impliziert $u''' \geq 0$ insbesondere, dass eine positive Schiefe tendenziell den erwarteten Nutzen erhöht.

Empirische Untersuchungen haben gezeigt, dass man mittels TSD die Menge der nichtdominierten riskanten Anlagen verkleinern kann.

8.4 Weitere Dominanzbegriffe

In der Entscheidungstheorie am bekanntesten ist die μ-σ-Dominanz (Mean-Variance-Dominance). Die Zufallsvariable X ist im Sinne der μ-σ-Dominanz mindestens so gut wie Y (in Zeichen : $X \geq_{MV} Y$), falls

$$E(X) \geq E(Y) \quad \text{und} \quad \sqrt{Var(X)} \leq \sqrt{Var(Y)}.$$

Diese Bedingung ist äquivalent zu

$$E(X) - \lambda\sqrt{Var(X)} \geq E(Y) - \lambda\sqrt{Var(Y)}$$

für alle $\lambda \geq 0$. Man beachte, dass es zwischen der μ-σ-Dominanz und der stochastischen Dominanz erster, zweiter und dritter Ordnung keine allgemein gültigen Relationen gibt, wenn man über die Verteilungen von X und Y nicht weitere einschränkende Annahmen trifft. Beschränkt man sich bei X und Y auf normalverteilte Zufallsvariablen, $X \sim N(\mu_X, \sigma_X^2)$ und $Y \sim N(\mu_Y, \sigma_Y^2)$, so sieht man leicht, dass die folgenden Beziehungen gelten:

$$X \geq_{FSD} Y \Longleftrightarrow \left(\mu_X \geq \mu_Y \text{ und } \sigma_X^2 = \sigma_Y^2\right),$$
$$X \geq_{FSD} Y \Longrightarrow X \geq_{MV} Y,$$
$$X \geq_{SSD} Y \Longleftrightarrow X \geq_{MV} Y.$$

Ein von Yitzhaki (1982) eingeführter Dominanzbegriff ersetzt die Varianz von X durch Ginis mittlere Differenz

$$Gini(X) = \frac{1}{2} \int_{-\infty}^{\infty} \int_{-\infty}^{\infty} |x - y| \; dF(x)dG(y)$$

und analog für Y. Die Mean-Gini-Dominance (in Zeichen: $X \geq_{MG} Y$) ist definiert über

$$E(X) \geq E(Y) \quad \text{und} \quad E(X) - Gini(X) \geq E(Y) - Gini(Y).$$

Es kann gezeigt werden, dass die Mean-Gini-Dominance eine notwendige Bedingung für die stochastische Dominanz zweiter Ordnung ist, d.h.

$$X \geq_{SSD} Y \quad \Longrightarrow \quad X \geq_{MG} Y.$$

8.5 Überprüfung von Dominanzbeziehungen

Seien X und Y die Renditen zweier verschiedener riskanter Anlagen. Die empirisch beobachteten Renditen seien $x_1, \ldots, x_n$ und $y_1, \ldots, y_m$. Da wir im Folgenden nur deskriptive Statistik betreiben, müssen wir keine Annahmen über die Art des Zustandekommens der Beobachtungen treffen. Die unbekannten

Verteilungsfunktionen F_X bzw. F_Y von X bzw. Y werden ersetzt durch die empirischen Verteilungsfunktionen

$$F_n(z) = \frac{1}{n} \sum_{i=1}^{n} 1\,(x_i \le z),$$

$$G_m(z) = \frac{1}{m} \sum_{i=1}^{m} 1\,(y_i \le z)$$

für $z \in \mathbb{R}$, wobei $1(A)$ die Indikatorfunktion ist, d.h. $1(A) = 1$, wenn A wahr ist, und $1(A) = 0$ sonst. Man definiert nun die Funktion

$$D_1(z) = F_n(z) - G_m(z) \tag{8.5}$$

für $z \in \mathbb{R}$, welche die Differenz zwischen den beiden empirischen Verteilungsfunktionen wiedergibt. Die Funktion $z \longmapsto D_1(z)$ ist eine Treppenfunktion, die ihre Sprungstellen an den (der Größe nach geordneten) Stellen

$$z_{(1)} \le z_{(2)} \le \cdots \le z_{(n+m)}$$

hat, wobei

$$(z_1, z_2, \ldots, z_{n+m}) = (x_1, \ldots, x_n, y_1, \ldots, y_m)$$

ist. Um $X \ge_{FSD} Y$ zu etablieren, muss $D_1(z_{(i)}) \le 0$ für alle $i = 1, \ldots, n + m$ gelten.

Zur Untersuchung von stochastischer Dominanz zweiter Ordnung betrachten wir das empirische Analogon zu (8.3), nämlich

$$\frac{1}{n} \sum_{i=1}^{n} (z - x_i) \cdot 1\,(x_i \le z).$$

Für die y_i-Werte berechnet man analog

$$\frac{1}{m} \sum_{i=1}^{m} (z - y_i) \cdot 1\,(y_i \le z).$$

Wir definieren die Differenz

$$D_2(z) = \frac{1}{n} \sum_{i=1}^{n} (z - x_i) \cdot 1\,(x_i \le z) - \frac{1}{m} \sum_{i=1}^{m} (z - y_i) \cdot 1\,(y_i \le z).$$

Man sieht leicht, dass $D_2(z) = 0$ für $z < z_{(1)}$ und $D_2(z) = \bar{y} - \bar{x}$ für $z > z_{(n+m)}$. Die Funktion $z \longmapsto D_2(z)$ ist ein Polygonzug mit Ecken an den Stellen $z_{(1)} \le \cdots \le z_{(n+m)}$. Um $X \ge_{SSD} Y$ zu etablieren, muss $D_2(z_{(i)}) \le 0$ für alle $i = 1, \ldots, n + m$ sein. Insbesondere muss $\bar{y} \le \bar{x}$ sein.

Wir betrachten nun noch die stochastische Dominanz dritter Ordnung. Mittels partieller Integration zeigt man, dass

$$\int_{-\infty}^{z} \int_{-\infty}^{t} F(x)dxdt = \frac{1}{2} \int_{-\infty}^{z} (z-x)^2 dF(x)$$

ist. Eine analoge Formel gilt für Y. Die empirischen Gegenstücke sind

$$\frac{1}{2} \frac{1}{n} \sum_{i=1}^{n} (z-x_i)^2 \cdot 1\,(x_i \le z)$$

für die x_i -Werte und

$$\frac{1}{2} \frac{1}{m} \sum_{i=1}^{m} (z-y_i)^2 \cdot 1\,(y_i \le z)$$

für die y_i -Werte.

Zur Überprüfung der stochastischen Dominanz dritter Ordnung betrachtet man die Differenz

$$D_3(z) = \frac{1}{2} \left(\frac{1}{n} \sum_{i=1}^{n} (z-x_i)^2 \cdot 1\,(x_i \le z) - \frac{1}{m} \sum_{i=1}^{m} (z-y_i)^2 \cdot 1\,(y_i \le z) \right).$$

Man sieht leicht, dass $D_3(z) = 0$ für $z < z_{(1)}$ ist. Für $z_{(i)} \le z \le z_{(i+1)}$, $i = 1, \ldots, n+m-1$, ist $D_3(z)$ eine quadratische Funktion von z und für $z > z_{(n+m)}$ gilt

$$D_3(z) = (\bar{y} - \bar{x})z + \frac{1}{2} \left(\frac{1}{n} \sum_{i=1}^{n} x_i^2 - \frac{1}{m} \sum_{i=1}^{m} y_i^2 \right).$$

Um $D_3(z) \le 0$ für alle $z \in \mathbb{R}$ zu überprüfen, muss zunächst $D_3(z_{(i)}) \le 0$ für $i = 1, \ldots, n+m$ und $\bar{x} - \bar{y} \ge 0$ überprüft werden. Dies ist jedoch nicht hinreichend, denn für einen Index i könnte zwar $D_3(z_{(i)}) \le 0$ und $D_3(z_{(i+1)}) \le 0$ gelten, jedoch $D_3(z) > 0$ für einen Wert z mit $z_{(i)} < z < z_{(i+1)}$ sein. Aus diesem Grund muss $D_3(z) \le 0$ auch für die Werte z zwischen zwei benachbarten Beobachtungen $z_{(i)}$ und $z_{(i+1)}$ überprüft werden. Praktisch würde man dies so durchführen, dass der Wert von D_3 an einigen äquidistanten Punkten zwischen $z_{(i)}$ und $z_{(i+1)}$ berechnet wird.

Beispiel 8.1. Wir illustrieren die empirische Überprüfung von stochastischer Dominanz erster, zweiter und dritter Ordnung an einem einfachen Zahlenbeispiel. Die annualisierten Renditen (in %) der X-Anlage und der Y-Anlage seien in vier aufeinanderfolgenden Monaten

$$x_1 = 6, \quad x_2 = 10, \quad x_3 = 8, \quad x_4 = 12,$$
$$y_1 = 9, \quad y_2 = 5, \quad y_3 = 12, \quad y_4 = 10.$$

Für die empirischen Verteilungsfunktionen gilt

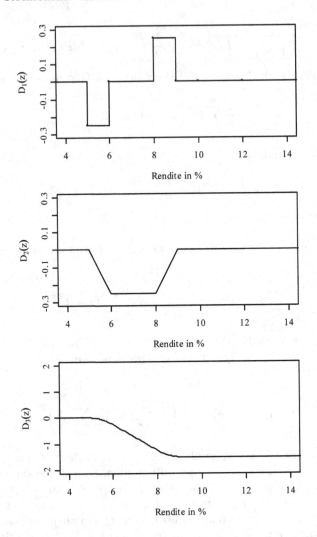

Abbildung 8.3. Überprüfung von stochastischer Dominanz erster, zweiter und dritter Ordnung

$$
F_4(x) = \begin{cases} 0 & \text{für } x < 6, \\ 1/4 & \text{für } 6 \le x < 8, \\ 2/4 & \text{für } 8 \le x < 10, \\ 3/4 & \text{für } 10 \le x < 12, \\ 1 & \text{für } x \ge 12 \end{cases}
$$

und

$$G_4(x) = \begin{cases} 0 & \text{für } x < 5, \\ 1/4 & \text{für } 5 \leq x < 9, \\ 2/4 & \text{für } 9 \leq x < 10, \\ 3/4 & \text{für } 10 \leq x < 12, \\ 1 & \text{für } x \geq 12. \end{cases}$$

Abbildung 8.3 zeigt die Funktionen $D_1(z)$, $D_2(z)$ und $D_3(z)$. Da $D_1(z)$ sowohl positive als auch negative Werte annimmt, liegt keine stochastische Dominanz erster Ordnung vor. Hingegen nehmen sowohl $D_2(z)$ als auch $D_3(z)$ ausschließlich nicht-positive Werte an. Also dominiert die X-Anlage die Y-Anlage gemäß stochastischer Dominanz zweiter und dritter Ordnung.

Beispiel 8.2. Wir betrachten die Tagesrenditen von BASF und Siemens für den Zeitraum vom 3. Januar 1995 bis zum 30. Dezember 2004. Die Anzahl der Beobachtungen beträgt $n = m = 2526$. Abbildung 8.4 zeigt die drei Funktionen $D_1(z)$, $D_2(z)$ und $D_3(z)$. Da $D_1(z)$ sowohl negative als auch positive Werte annimmt, liegt keine Dominanz erster Ordnung vor. Die Funktion $D_2(z)$ ist jedoch überall nicht-positiv (und $D_3(z)$ folglich ebenfalls). Daraus folgt, dass die Verteilung der BASF-Tagesrenditen die Verteilung der Siemens-Tagesrenditen zweiter und dritter Ordnung stochastisch dominiert.

8.6 Tests auf stochastische Dominanz

Die im letzten Abschnit vorgestellten Methoden zur Überprüfung stochastischer Dominanz sind rein deskriptiver Art: Sie berücksichtigen nicht, wie die Beobachtungen x_i und y_i zustande kommen, nämlich als Realisierungen von Zufallsvariablen X und Y. Die empirisch festgestellten Dominanzbeziehungen sagen deshalb immer nur etwas über die (aus den Beobachtungen gebildeten) empirischen Verteilungsfunktionen $F_n(z)$ bzw. $G_m(z)$ aus, nicht jedoch über die zu den Zufallsvariablen X und Y gehörenden Verteilungsfunktionen $F(z)$ und $G(z)$.

Beispiel 8.3. Wir wollen das Problem mit einem einfachen Beispiel illustrieren. Es seien $X \sim N(0.1, 1)$ und $Y \sim N(0, 1)$. Offensichtlich liegt stochastische Dominanz erster, zweiter und dritter Ordnung von X über Y vor. Erzeugt man nun aus X und Y unabhängige Stichproben der Länge $n = m$, so stellt man fest, dass sich die empirischen Verteilungsfunktionen F_n und G_m fast immer schneiden. In diesen Fällen kann man keine stochastische Dominanz 1. Ordnung feststellen, obwohl für die Zufallsvariable X und Y selbst $X \geq_{FSD} Y$ gilt, also $F(z) < G(z)$ für alle $z \in \mathbb{R}$.

In Tabelle 8.1 sind durch Simulationen (mit 1000 Wiederholungen) ermittelte Wahrscheinlichkeiten dafür angegeben, dass stochastische Dominanz erster, zweiter und dritter Ordnung nicht festgestellt werden kann.

Wie man aus den Wahrscheinlichkeiten der Tabelle 8.1 ersieht, existiert das beschriebene Problem nicht nur für die Dominanz erster Ordnung, sondern – in abgeschwächter Form – auch für die Dominanz zweiter und dritter

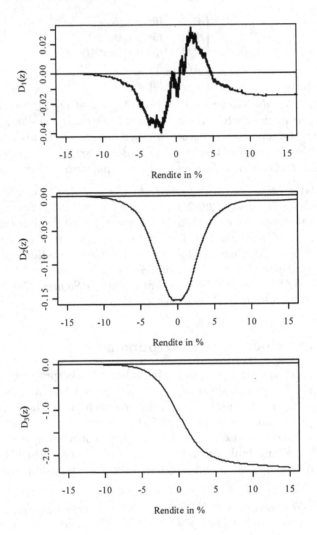

Abbildung 8.4. Überprüfung stochastischer Dominanz erster, zweiter und dritter Ordnung für die Tagesrenditen von BASF und Siemens

Ordnung. Einen Ausweg aus dem an diesem Beispiel geschilderten Problem bieten Hypothesentests, bei denen die Wahrscheinlichkeit, eine bestehende Dominanzbeziehung fälschlich abzulehnen, unter Kontrolle ist. In Bezug auf die stochastische Dominanz erster Ordnung wären also die Hypothesen

$$H_0 : X \geq_{FSD} Y$$
$$H_1 : \text{nicht } H_0$$

zu testen. Eine geeignete Testgröße τ ist durch

n	Empirische Nichtdominanz		
	FSD	SSD	TSD
100	0.96	0.56	0.45
250	0.97	0.58	0.50
500	0.97	0.58	0.51
1000	0.96	0.57	0.51
2500	0.94	0.55	0.50

Tabelle 8.1. Wahrscheinlichkeit empirischer Nichtdominanz

$$\tau = \sup_{z \in \mathbb{R}} D_1(z)$$

gegeben, wobei $D_1(z)$ in (8.5) definiert wurde. Die Nullhypothese H_0 wird abgelehnt, wenn τ zu groß ist, d.h. $\tau > c$ gilt. Hierbei ist c das $(1-\alpha)$-Quantil der Verteilung von τ unter Gültigkeit der Nullhypothese.

Analog kann man Hypothesen über die stochastische Dominanz zweiter und dritter Ordnung testen. Eine geeignete Testgröße eines Tests auf stochastische Dominanz zweiter Ordnung ist durch

$$\tau = \sup_{z \in \mathbb{R}} D_2(t)$$

gegeben; die Nullhypothese stochastischer Dominanz zweiter Ordnung von X über Y wird abgelehnt, wenn $\tau > c$ ist, wobei c das $(1 - \alpha)$-Quantil der Verteilung von τ unter H_0 ist.

Bei diesen Tests – und ähnlichen weiteren Tests dieser Art – ist das Hauptproblem, den kritischen Wert c zu bestimmen. Dies kann z.B. mit einem nichtparametrischen Bootstrap-Verfahren geschehen. Hierbei sind jedoch verschiedene Abhängigkeiten zu berücksichtigen. So sind z.B. x_i und y_i Werte von im Allgemeinen kontemporär abhängigen Variablen X_i und Y_i. Weiterhin müssen unter Umständen intertemporale Abhängigkeiten der $X_1, ..., X_n$ und $Y_1, ..., Y_m$ berücksichtigt werden. Auf Details gehen wir nicht ein, sondern verweisen auf die unten angegebene Literatur.

8.7 Literaturhinweise

Ein grundlegendes Werk zur stochastischen Dominanz ist Whitmore und Findlay (1978). Der Überblicksartikel Levy (1992) und die Monographie Levy (1998) enthalten sehr ausführliche Bibliographien zur stochastischen Dominanz. Stochastische Dominanz wird auch in Lehrbüchern aus dem Bereich „Finance" behandelt, z.B. in Elton und Gruber (1995), Huang und Litzenberger (1988), Ingersoll (1987) und Kruschwitz (1999). Die Mean-Variance-Dominance wird in den Lehrbüchern zur Entscheidungstheorie behandelt, siehe z.B. Eisenführ und Weber (2003) oder Schneeweiß (1967). Die Mean-Gini-Dominance geht auf Yitzhaki (1982) zurück. Dominanzuntersuchungen zum deutschen Wertpapiermarkt stammen von Steiner, Meyer-Bullerdiek und Spanderen (1996) und Schmid und Trede (2000). Statistische Inferenz für die stochastische Dominanz (insbesondere Hypothesentests) werden in McFadden (1989), Klecan, McFadden und McFadden (1991), Davidson und Duclos (2000), Xu, Fisher und Willson (1995), Schmid und Trede (1997), Linton, Maasoumi und Whang (2005), Kläver (2005) und Schmid und Trede (1998) behandelt.

Literatur

Aitchison, J. und Brown, J. (1976), *The Lognormal Distribution with Special Reference to its Uses in Economics*, Cambridge University Press, Cambridge.

Akgiray, V., Booth, G. G. und Loistl, O. (1989), 'Statistical models of german stock returns', *Journal of Economics* **50**, 17–33.

Alexander, C. (2001), *Market Models. A Guide to Financial Data Analysis*, John Wiley & Sons, Chichester.

Ancona-Navarette, M. A. und Tawn, J. A. (2000), 'A comparison of methods for estimating the extremal index', *Extremes* **3**, 5–38.

Andersen, T. G., Chung, H. J. und Soerensen, B. E. (1999), 'Efficient method of moments estimation of a stochastic volatility model: A monte carlo study', *Journal of Econometrics* **91**, 61–87.

Bamberg, G. und Baur, F. (2002), *Statistik*, 12. Aufl., Oldenbourg, München.

Bamberg, G. und Dorfleitner, G. (2001), 'Is traditional capital market theory consistent with fat-tailed log returns?', *Zeitschrift für Betriebswirtschaft* **72**, 865–878.

Barndorff-Nielsen, O. E. (1977), 'Exponentially decreasing distributions for the logarithm of particle size', *Proceedings of the Royal Society London A* **353**, 401–419.

Barth, W. (1996), *Fraktale, Long Memory und Aktienkurse*, Reihe Quantitative Ökonomie, Josef Eul, Bergisch Gladbach.

Baz, J. und Chacko, G. (2004), *Financial Derivatives. Princing, Applications and Mathematics*, Cambridge University Press, Cambridge.

Bickel, P. J. und Doksum, K. A. (2000), *Mathematical Statistics*, 2. edn, Holden-Day, Oakland.

Black, F. (1972), 'Capital market equilibrium with restricted borrowing', *Journal of Business* **45**, 444–454.

Bollerslev, T. (1986), 'Generalized autoregressive conditional heteroscedasticity', *Journal of Econometrics* **31**, 307–327.

Brigo, D. und Mercurio, F. (2001), *Interest Rate Models. Theory and Practice*, Springer, New York.

Brooks, C. (2002), *Introductory Econometrics for Finance*, Cambridge University Press, Cambridge.

Brown, R., Durbin, J. und Evans, J. (1975), 'Techniques for testing the constancy of regression relationships over time', *Journal of the Royal Statistical Society B* **37**, 149–192.

Bühler, W., Uhrig-Homburg, M., Walter, U. und Weber, T. (1999), 'An empirical comparison of forward-rate and spot-rate models for valuing interest-rate options', *Journal of Finance* **54**, 269–305.

Campbell, J., Lo, A. und MacKinlay, A. (1997), *The Econometrics of Financial Markets*, Princeton University Press, Princeton.

Capéraà, P., Fougères, A.-L. und Genest, C. (1997), 'A nonparametric estimation procedure for bivariate extreme value copulas', *Biometrika* **84**, 567–577.

Carmona, R. A. (2003), *Statistical Analysis of Financial Data in S-Plus*, Springer Texts in Statistics, Springer, New York.

Casella, G. und Berger, R. (2001), *Statistical Inference*, 2. edn, Duxbury Resource Center, Belmont.

Cherubini, U., Luciano, E. und Vecchiato, W. (2004), *Copula Methods in Finance*, John Wiley & Sons, Chichester.

Chib, S., Nardari, F. und Shephard, N. (2002), 'Markov chain monte carlo methods for stochastic volatility models', *Journal of Econometrics* **108**, 281–316.

Coles, S., Heffernan, J. E. und Tawn, J. A. (1999), 'Dependence measures for extreme value analysis', *Extremes* **2**, 339–365.

Cont, R. (2000), 'Empirical properties of asset returns: Stylized facts and statistical issues', *Quantitative Finance* **1**, 223–236.

Cowles, A. und Jones, H. E. (1937), 'Some a posteriori probabilities in stock market action', *Econometrica* **5**, 280–294.

Cox, D. R. und Miller, H. (1965), *The Theory of Stochastic Processes*, Methuen, London.

Dacorogna, M. M., Gençay, R., Müller, U. A., Olsen, R. B. und Pictet, O. V. (2001), *An Introduction to High-Frequency Finance*, Academic Press, San Diego.

D'Agostino, R. und Stephens, M. (1986), *Goodness-of-Fit Techniques*, Marcel Dekker, New York.

Davidson, R. und Duclos, J.-Y. (2000), 'Statistical inference for stochastic dominance and for the measurement of poverty and inequality', *Econometrica* **68**, 1435–1464.

Davison, A. und Hinkley, D. (1997), *Bootstrap Methods and their Application*, Cambridge University Press, Cambridge.

Devroye, L. (1986), *Non-Uniform Random Variate Generation*, Springer, New York.

Dickey, D. A. und Fuller, W. A. (1979), 'Distribution of the estimators for autoregressive time series with a unit root', *Journal of the American Statistical Association* **74**, 427–431.

Diks, C. (2000), *Nonlinear Time Series Analysis. Methods and Applications*, Nonlinear Time Series and Chaos, Vol. 4, World Scientific Publishing, Singapore.

Dunis, C. (ed.) (1996), *Forecasting Financial Markets. Exchange Rates, Interest Rates and Asset Management*, Series in Financial Economics and Quantitative Analysis, John Wiley & Sons, Chichester.

Durbin, J. und Koopman, S. J. (2001), *Time Series Analysis by State Space Methods*, Oxford Statistical Science Series, Vol. 24, Oxford University Press, Oxford.

Eberlein, E. und Keller, U. (1995), 'Hyperbolic distributions in finance', *Bernoulli* **1**, 281–299.

Eberlein, E., Keller, U. und Prause, K. (1998), 'New insight into smile, mispricing, and value at risk: The hyperbolic model', *Journal of Business* **71**, 371–405.

Eisenführ, F. und Weber, M. (2003), *Rationales Entscheiden*, 4. Aufl., Springer, Berlin.

Elton, E. J. und Gruber, M. J. (1995), *Modern Portfolio Theory and Investment Analysis*, 5. edn, John Wiley & Sons, New York.

Embrechts, P., Klüppelberg, C. und Mikosch, T. (1997), *Modelling Extremal Events*, Springer, Berlin.

Embrechts, P., McNeil, A. J. und Straumann, D. (2002), Correlation and dependency in risk management: Properties and pitfalls, *in* M. A. H. Dempster (ed.), '*Risk Management. Value at Risk and Beyond*', Cambridge University Press, Cambridge, pp. 173–223.

Engle, R. F. (1982), 'Autoregressive conditional heteroscedasticity with estimates of the variance of united kingdom inflation', *Econometrica* **50**, 987–1007.

Engle, R. F. (2004), 'Risk and volatility: Econometric models and financial practice', *The American Economic Review* **94**, 405–420.

Everitt, B. S. (1981), *Finite Mixture Distribution*, Monographs on Statistics and Applied Probability, Chapman & Hall, London.

Fahrmeir, L., Hamerle, A. und Tutz, G. (Hrsg.) (1996), *Multivariate statistische Verfahren*, 2. Aufl., de Gruyter, Berlin.

Fama, E. F. (1965), 'The behavior of stock market prices.', *Journal of Business* **38**, 34–105.

Fama, E. F. (1970), 'Efficient capital markets: A review of theory and empirical work', *Journal of Finance* **25**, 393–417.

Fang, K., Kotz, S. und Ng, K. (1990), *Symmetric Multivariate and Related Distributions*, Monographs on Statistics and Applied Probability, Vol. 36, Chapman & Hall, London.

Fisz, M. (1988), *Wahrscheinlichkeitsrechnung und Mathematische Statistik*, 11. Aufl., Deutscher Verlag der Wissenschaften, Berlin.

Flury, B. (1997), *A First Course in Multivariate Statistics*, Springer, New York.

Fouque, J.-P., Papanicolaou, G. und Sircar, K. R. (2000), *Derivatives in Financial Markets with Stochastic Volatility*, Cambridge University Press, Cambridge.

Frahm, G. (2004), *Generalized elliptical distributions: Theory and apllications*. Dissertation, Universität zu Köln.

Franke, G. und Hax, H. (1999), *Finanzwirtschaft des Unternehmens und Kapitalmarkt*, 4. Aufl., Springer, Berlin.

Franke, J., Härdle, W. und Hafner, C. (2004), *Einführung in die Statistik der Finanzmärkte*, 2. Aufl., Springer, Berlin.

Franses, P. H. (1998), *Time Series Models for Business and Economic Forecasting*, Cambridge University Press, Cambridge.

Franses, P. H. und Dijk, D. v. (2000), *Non-Linear Time Series Models in Empirical Finance*, Cambridge University Press, Cambridge.

Franses, P. H. und Paap, R. (2004), *Periodic Time Series Models*, Advanced Texts in Econometrics, Oxford University Press, Oxford.

Gauß, C. F. (1809), *Theoria motus corporum celestium*, Pethes et Besser, Hamburg.

Genest, C. und Rivest, L.-P. (1993), 'Statistical inference procedures for bivariate archimedean copulas', *Journal of the American Statistical Association* **88**, 1034–1043.

Gijbels, I. und Mielniczuk, J. (1990), 'Estimating the density of a copula function', *Communications in Statistics, Theory and Methods* **19**, 445–464.

Glosten, L. R., Jagannathan, R. und Runkle, D. E. (1993), 'On the relation between the expected value and the volatility of the nominal excess returns on stock', *Journal of Finance* **48**, 1779–1801.

Göppl, H., Herrmann, R. und Kirchner, T. (1996), *Risk Book. German Stocks 1976 - 1995*, Knapp, Frankfurt.

Gourieroux, C. und Jasiak, J. (2001), *Financial Econometrics: Problems, Models, and Methods*, Princeton Series in Finance, Princeton University Press, Princeton.

Granger, C. W. J. (2004), 'Time series analysis, cointegration, and applications', *The American Economic Review* **94**, 421–425.

Grimmett, G. und Stirzaker, D. (2001), *Probability and Random Processes*, 3. edn, Oxford University Press, Oxford.

Hamerle, A. und Ulschmid, C. (1996), 'Empirische Performance der zweistufigen CAPM-Tests', *Zeitschrift für Betriebswirtschaft* **66**, 305–326.

Hamilton, J. D. (1994), *Time Series Analysis*, Princeton University Press, Princeton.

Hannan, E. (1963), *Time Series Analysis*, Chapman & Hall, London.

Hansen, P. R. und Lunde, A. (2001), 'A forecast comparison of volatility models: Does anything beat a GARCH(1,1)?', Working Paper No. 01-04, Department of Economics, Brown University.

Härdle, W. (1991), *Smoothing Techniques, With Implementations in S*, Springer, New York.

Härdle, W., Kleinow, T. und Stahl, G. (2002), *Applied Quantitative Finance. Theory and Computational Tools*, Springer, Berlin.

Härdle, W., Müller, M., Sperlich, S. und Werwatz, A. (2004), *Nonparametric and Semiparametric Models*, Springer Series in Statistics, Springer, Berlin.

Hartung, J. und Elpelt, B. (1984), *Multivariate Statistik. Lehr- und Handbuch der angewandten Statistik*, Oldenbourg, München.

Hartung, J., Elpelt, B. und Klösener, K.-H. (2002), *Statistik*, 13. Aufl., Oldenbourg, München.

Hausmann, W., Diener, K. und Käsler, J. (2002), *Derivate, Arbitrage und Portfolio-Selection. Stochastische Finanzmarktmodelle und ihre Anwendungen*, Vieweg Verlag, Braunschweig.

Heffernan, J. E. (2000), 'A directory of coefficients of tail dependence', *Extremes* **3**, 279–290.

Heiler, S. und Michels, P. (1994), *Deskriptive und explorative Datenanalyse*, Oldenbourg, München.

Hill, B. (1975), 'A simple general approach to inference about the tail of a distribution', *Annals of Statistics* **3**, 1163–1174.

Hogg, R. V. (1974), 'Adaptive robust procedures: A partial review and some suggestions for future applications and theory', *Journal of the American Statistical Association* **69**, 909–927.

Houthakker, H. S. und Williamson, P. J. (1996), *The Economics of Financial Markets*, Oxford University Press, Oxford.

Huang, C.-F. und Litzenberger, R. H. (1988), *Foundations for Financial Economics*, Prentice-Hall, London.

Ingersoll, J. E. (1987), *Theory of Financial Decision Making*, Rowman & Littlefield, Savage.

Jackson, M. und Staunton, M. (2001), *Advanced Modelling in Finance Using Excel and VBA*, John Wiley & Sons, Chichester.

Jarque, C. und Bera, A. (1980), 'Efficient tests for normality, homoskedasticity and serial independence of regression residuals', *Economics Letters* **6**, 255–259.

Jarrow, R. (1992), *Finance Theory*, 2. edn, Prentice-Hall, Englewood Cliffs.

Jensen, M. C. (1968), 'The performance of mutual funds in the period 1945–1964', *Journal of Finance* **23**, 389–416.

Jobson, J. und Korkie, B. M. (1981), 'Performance hypothesis testing with the sharpe and treynor measures', *Journal of Finance* **36**, 889–908.

Jobson, J. und Korkie, B. M. (1988), 'The trouble with performance measurement: Comment', *Journal of Portfolio Management* **14**, 74–76.

Joe, H. (1997), *Multivariate Models and Dependence Concepts*, Chapman & Hall, London.

Johnson, N., Kotz, S. und Balakrishnan, N. (1994), *Continuous Univariate Distributions*, Vol. 1, 2. edn, Wiley-Interscience, New York.

Johnson, N., Kotz, S. und Balakrishnan, N. (1995), *Continuous Univariate Distributions*, Vol. 2, 2. edn, Wiley-Interscience, New York.

Johnson, N., Kotz, S. und Balakrishnan, N. (1997), *Discrete Multivariate Distributions*, Wiley-Interscience, New York.

Johnson, N., Kotz, S. und Kemp, A. (2004), *Univariate Discrete Distributions*, 3. edn, Wiley-Interscience, New York.

Junker, M. (2003), *Modelling, estimating and validating multidimensional distribution functions - with applications to risk management*. Dissertation, Technische Universität Kaiserslautern.

Kläver, H. (2005), 'Testing stochastic dominance using circular block methods'. Working Paper, Graduiertenkolleg Risikomanagement, Universität zu Köln.

Klecan, L., McFadden, R. und McFadden, D. (1991), 'A robust test for stochastic dominance'. Mimeographed.

Kon, S. J. (1984), 'Models of stock return - a comparison', *Journal of Finance* **39**, 147–165.

Kotz, S., Balakrishnan, N. und Johnson, N. (2000), *Continuous Multivariate Distributions. Models and Applications*, Vol. 1, Wiley-Interscience, New York.

Krämer, W. und Runde, R. (1997), 'Chaos and the compass rose', *Economics Letters* **54**, 113–118.

Kruschwitz, L. (1999), *Finanzierung und Investition*, 2. Aufl., Oldenbourg, München.

Laspeyres, E. (1871), 'Die Berechnung einer mittleren Warenpreissteigerung', *Jahrbücher für Nationalökonomie und Statistik* **16**, 296–314.

Lau, A. H.-L., Lau, H.-S. und Wingender, J. R. (1990), 'The distribution of stock returns. New evidence against the stable model', *Journal of Business and Economic Statistics* **8**, 217–223.

Legendre, A. M. (1805), *Nouvelles méthodes pour la détermination des orbites des comètes*, Courcier, Paris.

Levy, H. (1992), 'Stochastic dominance and expected utility: Survey and analysis', *Management Science* **38**, 555–593.

Levy, H. (1998), *Stochastic Dominance: Investment Decision Making Under Uncertainty*, Kluwer Academic Publishers, Boston.

Lilliefors, H. W. (1967), 'On the Kolmogorov-Smirnov test for normality with mean and variance unknown', *Journal of the American Statistical Association* **62**, 399–402.

Lintner, J. (1965), 'Security prices, risk and maximal gains from diversification', *Journal of Finance* **20**, 587–615.

Linton, O., Maasoumi, E. und Whang, Y.-J. (2005), 'Consistent testing for stochastic dominance under general sampling schemes', *Review of Economic Studies* . (Forthcoming).

Lo, A. W. und MacKinlay, C. (1999), *A Non-Random Walk Down Wall Street*, Princeton University Press, Princeton.

Maddala, G. S. und Rao, C. R. (eds) (1996), *Handbook of Statistics 14. Statistical Methods in Finance*, North Holland, Amsterdam.

Mandelbrot, B. (1963), 'The variation of certain speculative prices', *Journal of Business* **36**, 394–419.

Mari, D. D. und Kotz, S. (2001), *Correlation and Dependence*, World Scientific, Singapore.

Matteis, R. d. (2001), *Fitting copulas to data*. PhD-Thesis, Institute of Mathematics, University of Zurich.

McCulloch, J. H. (1986), 'Simple consistent estimators of stable distribution parameters', *Communications in Statistics. Computation and Simulation* **15**, 1109–1136.

McDonald, J. B. (1996), Probability distributions for financial models, *in* G. S. Maddala und C. R. Rao (eds), *'Handbook of Statistics 14. Statistical Methods in Finance'*, Elsevier, Amsterdam, pp. 427–461.

McFadden, D. L. (1989), Testing for stochastic dominance, *in* T. Fombay und T. K. Seo (eds), *'Studies in Economics of Uncertainty'*, Springer, New York, pp. 113–134.

McLachlan, G. J. und Basford, K. E. (1988), *Mixture Models: Inference and Applications to Clustering*, Statistics, A Series of Textbooks and Monographs, Marcel Dekker, New York.

McLachlan, G. und Peel, D. (2000), *Finite Mixture Models*, Wiley Series in Probability and Statistics, Wiley-Interscience, New York.

Mendes, B. V. d. M. und Souza, R. M. d. (2004), 'Measuring financial risks with copulas', *International Review of Financial Analysis* **13**, 27–45.

Mills, T. (1993), *The Econometric Modelling of Financial Time Series*, Cambridge University Press, Cambridge.

Mills, T. C. (1999), *The Econometric Modelling of Financial Time Series*, 2. edn, Cambridge University Press, Cambridge.

Mittnik, S. und Rachev, S. (2001), *Stable Paretian Models in Finance*, Financial Economics and Quantitative Analysis Series, John Wiley & Sons, Hoboken.

Modigliani, F. und Modigliani, L. (1997), 'Risk-adjusted performance', *Journal of Portfolio Management* **23**, 45–54.

Morey, M. R. und Vinod, H. D. (2000), Confidence intervals and hypothesis testing for the sharpe and treynor performance measures: A bootstrap approach, *in* Y. Abu-Mostafa, B. LeBaron, A. W. Lo und A. Weigend (eds), *'Computational Finance 1999'*, MIT Press, Cambridge, pp. 25–39.

Mosler, K. und Schmid, F. (2004), *Wahrscheinlichkeitsrechnung und schließende Statistik*, Springer, Berlin.

Mosler, K. und Schmid, F. (2005), *Beschreibende Statistik und Wirtschaftsstatistik*, 2. Aufl., Springer, Berlin.

Mossin, J. (1966), 'Equilibrium in a capital asset market', *Econometrica* **35**, 768–783.

Muirhead, R. (1982), *Aspects of Multivariate Statistical Theory*, John Wiley & Sons, New York.

Nelsen, R. B. (1998), *An Introduction to Copulas*, Lecture Notes in Statistics, Springer, New York.

Nelson, D. B. (1991), 'Conditional heteroskedasticity in asset returns: A new approach', *Econometrica* **59**, 347–370.

Neveu, J. (1975), *Discrete-Parameter Martingales*, North-Holland Mathematical Library, Vol. 10, North-Holland Publishing Company, Amsterdam.

Paasche, H. (1874), 'Über die Preisentwicklung der letzten Jahre nach den Hamburger Börsennotierungen', *Jahrbuch für Nationalökonomie und Statistik* **23**, 168–178.

Papoulis, A. (1991), *Probability, Random Variables, and Stochastic Processes*, 3. edn, McGraw-Hill, Singapore.

Patil, G., Kotz, S. und Ord, J. K. (1975a), *Statistical Distribution in Scientific Work*, Vol. 1, D. Reidel, Dordrecht.

Patil, G., Kotz, S. und Ord, J. K. (1975b), *Statistical Distribution in Scientific Work*, Vol. 2, D. Reidel, Dordrecht.

Patil, G., Kotz, S. und Ord, J. K. (1975c), *Statistical Distribution in Scientific Work*, Vol. 3, D. Reidel, Dordrecht.

Reiss, R. und Thomas, M. (1997), *Statistical Analysis of Extreme Values*, Birkhäuser, Basel.

Rinne, H. und Specht, K. (2002), *Zeitreihen. Statistische Modellierung, Schätzung und Prognose*, Vahlen, München.

Roll, R. (1977), 'A critique of the asset pricing theory's test: Part I', *Journal of Financial Economics* **4**, 129–176.

Romano, J. P. und Siegel, A. F. (1986), *Counterexamples in Probability and Statistics*, Wadsworth & Brooks, Monterey.

Ross, S. (1996), *Stochastic Processes*, 2. edn, John Wiley & Sons.

Runde, R. (1997), 'The asymptotic null distribution of the Box-Pierce Q-statistic for random variables with infinite variance: An application to German stock returns', *Journal of Econometrics* **78**, 205–216.

Ruppert, D. (2004), *Statistics and Finance. An Introduction*, Springer Texts in Statistics, Springer, New York.

Rydberg, T. H. (2000), 'Realistic statistical modelling of financial data', *International Statistical Review* **68**, 233–258.

Sandmann, G. und Koopman, S. J. (1998), 'Estimation of stochastic volatility models via monte carlo maximum likelihood', *Journal of Econometrics* **87**, 271–301.

Sauer, A. (1991), 'Die Bereinigung von Aktienkursen: Ein kurzer Überblick über Konzept und praktische Umsetzung', Institut für Entscheidungstheorie und Unternehmensforschung, Universität zu Karlsruhe.

Schlittgen, R. und Streitberg, B. H. (2001), *Zeitreihenanalyse*, 9. Aufl., Oldenbourg, München.

Schmid, F. und Stich, A. (1999), Distribution of german stock returns normal mixtures revisited, *in* W. Gaul und M. Schader (Hrsg.), '*Mathematische Methoden der Wirtschaftswissenschaften (Festschrift für Otto Opitz)*', Physica, Heidelberg, S. 272–281.

Schmid, F. und Trede, M. (1997), Nonparametric tests for second order stochastic dominance from paired observations: Theory and empirical application, *in* P. von der Lippe, N. Rehm, H. Strecker und R. Wiegert (Hrsg.), '*Wirtschafts- und Sozialstatistik heute. Theorie und Praxis (Festschrift für Walter Krug)*', Verlag Wissenschaft & Praxis, Berlin, S. 31–46.

Schmid, F. und Trede, M. (1998), 'A Kolmogorov-type test for second-order stochastic dominance', *Statistics & Probability Letters* **37**, 183–193.

Schmid, F. und Trede, M. (2000), 'Stochastic dominance in German asset returns: Empirical evidence from the 1990s', *Jahrbücher für Nationalökonomie und Statistik* **220**, 315–326.

Schmidt, R. (2003), *Dependencies of extreme events in finance*. Dissertation, Universität zu Ulm.

Schneeweiß, H. (1967), *Entscheidungskriterien bei Risiko*, Ökonometrie und Unternehmensforschung VI, Springer, Berlin.

Scott, D. (1992), *Multivariate Density Estimation: Theory, Practice, and Visualization*, John Wiley & Sons, Chichester.

Shapiro, S. S. und Wilk, M. B. (1965), 'An analysis of variance test for normality (complete samples)', *Biometrika* **52**, 591–611.

Sharpe, W. (1964), 'Capital asset prices: A theory of market equilibrium under conditions of risk', *Journal of Finance* **19**, 425–442.

Sharpe, W. F. (1966), 'Mutual fund performance', *Journal of Business* **39**, 119–138.

Shiryaev, A. (1999), *Essentials of Stochastic Finance. Facts, Models, Theory*, Advanced Series on Statistical Science & Applied Probability, Vol. 3, World Scientific Publishing, Singapore.

Silverman, B. W. (1986), *Density Estimation for Statistics and Data Analysis*, Monographs on Statistics and Applied Probability, Vol. 26, Chapman & Hall, London.

Simonoff, J. (1996), *Smoothing Methods in Statistics*, Springer, New York.

Sklar, A. (1959), 'Fonctions de répartition à n dimensions er leurs marges', *Publ. Inst. Statist. Univ. Paris* **8**, 229–231.

Sklar, A. (1973), 'Random variables, joint distributions, and copulas', *Kybernetica* **9**, 449–460.

Sklar, A. (1996), Random variables, distribution functions, and copulas - a personal look backward and forward, *in* L. Rüschendorf, B. Schweizer und M. D. Tayler (eds), *'Distributions with Fixed Marginals and Related Topics'*, Institute of Mathematical Statistics, Hayward, California, pp. 1–14.

Spanos, A. (1986), *Statistical Foundations of Econometric Modelling*, Cambridge University Press, Cambridge.

Spremann, K. (2000), *Portfoliomanagement*, Oldenbourg, München.

Steiner, M., Meyer-Bullerdiek, F. und Spanderen, D. (1996), 'Erfolgsmessung von Wertpapierportefeuilles mit Hilfe der Stochastischen Dominanz und des Mean-Gini-Ansatzes', *Die Betriebswirtschaft* **56**, 49–61.

Stier, W. (2001), *Methoden der Zeitreihenanalyse*, Springer, Berlin.

Taylor, H. und Karlin, S. (1975), *A First Course in Stochastic Processes*, 2. edn, Academic Press, New York.

Taylor, H. und Karlin, S. (1981), *A Second Course in Stochastic Processes*, Academic Press, New York.

Taylor, S. (1986), *Modelling Financial Time Series*, John Wiley & Sons, Chichester.

Titterington, D. M. (1986), *Statistical Analysis of Finite Mixture Distributions*, Wiley Series in Probability & Mathematical Statistics, John Wiley & Sons, Chichester.

Treynor, J. L. (1965), 'How to rate management of investment funds', *Harvard Business Review* **43**, 63–75.

Treynor, J. L. und Black, F. (1973), 'How to use security analysis to improve portfolio selection', *Journal of Business* **46**, 66–86.

Tsay, R. S. (2002), *Analysis of Financial Time Series*, Wiley Series in Probability and Statistics, John Wiley & Sons, Chichester.

Ulschmid, C. (1994), *Empirische Validierung von Kapitalmarktmodellen*, Europäischer Verlag der Wissenschaften, Frankfurt am Main.

Warfsmann, J. (1993), *Das Capital Asset Pricing Model in Deutschland*, Deutscher Universitätsverlag, Wiesbaden.

Watsham, T. J. und Parramore, K. (1997), *Quantitative Methods in Finance*, Thomson, London.

Whitmore, G. und Findlay, M. (1978), *Stochastic Dominance: An Approach to Decision-Making Under Risk*, Heath, Lexington.

Williams, D. (1991), *Probability with Martingales*, Cambridge University Press, Cambridge.

Xu, K., Fisher, G. und Willson, D. (1995), 'New distribution free tests for stochastic dominance'. Working Paper 95-02, Department of Economcics, Dalhousie University.

Yitzhaki, S. (1982), 'Stochastic dominance, mean-variance and gini's mean difference', *American Economic Review* **72**, 178–185.

Zakoian, J.-M. (1994), 'Threshold heteroskedastic models', *Journal of Economic Dynamics and Control* **18**, 931–955.

Zivot, E. und Wang, J. (2003), *Modelling Financial Time Series with S-Plus*, Springer, New York.

Index